„Das Buch „Silicon Valley – made in Germany“ ist eine überaus erfrischende, informative und gleichzeitig unterhaltsame Lektüre aus der New Economy-Literatur. Für alle Interessenten und Aktiven in diesem Bereich, aber auch für Skeptiker und Kritiker der neuen Informations- und Kommunikationstechnologien sollte das Buch deshalb zur Pflichtlektüre werden. In 17 Kapiteln wird dem Leser in sehr persönlicher Weise verdeutlicht, dass der beschleunigte Wandel im Zeitalter der Wissens- und Informationsgesellschaft ein vernetztes und innovatives Denken erfordert. Künftig werden nur diejenigen Unternehmen überleben, die sich in kreative und unkonventionelle Denkfabriken verwandeln. „Silicon Valley – made in Germany“ bietet die hervorragende Möglichkeit, in die originelle Gedankenwelt erfolgreicher Startup-Unternehmer einzutauchen.“
(Dr. Werner Müller, Bundesminister für Wirtschaft und Technologie)

„Ein hochaktuelles Buch, in welchem junge, kreative Gründer als die zentralen Kräfte bei der Neugestaltung unserer Wirtschaft ihre Erfolgsgeschichten lebendig und praxisbezogen darstellen. Es gibt hochinteressante Einblicke in die Existenzgründerthematik rund um das Phänomen „Internet“ und gleichzeitig leserfreundliche, umsetzungsorientierte Tipps für die Gründung des eigenen StartUp im Bereich des eBusiness.“
(Dr. Lothar Späth, Vorstandsvorsitzender der Jenoptik AG)

„Deutschland holt kräftig auf. Dieses Buch zeigt eindrucksvoll, dass nicht nur die USA einfallsreiche Gründer hat.“
(Prof. Dr. Bernd Skiera, Johann Wolfgang Goethe-Universität Frankfurt/M., Lehrstuhl für Betriebswirtschaftslehre, insbesondere Electronic Commerce)

„Hochaktuell, informativ und doch immer spannend geben junge Unternehmerpersönlichkeiten aus der new economy Einblick in die Geschichte ihres unternehmerischen Erfolges. Dieses Buch zeichnet sich insbesondere durch die gelungene Mischung aus Erfahrungsberichten der Existenzgründer und betriebswirtschaftlicher Expertise namhafter Fachleute aus. Ein eindrucksvolles Dokument der sich vollziehenden Neugestaltung unserer Wirtschaft.“
(Dr. Hans-Joachim Körber, Sprecher des Vorstandes der METRO AG, Düsseldorf)

„Silicon Valley – made in Germany“ verbindet in brillianter Weise Beiträge von Gründern und Wissenschaftlern zu einem hochkarätigen Ratgeber. Praxisnah werden die Entwicklungsstadien der Start-ups – von der Gründung bis zum Börsengang – dargestellt. Dies macht das Buch zu einer sehr empfehlenswerten Lektüre für alle, die sich mit den Geschäftsmodellen der New Economy befassen.“
(Dr. Guido Bohnenkamp, Vice President Sal. Oppenheim jr. & Cie)

Business Computing

Bücher und neue Medien aus der Reihe Business Computing verknüpfen aktuelles Wissen aus der Informationstechnologie mit Fragestellungen aus dem Management. Sie richten sich insbesondere an IT-Verantwortliche in Unternehmen und Organisationen sowie an Berater und IT-Dozenten.

In der Reihe sind bisher erschienen:

SAP, Arbeit, Management
von AFOS

Steigerung der Performance von Informatikprozessen
von Martin Brogli

Professionelles Datenbank-Design mit ACCESS
von Ernst Tiemeyer
und Klemens Konopasek

Qualitätssoftware durch Kundenorientierung
von Georg Herzwurm,
Sixten Schockert und Werner Mellis

Modernes Projektmanagement
von Erik Wischnewski

Projektmanagement für das Bauwesen
von Erik Wischnewski

Projektmanagement interaktiv
von Gerda M. Süß
und Dieter Eschlbeck

Elektronische Kundenintegration
von André R. Probst
und Dieter Wenger

Moderne Organisations-konzeptionen
von Helmut Wittlage

SAP® R/3® im Mittelstand
von Olaf Jacob und Hans-Jürgen Uhink

Unternehmenserfolg im Internet
von Frank Lampe

Electronic Commerce
von Markus Deutsch

Client/Server
von Wolfhard von Thienen

Computer Based Marketing
von Hajo Hippner, Matthias Meyer
und Klaus D. Wilde (Hrsg.)

Dispositionsparameter von SAP® R/3-PP®
von Jörg Dittrich, Peter Mertens
und Michael Hau

Marketing und Electronic Commerce
von Frank Lampe

Projektkompass SAP®
von AFOS und Andreas Blume

Projektleitfaden Internetpraxis
von Michael E. Sträubig

Telemarketing
von Dirk Bauer

Existenzgründung im Internet
von Christoph Ludewig

Joint Requirements Engineering
von Georg Herzwurm

Controlling von Projekten mit SAP R/3®
von Stefan Röger, Frank Morelli und
Antonio del Mondo

Silicon Valley – Made in Germany
von Christoph Ludewig,
Dirk Buschmann und
Nicolai Oliver Herbrand

Vieweg

Christoph Ludewig
Dirk Buschmann
Nicolai Oliver Herbrand

Silicon Valley Made in Germany

Was Sie von erfolgreichen Unternehmen der New Economy lernen können

Die Deutsche Bibliothek – CIP-Einheitsaufnahme
Ein Titeldatensatz für diese Publikation ist bei
Der Deutschen Bibliothek erhältlich.

1. Auflage September 2000

Softcover reprint of the hardcover 1st edition 2000
Der Verlag Vieweg ist ein Unternehmen der Fachverlagsgruppe BertelsmannSpringer.

www.vieweg.de

Höchste inhaltliche und technische Qualität unserer Produkte ist unser Ziel. Bei der Produktion und Auslieferung unserer Bücher wollen wir die Umwelt schonen: Dieses Buch ist auf säurefreiem und chlorfrei gebleichtem Papier gedruckt. Die Einschweißfolie besteht aus Polyäthylen und damit aus organischen Grundstoffen, die weder bei der Herstellung noch bei der Verbrennung Schadstoffe freisetzen.

Konzeption und Layout des Umschlags: Ulrike Weigel, www.CorporateDesignGroup.de

ISBN-13: 978-3-528-05747-3 e-ISBN-13: 978-3-322-84959-5
DOI: 10.1007/978-3-322-84959-5

Vorwort

Zum Anfang des neuen Jahrtausends erlebt die Welt die Internet-Revolution, unzählige junge und dynamische Unternehmen positionieren sich quasi über Nacht in den jungen Wachstumsmärkten. Begriffe wie "Startup" und "Venture Capital" sind inzwischen fester Bestandteil des deutschen Sprachgebrauchs und – noch vor wenigen Jahren undenkbar im Heimatland des Sparbuchs und der Vollkaskomentalität - ein Großteil der Bevölkerung agiert aktiv an der Börse, bevorzugt an Frankfurts Wachstumssegment, dem "Neuen Markt". Kurz, Gesellschaft und Wirtschaft vollziehen einen grundlegenden Wandel, dessen Ursachen vornehmlich in den jungen Informations- und Kommunikationstechnologien, insbesondere aber dem Internet zu suchen sind.

So spannend die Entwicklungen insgesamt, so aufregend sind auch die Entstehungsgeschichten der sich des Internet als Geschäftsgrundlage bedienenden Unternehmen. Insbesondere vor dem Hintergrund der jüngsten Entwicklungen am „Neuen Markt", wo sich derzeit scheinbar die Spreu vom Weizen trennt, scheint es höchste Zeit, das Phänomen "Silicon Valley - made in Germany" einer näheren Betrachtung zu unterziehen und die Triebfedern und Erfolgsfaktoren der jungen eBusiness- und Internetunternehmen genau zu untersuchen. In erster Linie stellen dazu erfolgreiche Gründer als die Hauptakteure der Szenerie ihre ganz persönlichen Geschichten praxisbezogen und lebendig dar. Dazu konnten neben den etablierten deutschen Vorzeigestartups auch sehr junge Unternehmen gewonnen werden, die vielleicht in Zukunft dieses Prädikat verdienen. Um nützliche Hinweise für die eigene Erfolgsstory zu erlangen, aber auch Vergleiche zwischen den einzelnen Unternehmen anstellen und generelle Ableitung vornehmen zu können, wurden all diese Unternehmer begeistert, ihre Geschichte gegliedert nach den einzelnen Phasen der Unternehmensgründung zu erzählen und die jeweils zentralen Erfolgsfaktoren herauszuarbeiten.

Um dem Leser über die individuellen Erfolgsgeschichten hinaus eine Gesamtschau auf das Phänomen "Silicon Valley - made in Germany" zu ermöglichen, wurden namhafte Experten aus der Startup-Szene gebeten, weitere zentrale Fragestellungen der Unternehmensgründungen, wie beispielsweise der Planung, Finanzierung oder Steuerung zu beleuchten und Entwicklungstendenzen in ihren Fachgebieten aufzuzeigen. Um den Lesern unter Ihnen, in denen das Gründerfieber bereits selbst entbrannt ist, die Ihre Erfolgsgeschichte in Zukunft also selber schreiben wollen, eine Vorstellung von zukünftigen Rahmenbedingungen der Unternehmensgründung in der New Economy geben zu können, beschließen drei Artikel mit Prognosen zu den relevanten Trends in diesem Bereich dieses Buch.

Sei es Gründer, Manager, Unternehmensberater, Wissenschaftler oder wirtschaftlich Interessierter - entstanden ist eine Sammlung mitreißender Business-Stories, die, ergänzt durch ausgewählte Expertendarstellungen, für jeden Leser einen bunten Strauß aus wertvollen Anregungen, gehaltvoller Information und spannender Unterhaltung darstellt.

Stuttgart und Köln, im August 2000

Christoph Ludewig

Dirk Buschmann

Nicolai Herbrand

Inhaltsübersicht

1 Kopfüber in die Neue Welt

Antoine Sorice / Sima Gräfin Hoensbroech

Die Autoren

Antoine Sorice, Dipl. Kaufmann

Chief Strategic Officer (CSO) & Business Development Manager der Snacker AG.

Herr Sorice war vorher bei der Sorice Consulting GmbH in Düsseldorf als Senior Consultant und Partner beschäftigt. Zuvor absolvierte Herr Sorice ein Trainee–Programm im Investmentbanking bei der Matuschka Gruppe.

Sima Gräfin von und zu Hoensbroech, internationale Dipl. Betriebswirtin

Chief Marketing Officer, Classic (CMO) der Snacker AG.

Bisher war Gräfin Hoensbroech mit der Marketingleitung der European Leisure Corporation betreut. Zuvor war sie bei der Kienbaum Unternehmensberatung GmbH Düsseldorf als Projektleiterin im Public und Private Sector mit strategischem Marketingfokus tätig.

1.1 Das Geheimnis des Eierlegens

Erstes Küken im Venturelab

Als „erstes Küken" in Deutschlands größtem Brutkasten für Internet Startups, dem Venturelab in Frankfurt, wurden wir um diesen Beitrag gebeten, während wir noch damit beschäftigt waren, uns die letzten Schalenreste vom feuchten Gefieder zu bürsten.

Ganz im Stil der neuen Zeit werden wir, kaum selbst geschlüpft, schon zu den Geheimnissen des Eierlegens befragt: Der Webspeed macht auch vor der Vogelzucht nicht Halt.

Die Erfolgsfaktoren im Internet?

Keine Consulting Studie

Was unseren speziellen Beitrag zur Beantwortung der Fragestellung angeht, hat der Leser sicher weniger Interesse an einer akademischen Abhandlung, noch an einer mit angelsächsischen Neologismen und fünfdimensionalen Graphiken gespickten Consulting-Studie, wie wir sie während unserer Karrieren in der „alten Welt" zur Genüge produziert haben.

Aus diesem Grund wurde nicht nur auf die Entwicklung eines Modelles mit den 5 „P"s, den 8 „U"s und den 27 „E"s des Interneterfolgs verzichtet, sondern weitgehend auf die offizielle betriebswirtschaftliche Terminologie insgesamt, die mit Bedeutungshöfen befrachtet ist, die im Rahmen der vorliegenden Betrachtung eliminiert werden sollen.

Kommen wir also nun zu den Legevorschriften für die goldenen Eier.

Erfolgsfaktoren: Mensch, Ideen, Geld

Zunächst einmal entscheidet der Einsatz der gleichen Basisfaktoren über Erfolg und Misserfolg wie in der dreidimensionalen Welt: Menschen, Ideen und Geld, in genau dieser Reihenfolge.

Doch aus der Froschperspektive (oder der des noch erdgebundenen Kükens) zeigt sich, dass diese in der Online Welt teilweise eine vollkommen andere Bedeutung haben. Die Erfolgsfaktoren im Internet leiten sich unserer Überzeugung nach aus der onlinespezifischen Behandlung dieser Basisressourcen her.

1.2 Der Rohstoff Geld

Der grundlegende Zusammenhang der Online-Erfolgsfaktoren lässt sich in einem Satz zusammenfassen:

Geld in Geschwindigkeit umwandeln

Erfolgreiche Startups schweißen Menschen durch Kraft einer visionären Idee zu einem Organismus zusammen, dessen Hauptfunktion darin besteht, den Rohstoff Geld in Geschwindigkeit umzuwandeln.

Die hierbei erreichte Umwandlungsrate ist das wichtigste Selektionskriterium und entscheidet über den Erfolg im evolutionären Wettbewerb. Denn Speed ist die Leitwährung der New Economy.

Bei neuen, noch zu schaffenden Teilmärkten im Internet (für den M-Commerce gilt natürlich das Gleiche) sind Eintrittsbarrieren praktisch inexistent, während sie bei (in der richtigen Weise) besetzten Märkten praktisch unüberwindbar werden.

Pioniere und Marktführer werden dementsprechend extrem belohnt. Dafür sind im Wesentlichen die Netzwerkexternalitäten verantwortlich. Der Hauptnutzen eines Netzwerks wie beispielsweise einer e-Commerce Plattform liegt in ihrer schieren Größe bzw. in der Zahl der bereits vorhandenen User. Ab einer kritischen Masse führt dies zu positiven Rückkoppelungseffekten:

Größe und Attraktivität der Plattform

Der überlegene Nutzen der großen Plattform zieht verstärkt neue Nutzer an, die wiederum die Größe und damit die Attraktivität der Plattform erhöhen etc. Hier spielt auch die nicht unerhebliche Marketingmaßnahme der Mundpropaganda eine große Rolle. Aus diesem Grunde sollte eine Internet-Plattform zwar groß sein, aber vor allem so „hipp" sein, dass jeder davon spricht.

Der obige Zusammenhang hat den seltenen Vorzug, nicht nur Spieltheoretikern und Industrieökonomen einzuleuchten, sondern auch dem Common Sense, und darüber hinaus auch noch empirisch belegbar zu sein: Es ist ein nachgewiesenes Faktum, dass große Websites wesentlich schneller wachsen als kleine.

Speed

Aus dem geschilderten Zusammenhang ergibt sich, dass Speed die notwendige Bedingung für die Realisierung aller anderen Erfolgsfaktoren darstellt. Wer sich daran orientiert, hat einen zuverlässigen Kompass für alle operativen und strategischen Entscheidungen.

Umgekehrt gibt es keine verlässlichere Methode, den Misserfolg eines Startups um wirklich jeden Preis zu erzwingen, als sich mit den Weisheiten zu bewaffnen, die einem die Eltern über Kaufmannstugenden und Prinzipien beigebracht haben:

Das alte Wiegenlied

Gesundes, aus dem Cash-Flow oder Eigenmitteln finanziertes Wachstum, möglichst schuldenfrei und Schritt für Schritt, auf Unabhängigkeit bedacht und eifersüchtig die Anteile hütend: Das ist das Wiegenlied, das immer noch in unserem Unbewusstsein gesummt wird. Wer mit dieser Melodie in der alten Welt eingeschlummert ist, sollte in der neuen am besten gar nicht mehr aufwachen.

Geistige Neuprogrammierung

Nach unserer Erfahrung kann man diesen geistigen Ballast gar nicht schnell genug abwerfen. Wir haben selber einige Zeit dafür gebraucht. Erst durch diese geistige Neuprogrammierung waren wir konzeptionell in der Lage, unserem Geschäftsmodell die jetzige Durchschlagskraft zu verleihen.

Seitdem ist die alte Welt für uns geistig so weit entfernt wie eine in Öl gemalte Rokoko-Idylle von einem anmutigen Schäferstündchen im Grünen, während im Hintergrund ein verspieltes Mädchen an einem See die Schwäne füttert.

In der Onlinewelt werden die überkommenen Vorstellungen von „organischem" und „gesundem" Wachstum mit ihren metaphorisch der Pflanzenwelt verhafteten Konnotationen vollends absurd. Hier „wachsen" die Unternehmen im Grunde genommen auch nicht mehr. Sie zerreißen die Luft wie Raketen, während sie innerhalb von wenigen Augenblicken entweder die Gravitationskraft der Erde überwinden oder am Himmel verglühen.

Der Treibstoff ist viel Geld

Der Treibstoff, den sie dabei verbrennen, ist Geld. Sehr viel mehr Geld, als sich am Anfang aus dem eigenen Cash Flow herausholen lässt und das daher extern beschafft werden muss, also viel Geld, und fremdes Geld. Dafür müssen Anteile abgegeben werden, am Ende vielleicht auch die Kontrollmehrheit - mit diesen Dingen darf man kein Problem haben.

Bei dem richtigen Umgang mit der Ressource Geld darf man daher nicht vergessen, sie beim In- und Outflow ausschließlich in Bezug auf Ihre Wachstumsgeschwindigkeit zu beurteilen.

Inflow Outflow Cash-Flow

Cash-Inflows sind nicht mehr automatisch positiv besetzt und zu maximieren, sondern um jeden Preis zu vermeiden, wenn sie mit Verbreitungswiderständen verbunden sind. Wachstumshemmende Zuflussarten sind zu identifizieren und durch wachstumsfördernde zu ersetzen (z.B. laufende Erlöse durch die Aufnahme von Venture Capital).

Umgekehrt sind alle wachstumsfördernden Outflows radikal zu forcieren, aber ohne zu vergessen, dass man Geld auch speedhemmend ausgeben kann. Insbesondere wenn in den Aufbau von Inhouse Kapazitäten für Funktionen investiert werden, die sich genauso gut auslagern lassen.

- Rentabiltät ist sekundär, solange der Markt nicht erobert und abgesichert wurde. Cash-Flow basiertes Wachstum ist etwas, das man allenfalls der Konkurrenz empfehlen sollte.
- Verschenken ist im Zweifel besser als verkaufen.
- Umsatz- und Gewinnpotenziale sind auch an Konkurrenten und Partner abzugeben, wenn es um die Verbreitung einer Plattform oder eines Standards geht.
- Bei der Aufnahme fremden Eigenkapitals sollte man im Auge behalten, dass Anteile zunächst gegen Geld getauscht und Geld dann in Geschwindigkeit umgewandelt werden sollen. Letztendlich sollen Anteile also nicht gegen Geld getauscht werden, sondern nur gegen Speed. Deswegen sind:

Die Venture Capitalisten

- Schnelle Venture Capitalisten (VCs) besser als großzügige VCs.
- VCs, die echten Support liefern, besser als reine Geldgeber, auch wenn die Bewertung schlechter ist.
- VCs, die sich in das operative Geschäft einmischen, grundsätzlich als Speedkiller abzulehnen, auch wenn Support und Valuation traumhaft sind.
- Strategische Investoren aus der alten Welt sind gerade in der Frühphase selten eine gute Idee. Selbst in den Fällen, in denen sie sich ernsthaft darum bemühen, können sie den Speed rein strukturell nicht nachvollziehen.

Was die Beschaffung dieses Rohstoffs angeht, so ist er für Gründer weitgehend unproblematisch geworden.

Der Investitions- und Wettbewerbsdruck der Venture-Capitalisten erzwingt für den Geldstrom praktisch den Zutritt zum Gründerkonto.

Wenn das Team nicht gerade aus dem Jugendverband der Entenhausener Panzerknacker besteht, und die Idee nicht in der Errichtung eines Auktionshauses für neue Bücher liegt, ist die Finanzierung nur eine Frage der Modalitäten.

Dies gilt umso mehr angesichts der Springfluten von Dumb-Money, die mit zunehmend wilder Entschlossenheit in die neuen Medien drängen. Man sollte sich aber sehr genau überlegen, ob man auf diesen Wellen surfen will:

Smart Money

Von zwei gleich guten Teams, die um den gleichen Markt kämpfen, siegt dasjenige mit dem intelligentesten Geld im Rücken.

Den Bratwurstkönig von Bochum und den schwäbischen Schraubenfabrikanten a. D. sollte man als Business Angels daher lieber den anderen überlassen.

Die durchsetzbare Bewertung in diesem Umfeld mag viel besser sein (das ist sie im Zweifel immer, denn das Smart Money kennt seinen Wert), aber bei der Finanzierung spielen auch andere Punkte eine entscheidende Rolle:

- Wie lange braucht der Investor für seine Entscheidung (bis er die Idee geprüft, eingeschätzt, ja überhaupt nur verstanden hat) und wann ist das Geld tatsächlich verfügbar? Eine niedrige Valuation sofort ist besser als eine hohe, für die man zwei Monate verhandeln muss, und dann einen weiteren auf den ersten Scheck wartet.

Support & Netzwerk

- Der Support und das Netzwerk eines professionellen Investors ist der beste Katalysator bei der Umwandlung von Geld in Geschwindigkeit.
- Das Investment einer VC mit einem guten Track Record ist ein unschätzbares Gütesiegel, das einen Startup zum Sieger stempelt. Fast alle anderen externen Parteien werden sich in Zukunft an diesem Siegel orientieren, das ihnen die direkte Auseinandersetzung mit der Idee erspart. Daher muss vor Ansprache einer VC unbedingt deren Beteiligungsportfolio geprüft werden.

Anteile nur gegen Speed tauschen

Zur Erinnerung sei noch mal gesagt: Man tauscht Anteile niemals gegen Geld, sondern nur gegen Speed.

Für Geld ohne Added Value sind sie viel zu kostbar.

Aber wenn die beiden anderen Basisressourcen Team und Idee stimmen, wird man auch gegen das zudringliche Smart Money eine hoffnungslose Abwehrschlacht führen und ziemlich bald zu tröstlichen Bedingungen verlieren müssen.

Nach unserer Erfahrung verkraftet man eine solche Niederlage ziemlich schnell...

1.3 Das Team

Die Qualität des Teams ist erfahrungsgemäß noch wichtiger als die Qualität der Idee.

Das hat zwei Ursachen:

Qualität des Teams

Erstens kann ein hervorragende Mannschaft auch eine banale Ausgangsidee in eine Rakete verwandeln, während umgekehrt ein mittelmäßiges Team auch durch den genialsten Wurf nicht zu retten ist.

Zweitens hängt der Erfolg eines Startups von einer Vielzahl von externen Parteien ab. Diese können die Qualität der Idee zu einem großen Teil gar nicht auf Anhieb beurteilen, weil ihnen dafür in der Regel entweder die Zeit oder die Kompetenz fehlt.

Um sich bei der galoppierenden Inflation neuer Business Pläne überhaupt noch orientieren zu können, treffen selbst die Venture Capitalisten, deren Hauptaufgabe immerhin in der Bewertung von Geschäftsmodellen besteht, eine Vorauswahl anhand von informationsverdichtenden Indikatoren.

Die wichtigsten Indikatoren für alle anderen sind:

- die Qualität des Management Teams und
- das Gütesiegel der Venture Capital Gesellschaft

Gute Leute kommen nicht auf dumme Ideen

Die Logik ist von bestechender Klarheit: Gute Leute kommen nicht auf dumme Ideen. Und je mehr die Teammitglieder für die Startup Idee aufgeben, desto besser muss sie in den Augen von Außenstehenden sein. Das spart sehr viel Zeit, die ansonsten für die Propagierung und Erläuterung der Idee aufzuwenden wäre.

Bevor ein gutes Team allerdings anfängt Zeit zu sparen, verbraucht seine Rekrutierung jede Menge davon.

Die Zusammensetzung des Teams ist das schlagkräftigste Argument für den Erfolg.

Rekrutierung

Nach unseren Erfahrung besteht das optimale Team aus Generalisten mit Spezialgebieten. Weiterhin müssen die Speerspitzen des Teams festgelegt werden:

Aus unserer Erfahrung heraus ist es sinnvoll sich die folgenden Positionen von Anfang an zu besetzen:

Besetzung der wichtigsten Positionen

- Die wichtigste Speerspitze ist die Besetzung der IT-Position. Hier sind die potentiellen Anwärter einer Position im Markt rar gesät. Der optimale IT-Mann / Frau sollte schon einmal ein Online - Projekt mindestens betreut haben, wenn nicht sogar aufgebaut haben.

- Weiterhin ist die Besetzung im Finanzbereich von Anfang an nicht zu vernachlässigen, da der richtige Finanzplan als Grundlage für den reibungslosen Ablauf dient.

IT, Finanzen, Marketing

- Der Chief Executive Officer sollte eine Person sein, die mit Erfahrung, Wissen, Witz und Charme einerseits die Außenwelt begeistert und andererseits die Gruppe nach innen zusammenhält. Zwei graue Schläfen könnten für diese Position absolut angebracht sein, müssen aber nicht.

- Marketing: Die verrückten Kreativen! Achtung vor nicht zu kreativen, sondern auch Personen mit Kostenbewusstsein, aber natürlich keine Spießer oder Bürokraten. Vor allem müssen diese flexibel und kontaktfreudig sein.

Oberstratege, Organisator, Youngster und die Frau

- Mit dem Oberstrategen an Bord ist die halbe Miete bezahlt, auf diese Ideen kann keiner kommen, der zu sehr in seinem Bereich eingespannt ist. Aber der Oberstratege muss trotzdem von den anderen im Team kontrolliert und kreativ unterstützt werden.

- Der innere Organisator muss angefangen von dem Mülleimer bis zu den Emotionen alles im Griff haben.

- Der Youngster muss den Drive der neuen Medien und die Idee der optionalen Community wiederspiegeln.

- Last but not least sollte eine Frau den guten Geist der Firma wahren. Neben ihrer Managementtätigkeit kann sie noch als Beraterin des Outfits der Teammitglieder oder als schönes Beiwerk in einem Männer-Business fungieren, um die harten Verhandlungen mit Kooperationspartnern aufzutauen.

Natürlich ist es beim gegenwärtigen Goldrausch einfacher, hochkarätige Führungskräfte für ein Gründerteam zu gewinnen, als jemals zuvor. Es wird allerdings auch immer notwendiger. Je länger das Fieber anhält, desto professioneller werden die Gründerteams und umso härter dementsprechend die Konkurrenz. Symptomatisch hierfür ist eine einigermaßen atemberaubende Zahl aus den USA, die in der Startup Szene die Runde macht:

Internet Start-up als Traumberuf

Angeblich haben 80 % der Absolventen amerikanischer Eliteuniversitäten als oberstes Berufsziel den Eintritt in einen Internet Startup. Dieser Befund hat es wirklich in sich, ob er nun wahr ist oder nur gut erfunden. Er spiegelt eine Grundstimmung wider, die für die Personalpolitik der Startups sehr viel rosiger ist, als für die Recruitment Officers der Unternehmensberatungen und Investmentbanken, denen die Elite-Absolventen früher wie Lemminge in die Arme gelaufen sind.

Das ist nicht weiter verwunderlich. Wer will schon in zwei Jahren aufwachen und feststellen, dass er eine historische Chance verpasst hat? In der gleichen Zeit, in der man eine oder zwei Sprossen auf der traditionellen Konzernkarriereleiter zurücklegt, kann man mit einer Handvoll guter Leute eine ganze Branche aufrollen und erobern.

Trotzdem darf das Thema der Rekrutierung des Management-Teams nicht unterschätzt werden.

Hohe Opportunitätskosten

Bei uns war der Prozess, unsere Wunschkandidaten von den Anfangskontakten bis hin zur konkreten Kündigung beim Arbeitgeber zu begleiten, trotz allem zeit- und vor allem nervenintensiv, da alle Kandidaten sehr viel zu verlieren hatten. Natürlich ist das Risiko de facto sehr überschaubar, denn es beschränkt sich im schlimmsten Fall darauf, nach dem Intermezzo eines gescheiterten Startups seinen Marktwert in der alten Welt dramatisch gesteigert zu haben. Denn das ist die Inside-Expertise, die überall verzweifelt gesucht wird.

Doch weder das allgemeine Gründerfieber, noch die Aussicht auf eine einjährige „Qualifizierungsoffensive“ für die New Economy sind letztendlich ausreichende Argumente für unsere Goldküken gewesen.

Lossagung von Privilegien und Incentive-Apparat

Um beispielsweise den Senior Manager einer internationalen Unternehmensberatung, der nur noch einen Steinwurf von der Partnerschaft entfernt ist, oder den IT Chef einer New Yorker Investment Bank zu gewinnen, musste noch etwas anderes dazukommen. Immerhin ging es für sie darum, sich im kalten Entzug von ihrem gesamten Privilegien- und Incentiveapparat loszusagen.

Auch das ist ein Fall für die mentale Deprogrammierung: Die extralange Rückenlehne, die extragroße Topfpflanze, die Vorzimmerdame und der schnittige Dienstwagen sind schließlich tiefsitzende Schlüsselreize.

Charme der Garagenfirma

Als symbolische Äquivalente ausladender Hirschgeweihe oder imposanter Stoßzähne signalisieren sie den Rang im Rudel der Konzernsäugetiere und wurden nicht umsonst in jahrelanger Konditionierungsarbeit an das Selbstwertgefühl gekoppelt. Das tauscht man nicht so einfach gegen den herben Charme einer Garagenfirma, in der man dazu verdonnert wird, nach einer durchgearbeiteten Nacht die Kartons mit den Resten der vom Team über Nacht verzehrten Pizzen rauszutragen, bevor man im Schweinsgalopp nach Hause fährt, um sich rechtzeitig für die Investorenpräsentation frischzumachen.

1.4 Die Killer-Idee

Einen solchen Sprung machen die Wunschkandidaten nur, wenn zu den geschilderten Umständen noch eins kommt: Eine absolut zwingende Killer-Idee.

Ja, der Killer-Idee jagen wir – auf jeden Fall ein Teil unseres Teams - schon seit ca. sechs Jahren nach. Über die endlosen Möglichkeiten dieses www haben wir an unzählbaren Weinabenden in unseren Studentenbuden philosophiert und rumgesponnen. Viele von uns haben schon Domains für diese oder jene Idee reserviert, aber für keine dieser Ideen waren wir bereit, alles in der Offline-Welt aufzugeben.

Auf einmal war sie da, die IDEE!!! Wenn Ihr denkt, dass es eine Eingebung war und ein Finger vom Himmel auf uns zeigte und uns die Idee eingab, müssen wir Euch enttäuschen.

Ideenfindung und -prüfung

Die Ideenfindung erfolgt meistens aus dem eigenen Notstand (so war es zumindest bei uns). Man stellt fest, dass z.B. eine Dienstleistung in der Offline- und Online-Welt für die Masse der Menschen und natürlich für einen jeden selbst, nicht existiert. Dieser Missstand wird dann so lange beobachtet (nicht zu lange), bis man es nicht mehr aushalten kann. Man entschließt sich die Sache selbst in die Hand zu nehmen. Nachdem mehrfach hinterfragt und geprüft wurde, ob diese Idee auch wirklich mehr Menschen dient als nur einem selbst, kann losgelegt werden. Jetzt muss nur noch die Umsetzung in allen Facetten, von technisch bis organisatorisch, geprüft werden.

Die gedankliche Skizzierung der Ideenfindung und Ideenprüfung muss dann detailliert ausformuliert werden, so dass die Umsetzung auch für Eure Mutter nachvollziehbar ist.

Nachdem auch dieses gemeistert ist, könnt Ihr Euch an die beiden weiteren Erfolgsfaktoren wagen: Geld und Mensch.

All dieses, wie Ihr ja wisst, haben wir schon hinter uns.

Und wir haben sie: die Killer-Idee!!!

Wenn jetzt die Frage kommt "Was ist jetzt diese einzigartige Snacker-Killer-Idee?" müssen wir Euch schon wieder enttäuschen.

Wir sagen nichts !!!

Snacker-Knall

Noch nichts, früh genug werden wir Euch so geschickt „teasen", dass Ihr unbewusst automatisch zu Snacker geleitet werdet und dann von uns nicht mehr loskommt.

Also wir freuen uns gemeinsam mit Euch auf den SNACKER-KNALL.

2 Erfolgreiche Business-Modelle im Internet

Christoph Ludewig

Der Autor

Christoph Ludewig

absolvierte das Studium der Betriebswirtschaft mit Schwerpunkt Wirtschaftsinformatik (Diplom-Betriebswirt (BA)) und arbeitet seit mehreren Jahren in verschiedenen Bereichen eines bedeutenden Unternehmens der Automobilbranche.

Er ist Verfasser des 1999 im Vieweg Gabler Verlag erschienenen Buches „Existenzgründung im Internet“ und erreichbar unter http://www.ludewig.com.

2.1 Einleitung

Entwicklung des Internets

Die Entwicklung des Internets von einem reinen Informations- und Präsentationsmedium zu einer Plattform für die elektronische Abwicklung von Geschäften hat nur wenige Jahre gedauert. Kein anderes Medium in der Geschichte der Menschheit hat je eine so rasante Marktdurchdringung vollzogen: Wofür das Telefon noch 55 und das Fernsehen 13 Jahre brauchte, das hat das Internet in drei Jahren geschafft.

Durch die Möglichkeiten, die das Internet bietet, entstehen neue Marktplätze mit neuen Regeln. Unternehmen, die es vor fünf Jahren noch gar nicht gab, haben einen Börsenwert, der vergleichbar oder höher ist als der von General Motors oder der BMW AG ist.[1] Wozu diese Unternehmen mehrere Jahrzehnte brauchten, schaffen Internet-Startups in wenigen Monaten.

Aber das Internet kann nicht nur zur Existenzgründung[2] genutzt werden, oftmals dient es auch der Existenzsicherung. Wenn die „alten" Märkte bedient sind, müssen sich die Unternehmen nach neuen Möglichkeiten umsehen. Das Internet als „Enabler" und globales Medium leistet hier wertvolle Dienste.

Basic economies of information

Der kommerzielle Erfolg des Internets beruht im Wesentlichen auf der Möglichkeit, viele potentielle Kunden mit auf sie zugeschnittenen Informationen zu versorgen. Damit wird der klassische Trade-Off - entweder viele Kunden mit gleichen Informationen (z.B. Fernsehen, Radio) oder wenige Kunden mit speziellen Informationen (z.B. Verkaufsgespräch) - aufgehoben.

---

[1] Im Juni 2000 lag die Börsenkapitalisierung von Amazon Inc. bei ca. 17 Mrd. US-$, von Yahoo Inc. bei ca. 65 Mrd. US-$, der BMW AG bei ca. 19 Mrd. US-$ und von General Motors bei ca. 43 Mrd. US-$.

[2] zu detaillierteren Ausführungen siehe: Ludewig, C.: „Existenzgründung im Internet", Braunschweig/Wiesbaden, 1999.

Aufhebung des Trade-Offs

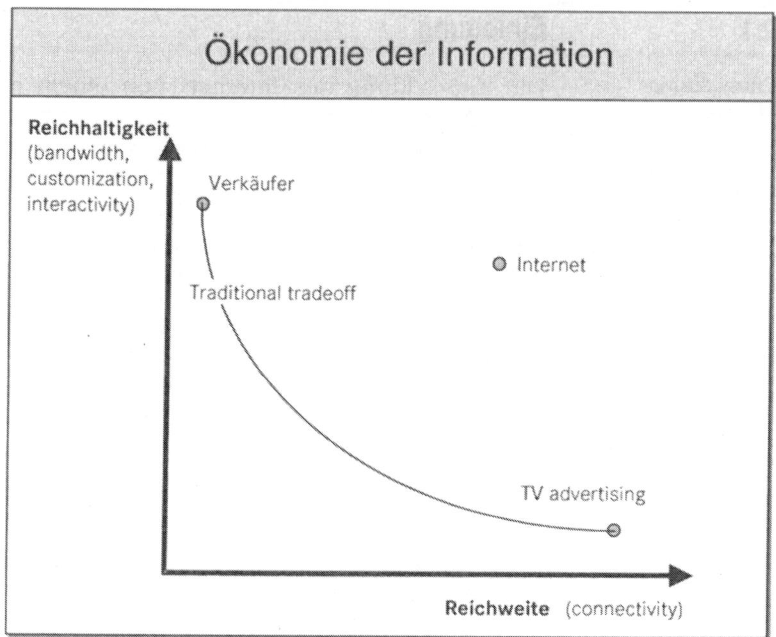

E-Commerce - die „elektronisch realisierte Anbahnung, Aushandlung und Abwicklung von Geschäftstransaktionen zwischen Wirtschaftssubjekten über Telekommunikationsnetzwerke"[3] - ist die kommerzielle Nutzung dieses Effekts. Nie zuvor hatten Unternehmen die Chance mit geringen Einstiegskosten eine - theoretisch - weltweit verteilte Kundschaft individuell anzusprechen.

2.2 Traditionelle Geschäftsmodelle im Internet

Existierende Unternehmen im Internet

Das Internet wird nicht nur von Firmen genutzt, die komplett neue Geschäftsmodelle und -ideen entwickelt haben. Der Großteil der Player existierte in der Offline-Welt schon bevor es das Internet gab. Naturgemäß haben es diese Firmen schwerer sich auf das Internet einzustellen und ihre Prozesse daran auszurichten als Unternehmen, die sich vom ersten Tag auf die produktive

[3] Schroder, D. / Strauß R. E.: „Electronic Commerce"; in: „Business Multimedia" hrsg. v. M. Brossmann u. U. Flieger, Wiesbaden, 1997, S. 51-66.

Nutzung des Internets konzentrieren. Es bedarf oftmals einer kompletten Neuorganisation der Firma. Diese nimmt Zeit in Anspruch. Diesen Nachteil haben sich junge, neu gegründete Firmen zu Nutze gemacht, indem sie die Leistungen dieser traditionellen Firmen anbieten, sich dabei aber von Anfang an nur am Internet orientieren. Als ein markantes und viel zitiertes Beispiel sei Amazon.com genannt.

Beispiel: Buchhandel

Der Buchhandel ist schon lange bekannt, Amazon.com hat ihn nur auf das Internet verlegt. Und zwar so erfolgreich - von der Umsetzung, nicht von der Wirtschaftlichkeit - , dass unzählige andere Anbieter aufgetaucht sind.

Viele andere Firmen haben es ähnlich gemacht. Prinzipiell lassen sich traditionelle Geschäftsideen in den Bereichen „Marketing und Vertrieb" auf das Internet übertragen. Darüber hinaus ist jedoch noch zu prüfen, ob die Produkte Internet-geeignet sind. Diese beiden Fragestellungen werden im Folgenden beleuchtet.

2.2.1 Marketing und Vertrieb

Vorteil: Umsatzausweitung, Kosteneinsparung und Kundenzufriedenheit

Unternehmen, die das Internet nutzen wollen, und Ihre Kunden haben hauptsächlich Vorteile in den Bereichen Marketing, Vertrieb und Auftragsabwicklung. Die Gründe liegen auf der Hand: Allgemein bietet ein Online-Shop die Möglichkeit der Umsatzausweitung, der Kosteneinsparung und der Erhöhung der Kundenzufriedenheit. Für den Unternehmer ergeben sich durch E-Commerce folgende Vorteile:

- *Weltweite Präsenz:* Mit dem Angebot im Internet ist er nicht nur in seiner örtlichen Umgebung, sondern weltweit erreichbar. Das Internet kennt keine Grenzen. Er kann somit auf einen Schlag - zumindest theoretisch - Millionen von Personen in der ganzen Welt erreichen. Und wenn unter diesen Millionen von Personen ein Bruchteil zu den potenziellen Kunden gehört, und davon wiederum nur ein Bruchteil bei ihm kauft, dürfte sich der Schritt für ihn ins Internet schon gelohnt haben.

- *Produktwerbung:* Unternehmen können durch eine direkte, informationsreiche und interaktive Kommunikation mit potenziellen Kunden die Produktwerbung verstärken.

- *Ständige Erreichbarkeit:* Der Online-Shop ist 24 Stunden am Tag, 7 Tage die Woche geöffnet. Das Internet kennt keine gesetzlichen Ladenöffnungszeiten. Der Unternehmer kann seinen Kunden mit einem Online-Shop den Service bieten, rund um die Uhr mit Fragen an ihn heranzutreten oder bei ihm einzukaufen. Diesen Service kann ein Unternehmer bei den herrschenden Gesetzen zu Ladenöffnungszeiten in Deutschland mit keinem Ladenlokal bieten. Die „ständige Erreichbarkeit" bedeutet nicht, dass der Online-Shop innerhalb von Sekunden auf Anfrage reagieren muss, sondern nur, dass der Kunde die Möglichkeit hat, seine Anfrage zu stellen. Eine Antwort sollte idealerweise innerhalb von 24 Stunden erfolgen. So erfordert die „ständige Erreichbarkeit" auch niedrigere Personalkosten. In einem physischen Geschäft müssten dagegen Arbeitskräfte rund um die Uhr beschäftigt werden um denselben Service bieten zu können.

- *Kundenservice:* Durch die ständige Erreichbarkeit und die zusätzlichen Informationen über das Produkt im Netz kann ein Unternehmen den Kundenservice und die Kommunikation mit dem Kunden stark verbessern.

- *Schnellere Bearbeitung der Bestellung:* Zwar kann der Kunde, der in einem Ladenlokal einkauft, die Ware sofort mitnehmen - sofern Sie vorrätig ist - doch mit einem Online-Shop lassen sich die dazugehörigen Prozesse weitestgehend automatisieren. Da der Kunde elektronisch bestellt, können seine Daten elektronisch weiterverarbeitet werden. Die Bestellung lässt sich - anders als in einem herkömmlichen Geschäft - in die anderen Prozesse integrieren. Bestellt der Kunde z.B. eine Ware, die momentan nicht im Lager ist, so kann eine automatische Bestellung Ihrerseits bei Ihrem Lieferanten erfolgen. Ebenso lässt sich die Rechnung für den Kunden automatisch bei der Bestellung ausdrucken, ohne dass Handlungen von Ihnen erforderlich wären.

- *Höhere Kundenbindung:* Wenn ein Kunde eine Bestellung aufgegeben hat und zufrieden war, dann stehen die Chancen gut, dass er das nächste Mal dieses Produkt wieder bei demselben Unternehmen bestellen wird. Er hat erkannt, dass es einfach ist und problemlos funktioniert. Darüber hinaus kann das Unternehmen das Konsumverhalten des Kunden genau analysieren und ihm speziell auf ihn abgestimmte Angebote unterbreiten (One-to-One-Marketing). Ebenso kann es ihm z.B. nach einer bestimmten Anzahl von Bestellungen oder nach Überschreiten einer bestimmten Einkaufssumme eine kleine Aufmerksamkeit zukommen lassen.

- *Kosteneinsparungen:* Die bisher genannten Punkte zielen indirekt auf eine Kosteneinsparung ab, doch es gibt auch eine direkte Kostenersparnis in einem Online-Shop - die Personalkosten. In einem Ladenlokal müssen Angestellte sein, die die Kunden bedienen. Dieses entfällt bei einem Online-Shop. Viele der erfolgreichen und auch umsatzstarken E-Commerce-Unternehmen beschäftigen nur wenig Personal. Selbst wenn zusätzlich zu den Internet-Aktivitäten ein realer Shop existiert, ist dieses ein Vorteil, denn die zusätzliche Umsatzausweitung durch das Internet kann mit weniger Personal gemanagt werden.

Kundenvorteile

Für den Kunden liegen die Vorteile darüber hinaus in einem erhöhten Service und einer höheren Informationstransparenz. Konkrete Vorteile sind u.a.:[4]

- Rund um die Uhr aktuelle Produktinformationen
- Aktuelle Preise
- Einfache Bestellungen
- Einfacher Zugang zum Lieferanten
- Transparenz von Lagerbestand und Lieferstatus
- Schnelle und hochwertige Serviceinformationen

2.2.2 Produkte

Güter und Dienstleistungen

Bei den Produkten, die Sie über das Internet verkaufen können, muss zwischen Gütern und Dienstleistungen unterschieden werden. Im Gegensatz zu Gütern sind Dienstleistungen gekennzeichnet durch:

- *Lokale Gebundenheit:* Eine Dienstleistung kann üblicherweise nur in Anwesenheit oder nach persönlichem Kontakt des

[4] vgl. Reim, F.: "Anbieterstrategien im World Wide Web"; in: "Business Multimedia" hrsg. v. M. Brossmann u. U. Flieger, Wiesbaden, 1997, S. 41-50.

Kunden erfolgen (Bsp.: Friseur). Waren dagegen können versendet werden.

- *Menschliche Arbeit:* Eine Dienstleistung wird in der Regel mit einem hohen Anteil an menschlicher Arbeitsleistung erbracht (Bsp.: Arztbesuch), Waren können automatisch hergestellt werden.
- *Intangibilität:* Eine Dienstleistung kann nicht berührt werden (das Ergebnis dagegen schon, Bsp.: Steuerberatung / Steuererklärung), eine Ware ist physisch.
- *Zeitbezug:* Der Verkauf einer Dienstleistung dauert und beansprucht Zeit (Bsp.: Reinigung), Ware ist dagegen zeitunabhängig.

Geschäftsanbahnung

Aus dieser Gegenüberstellung von Waren und Dienstleistungen wird erkennbar, dass sich Dienstleistungen anscheinend nur äußerst schlecht für den Verkauf über das Internet eignen. Dienstleistungen können aber hervorragend im Netz angeboten werden und dort die Geschäftsanbahnung unterstützen. Die Geschäftsabwicklung erfolgt, wie oben gezeigt, meist persönlich beim Kunden. Zu der Geschäftsanbahnung gehört im einfachsten Fall eine gute Beschreibung des Services und die Möglichkeit mit dem Unternehmen in Kontakt zu treten. So kann z.B. ein Friseur eine Anfahrtsskizze zu seinem Salon, eine Preistafel und Bilder seines Salons ins Internet stellen.

Dienstleistungen, bei denen der Verkäufer nicht direkt mit dem Kunden in Kontakt treten muss und bei denen die elektronische und automatische Abwicklung Vorteile bieten kann, eignen sich am besten für den Verkauf im Internet. Zum Beispiel werden Flüge zunehmend via Internet verkauft. Kunden können sich bequem von zu Hause einen freien Flug heraussuchen und das Ticket kann ihnen nach erfolgter Buchung zugeschickt werden.

Effizientere Abwicklung

Waren scheinen sich dagegen besser für eine Komplett-Abwicklung via Internet zu eignen. Sie lassen sich rund um die Uhr ordern, können zeitunabhängig von der Bestellung produziert und ausgeliefert werden und sind lagerfähig. Damit ist ein Abwicklungsprozess möglich, der unabhängig vom Kunden erfolgt. Der Kunde hat nur zweimal mit dem Unternehmen zu tun: bei der Bestellung und beim Empfang der Ware.

Aber nicht alle Waren eignen sich für den Verkauf via Internet. Besonders dort, wo Kaufentscheidungen nicht nur aus rationalen

Gründen gefällt werden, ist eine Anbahnung per Internet nur schwer möglich. Bei emotionalen Produkten, wie z.B. Autos, ist der persönliche Kontakt zwischen Ware und Käufer oftmals ausschlaggebend für eine Kaufentscheidung. Gleiches gilt für große oder individuelle Waren wie Möbel. Der Kunde möchte die Waren in natura sehen, bevor er sie kauft. Generell ist festzuhalten, dass Produkte, die die Sinne ansprechen und die der Kunde sehen, anfassen oder riechen möchte, kaum via Internet verkäuflich sind.

Informationskauf

Waren, die ausschließlich auf Grund von Informationen gewählt werden (wie Bücher, CDs, PCs etc.), oder Waren, die häufig gekauft werden (wie Lebensmittel, Blumen, Büromaterial etc.), sind am ehesten via Internet zu verkaufen. Der Grund liegt hier in dem Produkt selbst: Dem Kunden kommt es auf den Besitz der Ware an, nicht auf den Distributionsweg oder den Händler (wenn man Preisunterschiede nicht beachtet).

Einsatzmöglichkeiten des Internets

Die Einsatzmöglichkeiten des Internets variieren abhängig davon, um welche Art von Produkten es sich handelt.

- *Beratungsintensive Produkte* wie Autos oder Urlaubsreisen: Über das Internet kann ein Maximum an Informationen bereitgestellt werden, für den Kunden entfällt das Wälzen von kiloschweren Katalogen. Der Kunde kann aktiv recherchieren und vergleichen. Zwar kann das Internet einen Profi-Verkäufer nicht ersetzen, aber das Beratungsgespräch kann effizienter ablaufen, wenn der Kunde bereits informiert ist und gezielt Fragen stellen kann um etwaige Unklarheiten noch zu beseitigen.
- *Austauschbare Konsumgüter* wie Blumen, Videokassetten, Bücher und Lebensmittel: Bei diesen Gütern braucht der Kunde keine Beratung, sondern der Preis und die Bequemlichkeit des Kaufes sind die kaufentscheidenden Kriterien. Wenn der Servicegrad höher ist, akzeptieren viele Kunden auch einen höheren Preis. Ist die Bequemlichkeit und der Service bei allen Anbietern etwa gleich hoch, so zählt nur der Preis als Entscheidungskriterium.
- *Markenartikel* wie Kleidung oder Parfüm: Wenn der Kunde Wert auf eine bestimmte Marke legt, so wird er auch bereit sein, ein paar Mark mehr dafür zu bezahlen oder auf etwas Bequemlichkeit zu verzichten. Deshalb gelten hier ähnliche Regeln wie bei den Konsumgütern. Zudem schafft die be-

kannte Marke Vertrauen in der „anonymen" Welt des Internets - der Kunde erkennt das Produkt wieder.

- *Digitalisierbare Waren* wie Ton- und Filmbeiträge, Texte, Softwareprodukte: Sie eignen sich selbstverständlich hervorragend für den Verkauf im Internet, da das Internet direkt als Distributionsmedium verwendet werden kann.

Kriterien für internet-fähige Produkte

Allgemein gesprochen sollte das Produkt mindestens eines der folgenden Kriterien erfüllen, um sich erfolgreich über das Internet verkaufen zu lassen. Es heißt zwar nicht, dass es automatisch erfolgreich ist, aber erfüllt das Produkt keines dieser Kriterien, lässt es sich nur sehr schwer verkaufen:

- *Computer-Bezug:* Das Produkt hat in irgendeiner Art und Weise mit Computern oder IT zu tun.
- *Typischer Internet-Benutzer:* Das Produkt spricht den typischen Internet-Nutzer (30-35 Jahre alt, männlich, gutverdienend) an (wobei sich der durchschnittliche Internet-Nutzer immer mehr dem Bevölkerungsschnitt annähert).
- *Geografie:* Das Produkt ist interessant für überregionale Kundschaft.
- *Besonderheit / Sammlerstück:* Das Produkt hat eine Besonderheit und ist außerhalb des Internets nur schwer erhältlich oder es spricht die Sammelleidenschaft der Kunden an.
- *Informationskauf:* Wie oben bereits beschrieben, basiert die Entscheidung, über das Internet zu kaufen, hauptsächlich auf Informationen und ist eine rationelle Entscheidung.
- *Preisvorteil:* Das Produkt kann über das Internet billiger oder zumindest gleich teuer bezogen werden als herkömmlich.

2.3 Gemeinsamkeiten neuer Geschäftsmodelle

Der elektronische Markt wird sich weiterentwickeln und damit auch die Nachfrage nach allen Produkten im Internet. Auch wenn allgemein angenommen wird, dass sich z.B. Autos nur schwer im Internet verkaufen lassen, so heißt das nicht, dass es unmöglich ist. Bereits heute gibt es erfolgreiche Firmen im Internet (www.autobytel.com, www.autoweb.com, www.autoscout24.de), die Autos zwar nicht direkt verkaufen, aber zwischen Händler und Kunden vermitteln.

Infomediäre

Daraus wird ein Geschäftsmodell ersichtlich, welches durch das Internet erst möglich geworden ist: die sogenannten Infomediäre.[5] Vergleicht man die Internet-Unternehmen mit dem höchsten Bekanntheitsgrad wie eBay, ricardo (Auktionen), Yahoo (Internet-Katalogisierung), Etoys (Spielzeuge), Autobytel (Fahrzeugvermittlung), Priceline (Preisnennung durch den Kunden), Amazon, BOL (Buchhandel) etc. miteinander, so fallen folgende Gemeinsamkeiten auf:

- Reines Internet-Business, keine „Offline"-Geschäfte
- Keine eigenen Produkte
- Bereitstellung einer Plattform im Internet
- Zusammenbringen von vielen Anbietern und vielen Nachfragern
- Umfangreiches Informationsangebot, Zusatzdienste
- Der Unternehmensname wird zu einer starken und bekannten Marke entwickelt
- In den meisten Fällen: auf Grund hoher Werbeausgaben derzeit keine Gewinne, zumindest vorerst hohe Verluste für die Unternehmen

Infomediäre treten quasi als Vermittler zwischen Unternehmen und Konsumenten auf. Dieses Modell lässt sich erweitern und kann ein Ansatz sein, um eine eigene Geschäftsidee im Internet zu realisieren.

Elektronische Marktplätze

Diese elektronischen Marktplätze sind auch der Hauptgrund dafür, warum den Business-to-Business (B2B)-Geschäften das größte Wachstum im Internet vorausgesagt wird. Unabhängige Firmen werden für alle Branchen Marktplätze mit o.g. Charakteristika entwickeln und vermarkten. Über diese Plattformen können Anbieter und Nachfrager vollautomatisch Waren verkaufen bzw. kaufen. Erste Ansätze liefern bereits Firmen wie Ariba oder SAP mit dem mySAP.com-Konzept.

Interesse wecken

Aber allein der Aufbau von diesen Marktplätzen reicht nicht aus. Viel wichtiger als die technische Basis ist, dass Interessenten auf

[5] der Begriff „Infomediaries" wurde geprägt von John Hagel und Marc Singer in: „Net Worth", Chicago, 1999.

diesen Marktplatz gezogen werden. Ebay hat das z.B. mit der Versteigerung eines Ferraris oder anderen außergewöhnlichen Objekten wie einer StartUp-Firma geschafft. Dazu muss die virtuelle Gemeinschaft bekannt gemacht werden - eine Marketingaufgabe.

Kundenbindung

Nachdem die Interessenten Zugang zu dem Marktplatz gefunden haben, sollte die Teilnahme an dem wirtschaftlichen Verkehr gefördert werden. Dadurch werden die Teilnehmer an die Plattform gebunden, denn die aktive Teilnahme an Transaktionen veranlasst den Teilnehmer später - nach erfolgreichem Abschluss der Transaktion - wieder zurückzukehren. Die Bindung der Teilnehmer erfolgt durch eine kontinuierliche Erweiterung der Inhalte und der Möglichkeit der Kommunikation. Für die Teilnehmer muss ein Nutzen erkennbar werden. In dieser Phase findet auch eine Selektion statt. Nur die interessierten Teilnehmer, die sich durch das Angebot angesprochen fühlen, werden weiterhin die Plattform nutzen. Das bedeutet zwar, dass weniger Teilnehmer den Weg zu dem Angebot zurückfinden, diese aber dafür qualifizierter und besser geeignet sind.

Nutzen schaffen

Im nächsten Schritt muss für die Teilnehmer nicht mehr nur der qualitative, sondern auch der quantitative Nutzen erkennbar sein. Besonders im B2B-Bereich müssen sich über diese Plattformen Ein- oder Verkaufstransaktionen deutlich effizienter und damit günstiger abwickeln lassen können als bisher.

Bestehende Geschäftsmodelle

Zur Realisierung dieser Plattformen gibt es verschiedene Geschäftsmodelle, die momentan im Internet existieren:[6]

- *Online-Shops:* Absatzsteigerung, Kostensenkung
- *Auktionen:* Versteigern ohne Anreise, Gewinn-maximaler Preis wird erzielt
- *Einkaufszentrum:* Zusammenfassen von Shops für einen Industriesektor
- *Marktplatz:* Gemeinsames Vermarktungs-Frontend für verschiedene Firmen
- *Virtuelle Gemeinschaften:* Kommunikation und Informationsaustausch der Teilnehmer untereinander

[6] Nach: Karrlein, W. / Hauska, S.: Nur plausible Geschäftsperspektiven öffnen die Geldbörsen der Anwender. In: Computerwoche 23/99, S.66.

- *Informationsvermittler:* Geschäftsinformationen und Beratungsdienste

Daneben gibt es noch weitere Geschäftsmodelle, die andere Bereiche abdecken:[7]

- *Dienstleistungen:* Unterstützung für einen Teil der Wertschöpfungskette (z.B. Logistik oder Rechnungsstellung)
- *Integration:* Internet-basierte Integration von mehreren Gliedern der Wertschöpfungskette (z.B. bietet ein Autohersteller neben der Konfiguration und Bestellung eines Autos gleichzeitig Finanzierungsmöglichkeiten an)
- *Team-Organisation:* Plattform für die Zusammenarbeit räumlich getrennter Mitarbeiter (z.B. www.egroups.com)

2.4 Zusammenfassung und Ausblick

Planung und Kontrolle

Allerdings darf bei der momentanen Euphorie nicht übersehen werden, dass E-Commerce auch eine Gemeinsamkeit mit dem herkömmlichen Geschäft hat: Am Ende muss „unterm Strich" eine positive Zahl stehen, sonst ist auch der E-Commerce-Unternehmensgründer insolvent. Dazu gehört schon in der Vorbereitung der Gründung ein gute Planung mit Hilfe eines fundierten Business Plans. Trotz des aktuellen Booms führt auch ein schlecht geplantes und schlecht gemanagtes Internet-Business zwangsläufig in den finanziellen Ruin.

Prozessoptimierung

Auch der Shop und die dahinterliegenden Prozesse wollen wohl durchdacht sein. Viele Online-Angebote fallen durch eine schlechte Benutzerführung negativ auf und oftmals werden die Vorteile des E-Commerce, insbesondere die elektronische Integration der Prozesse, nicht ausreichend genutzt.[8] Bei der Planung eines Shops sollte daher besonders viel Wert auf seine graphische Gestaltung und Benutzerführung gelegt werden. Auch eine

---

7 ebd.

8 vgl. Studie des Verbandes der deutschen Internet-Wirtschaft, eco Electronic Commerce Forum e.V. in Kooperation mit dem E-Commerce-Spezialisten Vivendo Internet GmbH (München), Oktober/November 1999.

weitestgehend automatisierte Abwicklung aller Prozesse sollte angestrebt werden, ansonsten verschenkt der Unternehmer wertvolles Potenzial.

Zukünftige Entwicklung

Das Internet hat das Wirtschaftsleben nachhaltig beeinflusst und es ist zu vermuten, dass die Möglichkeiten zur kommerziellen Nutzung dieses Mediums bei weitem noch nicht ausgeschöpft sind. Dieses bietet eine einmalige Chance für Existenzgründer. Sie haben die Gelegenheit, aktiv an dieser Entwicklung zu partizipieren.

3 Auswahlkriterien für „Start-up"-Investments

Jörg Eberhart

Der Autor

Jörg Eberhart

ist Partner und Leiter Controlling der IVC Venture Capital AG in Frankfurt/M.

3.1 Einführung

Der Durchbruch von VC in Deutschland

Auch der deutsche Markt für Venture Capital (VC) im klassischen Sinne gewinnt zunehmend an Dynamik. Beispiele erfolgreicher Gründungsfinanzierungen von High-Tech-Unternehmen mit Venture Capital zeigen, dass das über viele Jahre erfolgreiche amerikanische Modell auch hierzulande umsetzbar ist. Insbesondere Unternehmen wie z.B. Intershop, Brokat oder Alando (jetzt ebay.de) animieren viele junge Hochschulabsolventen und Angestellte in den ersten Berufsjahren, die Gründung eines eigenen Unternehmens einer sicheren Karriere in einem Großbetrieb vorzuziehen. Als weitere Motoren der populärer werdenden VC-Aktivitäten in Deutschland sind sicherlich zum einen die öffentlichen Förderprogramme (in erster Linie die Programme der tbg und KfW) und zum anderen der Erfolg des Neuen Marktes als Exitmöglichkeit für den VC-Geber anzusehen. Eine an VC-Unternehmen häufig gestellte Frage betrifft den Auswahlprozess, der den Investments zu Grunde liegt. Dabei sind insbesondere Fragen nach den Kriterien, anhand derer finanziert wird, von Interesse.

Der folgende Aufsatz soll Investitionsentscheidungen eines im Deutschen Venture Capital-Markt etablierten Gründungsfinanciers darstellen. Der Schwerpunkt soll dabei auf einer praxisorientierten Sichtweise liegen. Ausgehend vom Begriff des VC werden der deutsche VC-Markt kurz beschrieben und die unterschiedlichen Zielsetzungen der darin aktiven VC-Gesellschaften in Grundzügen erläutert. Über die Positionierung der VC-Gesellschaften in den Marktsegmenten sollen außerdem wesentliche Erfolgsfaktoren und Zusammenhänge verdeutlicht werden.

Auswahlkriterien für Einzelinvestments werden anhand der Bereiche Markt, Unternehmer-Team und Produkt dargestellt. Dabei wird ausschließlich aus der Sicht eines unabhängigen privaten Gründungsfinanciers argumentiert.

3.2 Venture Capital: eine praxisorientierte Sichtweise

Venture Capital definiert sich über die Praxis

Der Begriff des Venture Capital wurde in der Vergangenheit mehrfach umgedeutet und auch immer wieder neu übersetzt. Da keine dieser Übersetzungen der Bedeutung des Begriffs treffend entspricht und immer entweder der Risiko- oder Chancencharakter von VC überbetont wird, soll im Folgenden der Begriff des VC unübersetzt beibehalten werden.

Bezüglich der Begriffsinhalte der zahlreichen Definitionsversuche lassen sich folgende Punkte als kleinster gemeinsamer Nenner festhalten:

- ⇨ *Finanzierungsform*: Außenfinanzierung in der Regel durch Eigenkapital oder eigenkapitalähnliche Mittel
- ⇨ *Finanzierte Unternehmen*: Unternehmen mit externem Kapitalbedarf, der nicht über andere Finanzierungsarten gedeckt werden kann
- ⇨ *Finanzierende Unternehmen (Venture Capitalisten)*: erhalten in der Regel Anteile an den finanzierten Unternehmen im Rahmen einer offenen Beteiligung (seltener typisch stille oder atypisch stille Beteiligungen) mit dem Ziel, diese Anteile wieder zu veräußern

Mit diesen Minimalkriterien verbunden sind weitere Merkmale von Venture Capital-Finanzierungen. So handelt es sich bei den finanzierten Unternehmen, da deren Kapitalbedarf z.B. nicht über Fremdkapital oder Eigenmittel der Gründer gedeckt werden kann, in der Regel um *schnellwachsende junge Unternehmen* mit hohem Kapitalbedarf, die nicht über ausreichende (Bank-) Sicherheiten verfügen. Da die meisten dieser Unternehmen im Umfeld innovativer Technologien operieren (wollen), ergibt sich zwangsläufig die Notwendigkeit schnellen Wachstums und ein Finanzierungsbedarf, bei welchem eher Liquiditätsaspekte als z.B. Zinskonditionen im Vordergrund stehen.

Ohne VC kein Erfolg in **TIME**

Die folgende Abbildung soll die jeweilige Strategie in Abhängigkeit von der Reife eines Marktes und vom Marktanteil verdeutlichen. Die Zeit spielt dabei eine wesentliche Rolle, da der Innovationsgrad zwangsläufig durch den Eintritt von Konkurrenten und durch technischen Fortschritt abnimmt. Als kritischer Pfad ergibt sich die jeweils optimale Strategie. Da dieser Zyklus in TIME-Branchen (**T**elecommunication**I**nformationtechnology**M**edia**E**ntertainment) extrem schnell durchlaufen wird, ergibt sich für diesen Innovationsbereich die absolute Notwendigkeit schnellen Wachstums, wobei Liquidität in der Regel den ersten Engpass darstellt.

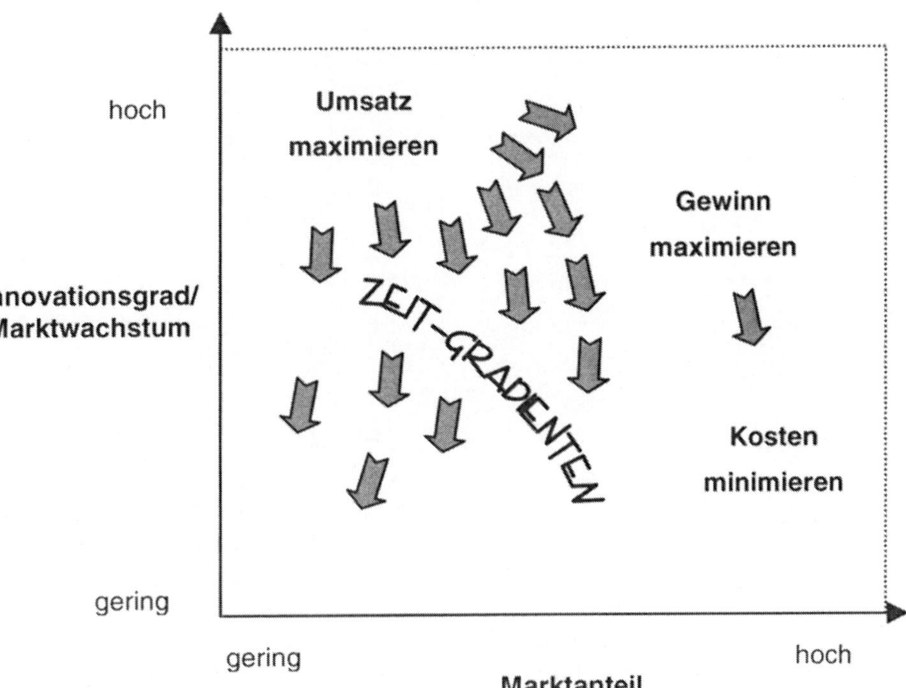

value added makes the difference

Für die VC-Finanzierer ergibt sich aus deren Zielsetzung, die Anteile nicht dauerhaft zu halten und im Falle von unabhängigen privaten VC-Unternehmen die Anteile gewinnbringend zu veräußern (exit), die Notwendigkeit, die finanzierten Unternehmen mit *Management Know-how* bei strategischen Entscheidungen zu unterstützen (hands on Management). Diese Unterstützung kann in vielfältiger Form stattfinden und reicht in der Praxis von vierteljährlichen, für das Portfolio-Unternehmen kostenpflichtigen Strategiegesprächen bis zur kostenlosen Nutzung der vom VC-Unternehmen angebotenen Infrastruktur. Welche Unterstützung außer der reinen Finanzierung (*value added*) in welcher Entwicklungsphase für das junge Unternehmen tendenziell wichtig ist, soll folgende Tabelle skizzieren:

Phase	**added value durch VC-Gesellschaft**
F+E	Infrastruktur (Büro und Technik), tools für Projektcontrolling

Markteinführung	Marketing- und Vertriebsstrategie, PR-Netzwerk, Förderprogramme
Marktwachstum	Hilfe bei Personalakquise, internationales Multiplikatoren- und Partnernetzwerk, Hilfe bei 2. Finanzierungsrunde und Akquisitionen
IPO/trade sale	IPO-Netzwerk (Analysten, Emissionsbankenbanken, Berater), Hilfe bei Verhandlungen, bridge-financing

Als *Exit-Kanäle* für VC-Gesellschaften kommen primär Wertpapierbörsen und größere Unternehmen in Frage, die diese innovativen Zweige nicht aus eigener Kraft aufbauen können und sich daher an jungen Unternehmen beteiligen oder ausgründen, um sich langfristig den Zugang zu Technologien zu sichern oder um sich strategisch insgesamt neu auszurichten. Aus diesen Zusammenhängen folgt, dass die mit Venture Capital finanzierten Unternehmen in der Regel *nicht börsennotiert* sind.

3.3 Marktsegmente und Erfolgsfaktoren im deutschen VC-Markt

Der deutsche Markt für Venture Capital lässt sich grundsätzlich hinsichtlich der *Quelle des Kapitals* und der damit verbundenen *Zielsetzung* sowie nach dem persönlichen Hintergrund der jeweiligen Entscheidungsträger segmentieren:

Das Kapital bestimmt die Strategie

Man unterscheidet in der Regel die Geldgeber der VC-Gesellschaften anhand ihrer Zielsetzung in private und/oder institutionelle mit renditeorientiertem Primärziel, öffentliche mit wirtschaftspolitischem Auftrag und VC-Gesellschaften mit strategischer Zielsetzung als von einem größeren Unternehmen abhängige Einheiten (so genannte corporate VCs).

Die wichtigsten strategischen Entscheidungen von VC-Gesellschaften, deren Ausprägung von der jeweiligen primären Zielsetzung abhängen, sind:

- Branche, in die investiert werden soll
- Phase, in der investiert werden soll

- Organisation und Rechtsform
- interne Entscheidungswege
- Art der Unterstützung für Portfoliounternehmen (Art des value added)
- Auswahlkriterien zur Finanzierung

Für die Entscheidung, in welche Branche investiert werden soll, spielt die Expertise der Investment-Manager eine große Rolle. Auch wenn externes Know-how genutzt wird, sollten Grundzusammenhänge in bestimmten Technologiefeldern und den Zielmärkten bekannt sein. Für die Investitionsphase spielen zum einen die Ziele der Investoren und zum anderen die daraus entstehenden internen Entscheidungswege und Strukturen eine Rolle.

So richtet sich zum Beispiel eine corporate VC-Gesellschaft als Tochter eines Telekommunikationskonzerns auf diese Branche aus und plant Beteiligungen an der Schnittstelle Telekommunikation/Internet. Als Phase kommt in der Regel jedoch keine Frühphase (Vorbereitung der Gründung und Gründung an sich) in Betracht, da in diesem Segment sehr schnelle Investitionsentscheidungen zu treffen sind, die aufgrund der Organisationsstruktur und Verantwortlichkeiten einer corporate VC-Gesellschaft nur langwierig in mehreren Stufen von verschiedenen Gremien getroffen werden können. In aller Regel fehlt den Investment-Managern der corporate VC-Gesellschaft außerdem die Expertise zur Beurteilung eines Gründungsteams, das als "hard facts" maximal einen Businessplan und Lebensläufe der Gründer aufweisen kann. Die Auswahlkriterien für spätere Phasen können sich dagegen auf bereits erzielte Entwicklungs- und Marktergebnisse stützen und gewährleisten eine Risikoeinschätzung, die von den Verantwortlichen auch getragen werden kann (und darf).

Zum Vergleich soll die Positionierung einer privat finanzierten unabhängigen VC-Gesellschaft kurz umrissen werden. Renditeüberlegungen können dazu führen, dass sich die VC-Gesellschaft in frühen Phasen und von der Branchenausrichtung her in den TIME-Segmenten positionieren möchte, was nach den vor allem in den USA veröffentlichten attraktiven Renditen der letzten fünf Jahre für Phase und Segment plausibel erscheint. Primäres Ziel ist dann die Generierung eines qualitativen Deal Flows (Anfragen von Unternehmern nach Finanzierung). Dieser kann aber nur dann in attraktive Beteiligungen verwertet werden, wenn eine Finanzierung schnell erfolgen und das potenzielle Portfoliounternehmen vom added value der VC-Gesellschaft überzeugt werden kann. Dies hat zur Folge, dass eine VC-Gesellschaft, die sich in den frühen Phasen in diesen Segmenten positioniert, flach organisiert sein muss und Rechts- und Organisationsform schnelle Entscheidungen ermöglichen müssen.

Die reine *Preisfrage* (wie viele Anteile werden abgegeben und in welcher Höhe bringt der VC Kapital ein) ist in den frühen Phasen tendenziell weniger entscheidend als bei Spätphaseninvestments, da in dieser Phase strategisch die erste (und aufgrund der Dynamik auch letzte) Weichenstellung für die Zukunft stattfindet und die Erfahrung eines Frühphasenspezialisten dabei eine wichtige Ressource darstellt. In der Praxis sind jedoch vermehrt Gründer bereits in diesem frühen Segment vertreten, die dafür vorgesehene Anteile an den meistbietenden VC verkaufen. Aus VC-Sicht handelt es sich also um eine Mischform aus Preis- und Qualitätswettbewerb, in dem die Art des added value Differenzierungsmöglichkeiten bietet.

3.4 Die Investitionsentscheidung eines "start up"-Financiers

3.4.1 Branchen und Märkte

Wie oben dargestellt, erwarten VC-Gesellschaften, die sich im start-up Segment positionieren, in der Regel ein deutlich überdurchschnittliches *Marktpotenzial* für die zu finanzierenden Produkte und Dienstleistungen. In älteren Branchen kann ein solches Wachstumspotenzial nur aus *Innovationen* entstehen. In einem reifen Markt, der nur noch geringe Wachstumsraten aufweist oder sogar schrumpft, wird es sehr schwierig sein, hohe Wachstumsraten zu realisieren. Eine Orientierung, in welchen Bereichen Innovationen in Zukunft wahrscheinlich sind, bietet die 1998 vom BMBF (Bundesministerium für Bildung, Wissenschaft und Technologie) in Auftrag gegebene Delphi-Umfrage unter mehr als 2000 Experten aus Wissenschaft und Wirtschaft. Folgende Darstellung gibt einen Ausschnitt der Ergebnisse wie-

high tech vs. bricks and mortar

der. Die Balken definieren Zeiträume, innerhalb derer die Experten Innovationen im jeweiligen Bereich für wahrscheinlich halten.

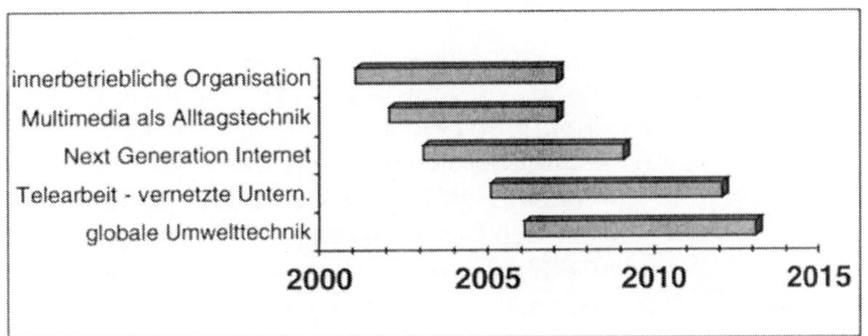

"timing" als KO-Kriterium

Die einschlägigen Studien zum *Wachstum des Internet* (Frost and Sullivan, Forrester Research, IDC usw.) sind hinlänglich bekannt. Bezüglich der Prognosen, in welcher Form das Internet zum Massenmedium wird, gibt es aber durchaus unterschiedliche Auffassungen. Alle Vorhersagen, die über den Zeitraum eines Jahres hinausgehen, sind in diesem Bereich relativ unsicher. Daher ist das *„timing“* von eminenter Bedeutung. Oft sind Zeitfenster für bestimmte Ideen nur wenige Wochen oder Monate geöffnet; wer später einsteigt, muss sich den Marktanteil dann sehr viel teurer erkaufen. Im Gegensatz zu Konzernen, die sich innerhalb von 50 Jahren entwickeln konnten, bleiben seit den ersten „Aldi“- oder auch „Fielmann“-Modellen, die bereits nach Marktanteil-Gesichtspunkten strategisch ausgerichtet waren, für Internetunternehmen maximal 1 bis 2 Jahre, um entsprechende Marktanteile zu erreichen und das geht nur mit schnellem und smartem Venture Capital. Entscheidend zur Beurteilung von Geschäftsideen im Internet ist die Einschätzung, wie sich das jeweilige Geschäftsmodell im Marktsegment mittelfristig entwickeln wird. So werden sich beispielsweise Unternehmen wie Amazon.com nach Wegbrechen der alten Branchen-Strukturen unter Umständen sehr schnell einem Margendruck gegenüber sehen, der nur noch Spielraum in Richtung Kosten offen lässt. Der Siegeszug des e-commerce rückt auch wieder Fragen der Logistik in den Blickpunkt. Für den ganzen „dotcom-Sektor“ wird es folglich auch eine Herausforderung sein, sich nach dem ersten Höhenflug zu erden und die „bricks and mortar“-Unternehmen in ihre Geschäftsmodelle zu integrieren.

was passiert nach dotcom?

3.4.2 Probleme, Ideen und Produkte

Die gemeinsame Fahrt im Aufzug

Bei der Frage, wie eine Idee oder ein Produkt sein muss, um dafür Venture Capital zu bekommen, steht zunächst der *Problemlösungsaspekt* im Vordergrund. Damit verbunden ist die Verständlichkeit des Vorhabens. Oft werden dicke Businesspläne verfasst, ohne dass der Leser erkennen kann, welches Problem mit der Geschäftsidee gelöst werden soll. Im Prinzip muss eine Geschäftsidee auch einem Laien in wenigen Worten verständlich gemacht werden können.

Wachstum als E-Funktion

Als hinreichende Bedingung für eine VC-fähige Idee sollte die Problemlösung nicht nur qualitativ sondern auch quantitativ Potenzial haben und auch nicht nur auf wenige Bereiche oder geographische Regionen eingeschränkt sein. Wichtig ist unter anderem, dass es sich um Standardprodukte handelt, die von der Ausbringung her international skalierbar sind. Dienstleistungen, die nur über qualifizierte Arbeitskräfte multiplizierbar sind, erfüllen diese Voraussetzungen normalerweise nicht. Eine Beratungsgesellschaft beispielsweise kann nur über neue hochqualifizierte Mitarbeiter wachsen, deren Akquise den Engpass in diesem Geschäftsmodell darstellt. Ähnliches gilt im Schulungsbereich. Da für den VC-Geber die Risiken oft erheblich sind, ist er bestrebt, diesen auch idealerweise unbeschränkte Wachstums-Chancen gegenüberzustellen. Dieser Zusammenhang lässt sich gut am Beispiel Individual- bzw. Standardsoftware verdeutlichen. Oft stoßen kleinere erfolgreiche Softwarebetriebe an ihre Wachstums-Grenzen solange sie Individuallösungen anbieten. Erst die strategische Entscheidung für die Entwicklung von Standardsoftware mit geringerem Anpassungsaufwand, die im Übergang oft noch aus den Individualerträgen finanziert wird, macht den Weg für exponentielles Wachstum frei.

me too oder Innovation?

Weitere Aspekte, die Ideen bzw. Produkte attraktiv machen, sind im Falle des „first-mover advantages" *Eintrittsbarrieren* für potenzielle Konkurrenten und *Alleinstellungsmerkmale*, die einen zeitlichen Vorsprung möglich machen. Eintrittsbarrieren sind gerade im Internet, das Kunden durch wenige Mausklicke in die Lage versetzt, woanders einzukaufen, nicht immer leicht zu erzeugen. Erst die langfristige Kundenbindung macht Unternehmen auch dauerhaft erfolgreich.

3.4.3 Das Management als Garant des Erfolges

Wer setzt das Ganze um?

Das wichtigste Kriterium für die Investitionsentscheidung in frühen Phasen ist u. E. das *Team* und damit die hinter dem Konzept stehenden Personen, die für die Umsetzung verantwortlich sind. Dabei sind insbesondere folgende Faktoren wichtig:

nice to have:

- Teamgröße
- Ausbildung
- Führungserfahrung
- Referenzen als Unternehmer

need to have:

- Unternehmertum
- Strategische Ausrichtung
- Chemie

Grundsätzlich gilt, dass größere Teams auch höhere Erfolgsaussichten haben als „Einzelkämpfer". Ab einer bestimmten Teamgröße wird jedoch die Koordination aufwendiger und es ergeben sich möglicherweise Reibungsverluste. Außerdem können die zwangsläufig geringeren Anteile des einzelnen Teammitglieds am Unternehmen negative Auswirkungen auf die Motivation haben. Die *optimale Teamgröße* hängt sicherlich davon ab, wie gut das Team harmoniert und ob es klare Aufgabenverteilungen gibt, die von allen akzeptiert werden. Hilfreich sind dabei unterschiedliche Schwerpunkte bezüglich Ausbildungshintergrund, Erfahrung und Interesse. Die Anforderungen, die von der seed-Phase bis zum Börsengang zu bewältigen sind, wandeln sich mit der Reife des Unternehmens. Spielt in der Phase der Forschung und/oder Entwicklung noch eher technisches Know-how eine Rolle, gewinnt das Management Know-how mit der Markteinführung zunehmend an Gewicht und dominiert alle späteren Phasen. Falls der Entwicklungsvorsprung keine Eintrittsbarriere für Wettbewerber darstellt, sollte immer erwogen werden, die notwendige Technik zu kaufen, um Zeit zu gewinnen. Innerhalb des kaufmännischen Bereichs treten in vielen Fällen die ersten Engpässe im Marketing und Controlling auf. Schnell wechselnde Engpässe

Speed vs. Eigenentwicklung

sind ein Zeichen einer annähernd optimalen Entwicklung des jungen Unternehmens.

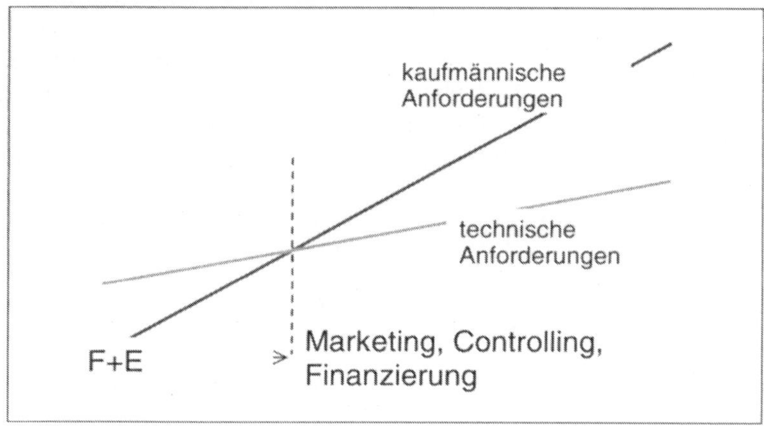

Wer und wie sind die besten Manager?

Zum Aufbau eines Unternehmens, das oft in wenigen Monaten einen raschen Mitarbeiterzuwachs verkraften muss, ist Führungserfahrung der Gründer hilfreich. Erfahrungen als Unternehmer ersparen dem Team gerade in der Anfangsphase oft wertvolle Zeit. Wer zum Beispiel bei Importen an die Einfuhrsteuer denkt, kann so mancher Liquiditätsfalle ausweichen. Generell ist aber noch entscheidender, wie Probleme, die zwangsläufig auftauchen, gelöst werden. Gute Manager ziehen immer den Kopf aus der Schlinge und verlieren selten.

Unbedingtes Muss ist u. E. unternehmerisches Denken und Handeln und damit die Fähigkeit zur Umsetzung des Geschäftsmodells. Außerdem sollte ein *„strategischer Verkäufertyp"* das Team beim Markteintritt und -wachstum aktiv verstärken.

Im Hinblick auf den VC-Geber muss die Chemie unbedingt stimmen. Die jeweiligen Auffassungen zum Thema Venture Capital und die Rolle eines VC-Gebers sollten weitgehend übereinstimmen.

3.5 Anforderungen an das Venture Capital-Unternehmen

Wie denkt der VC?

Teams mit Projekten, die u. E. attraktiv sind, fordern VC-Geber von sich aus mit ihren Anforderungen bzw. verstehen deren Geschäftsmodell und Spielraum und können sich in die Lage des VC-Gebers genauso wie später in die Lage der Kunden versetzen. Auf diese Weise qualifizieren sich die Teams ebenfalls wie auch in persönlichen Gesprächen und bei den Verhandlungen in einem Prozess der "*Selbstselektion*". Sollten die Verhandlungen mit VC-Gebern in die entscheidende Phase gehen, ist es auf jeden Fall für das Unternehmer-Team empfehlenswert, mit Portfoliounternehmen der jeweiligen VC-Gesellschaft Kontakt aufzunehmen und sich Erfahrungsberichte von der anderen Seite einzuholen. Insbesondere lässt sich dann bequem erfragen, ob das immer viel zitierte Netzwerk des VC-Gebers auch effektiv genutzt werden konnte. Anhaltspunkte bieten sicherlich auch die Antworten auf folgende Fragen:

- Versteht der VC unser Geschäftsmodell?
- Bringt der VC kreative Beiträge in die Diskussion der kritischen Faktoren mit ein?
- Kennt der VC Probleme des Unternehmensaufbaus im hochdynamischen Umfeld aus eigener Erfahrung?

Sollten mehrere VC-Geber gleichzeitig Interesse haben, und das ist bei guten Projekten immer der Fall, hat die Optimierung der Anteile/Kapital-Thematik Vorteile, aber auch Nachteile. Vorteil einer hohen Bewertung in der ersten Finanzierungsrunde ist die Außenwirkung, wenn kommuniziert wird, wie wertvoll das Projekt bereits in der start-up Phase ist. Dieser Wert muss sich dann jedoch in einer zweiten Runde unter Beweis stellen, und es ist fraglich, ob es insgesamt auf die "*equity-story*" bezogen beim IPO besser aussieht, einen Wert von der ersten zur zweiten Runde mit Faktor 2 oder andernfalls mit Faktor 10 aufzubauen. An die Gründer fließt in diesen Phasen in der Regel kein Kapital. Außerdem hat das Team den "*added value*" des VC zu bewerten. Ausgangspunkt der Planung des Teams sollte aber auf jeden Fall die Festlegung der einzelnen Finanzierungsrunden sein, auf deren Grundlage dann der Kapitalbedarf ermittelt wird. Werden hier zu kurze Zeiträume veranschlagt, besteht die Gefahr, dass das Top-Management ständig mit der Finanzierung beschäftigt ist. Zu lange Zeiträume (z.B. über ein Jahr) haben den Nachteil der Planungsunsicherheit und des relativ hohen Kapitalbedarfs, der zur "Erstrundenbewertung" auch dazu führt, dass viele Anteile abgegeben werden müssen. Der optimale "equity-Plan" für die erste Runde ergibt sich folglich aus den Faktoren: Einschätzung value added des VC, Kapitalbedarf und Zeitraum bis IPO, Größe des Gründerteams und Interessen sonstiger Anteilseigner (angels, family, friends).

Zusammenfassend setzt sich die Entscheidung für oder gegen ein Investment nur über einen Gesamteindruck der Eingangsgrößen Team und Produktidee, die mit verschiedenen Marktszenarien hinterlegt werden, zusammen. Letztendlich handelt es sich um eine „Bauchentscheidung", die auf die Frage hinausläuft, ob das Team X mit einem Konzept Y erfolgreich ins Rennen gehen kann und ob wir als VC unsere Qualität dabei effektiv und wertsteigernd einsetzen können.

4 Wie Business Angels Unternehmensgründern helfen können

Malte Brettel, Cyril Jaugey, Cornelius Rost

Die Autoren

Dr. Malte Brettel

ist Habilitand am Lehrstuhl für Controlling und Logistik an der WHU Koblenz und geschäftsführender Gesellschafter der JustBooks.de GmbH.

Cyril Jaugey und **Cornelius Rost**

sind Diplomanden am gleichen Lehrstuhl und Teil des Managementteams von ciao.com.

4.1 Einführung

Für junge Unternehmen ist die Finanzierung ein entscheidender Meilenstein. Aber nicht nur die Finanzierung, auch die Finanzierungsstrategie will wohlüberlegt sein: Welche Finanzierungsrunden und welcher Kapitalbedarf ist notwendig. Hat man sich in einer frühen Phase für eine erste Finanzierungsrunde mit einem geringen Kapitalbedarf entschieden, taucht das nächste Problem auf: Einen geeigneten Investor zu finden.

Die Finanzmittel der Gründer sind in der Regel begrenzt, die Innenfinanzierung kommt wegen der in frühen Phasen selten vorhandenen Mittel kaum in Frage. Eine Finanzierung durch Fremdkapital stößt bei der mangelnden Bereitschaft der Fremdkapitalgeber, Unternehmen mit einem hohen Ausfallrisiko zu finanzieren, in der Regel auch an Grenzen. Der formelle Beteiligungskapitalmarkt ist zu einer Finanzierung bei hohem Ausfallrisiko zwar eher bereit, doch stellen Deals unter 1 Mio. DM Beteiligungsvolumen eher die Ausnahme dar: Der Aufwand, der für das Geschäft betrieben werden muss, steht nicht in einem angemessenen Verhältnis zur Rendite. Es verbleibt eine Finanzierungslücke. Diese vermögen Business Angels zu vermindern, so jedenfalls die Studien in den USA oder England. Ob das auch in Deutschland der Fall ist, darüber existieren noch keine empirischen Aussagen. Nachfolgend werden erste empirische Erkenntnisse aus Deutschland geschildert: Wie suchen Business Angels ihre Beteiligungen aus, welche Renditeerwartungen haben sie, wann ist ihr Exit und wie gestalten sie die Beziehung zwischen ihnen und den Start-ups.

Ziel ist es, Start-ups eine Hilfestellung zu geben: Wenn sich der Jungunternehmer für einen Business Angel entscheidet: Was hat er zu erwarten. Sicherlich verhilft das noch nicht zu einem Angel, dazu gibt es z.B. entsprechende Matching Services, es vermag aber zu beleuchten, ob es für junge Unternehmen eine Alternative ist, in der ersten Finanzierungsrunde auf einen Angel zurückgreifen zu wollen oder besser gleich mit einem größeren Kapitalbedarf auf einen formellen Beteiligungskapitalgeber zuzugehen.[1]

---

[1] Ausführlich wird das Thema behandelt in Brettel / Jaugey / Rost, Business Angles 2000.

4.2 Was sind Business Angels?

Bei Business Angels handelt es sich um natürliche Personen, die ohne Zwischenschaltung eines Intermediärs, also beispielsweise einer VC-Gesellschaft, Unternehmen auf direktem Weg Beteiligungskapital zur Verfügung stellen. Das bedeutet, Business Angels investieren direkt risikotragend in nicht-börsennotierte Unternehmen. Mit einer solchen Beteiligung sind allerdings nicht nur erhebliche Risiken, sondern dementsprechend auch ein überdurchschnittliches Renditepotenzial für die Investoren verbunden.[2]

In der Literatur werden die Begriffe „Privatinvestor", „informeller Investor" und „Business Angel" in der Regel synonym verwandt. Innerhalb des informellen Beteiligungskapitalmarktes existieren jedoch zwei verschiedene Kategorien von Investoren: reine Finanzinvestoren, d.h. passive Privatinvestoren auf der einen Seite und aktive Privatinvestoren auf der anderen Seite. In der Regel betrachtet man nur den aktiven Privatinvestor als Business Angel.[3]

Dabei besteht der wesentliche Unterschied zu passiven Privatinvestoren in der Art der Beziehung zwischen Kapitalgebern und Kapitalnehmern und der von Business Angels erbrachten Leistungen. Anders als bei passiven Privatinvestoren ist die Beziehung eines Business Angels zu seinen Kapitalnehmern durch einen über die rein finanzielle Transaktion hinausgehenden Beitrag gekennzeichnet. Business Angels erbringen für ihre Beteiligungen einen zusätzlichen Mehrwert, indem sie ihnen mit aktiver Mithilfe und in beratender Funktion zur Seite stehen.[4] Gemein-

---

[2] Vgl. Freear/Sohl/Wetzel, Differences, 1994, S. 109. Vgl. auch Mason/Harrison, Survey, 1994 , S. 92.

[3] In der anglo-amerikanischen Literatur werden beide Gruppen meist unter den Begriffen „Business Angels" und „Informal Investors" zusammengefasst. Vgl. Hemer, Business Angels und JTU, 1999, S. 103.

[4] Aus diesem Grunde differenzieren Lumme, Mason und Suomi zwischen Business Angels und passiven Privatinvestoren auch anhand des Ursprungs des Privatvermögens. Nach ihrer Definition sind Business Angels „wohlhabende Privatpersonen (...), die ihr persönliches Vermögen selbständig erwirtschaftet haben.", womit ererbtes Kapital ausgeschlossen wird. Dies unterstreicht die Bedeutung des individuellen Erfahrungsschatzes von Business Angels. Vgl. Lumme/Mason/Suomi, Finland, 1998, S. 11 und 23. Vgl. auch Mason/Harrison,

hin erwächst dieser Mehrwert aus dem beruflichen Erfahrungshintergrund der Business Angels, den sie zur Unterstützung der Unternehmen einsetzen:

- Business Angels haben oftmals selbst ein oder mehrere Unternehmen gegründet, aufgebaut und möglicherweise im Anschluss verkauft und dabei umfangreiche unternehmerische Erfahrungen gesammelt.[5]
- Sie verfügen in der Regel über kaufmännisches Know-how, welches aufgrund des häufig technischen Ausbildungs- beziehungsweise Erfahrungshintergrundes des Gründerteams junger technologieorientierter Unternehmen oft eine erhebliche Schwachstelle darstellt.[6]
- Im Laufe ihrer eigenen Karriere haben sich die meisten Business Angels ein professionelles Netzwerk von Kontakten zu relevanten Entscheidungsträgern innerhalb einzelner Branchen aufgebaut. Sie verfügen insbesondere über Kontakte zu geeigneten Anwälten, Steuerberatern, Wirtschaftsprüfern und Banken.
- Viele Business Angels haben spezifisches technisches Wissen in ihrem jeweiligen Fachbereich.

Mit Hilfe dieser Qualifikationen und Kenntnisse leisten Business Angels unterschiedliche, für das kapitalnehmende Unternehmen relevante Beiträge:[7]

- Durch das Herstellen von Kontakten beziehungsweise „Türöffnen“ können Business Angels beispielsweise Kooperationen mit anderen Unternehmen initiieren, oder auch über die eigenen Mittel hinaus zur Sicherung der Gesamtfinanzierung beitragen. Dies gilt insbesondere für zusätzliches Kapital weiterer Business Angels sowie für Fördermittel, die oft an das Engagement eines fachkundigen Investors gebunden sind.

Market Expansion, 1993, S. 23.

[5] Vgl. Mason/Harrison, Market Expansion, 1993, S. 23.

[6] Vgl. Baier/Pleschak, Finanzierung und Marketing, 1996, S. 18f.

[7] Den unterschiedlichen spezifischen Erfahrungshintergründen entsprechend sind nicht alle Business Angels in der Lage oder gewillt, sämtliche der im folgenden aufgeführten Beiträge zu leisten.

- Business Angels motivieren und unterstützen den Unternehmer durch informelle Betreuung und Beratung, „Coaching" genannt. Dabei kann ein Business Angel beispielsweise auch als Katalysator für die Entstehung des Unternehmens und die Komplettierung des Gründerteams fungieren. Unter Ausnutzung des oben genannten Netzwerks kann diese Betreuung bis hin zur „Vermarktung" der Gesellschaft über Börsengang oder Fusion gehen.[8]
- Teilweise leisten Business Angels auch operative Unterstützung bis zu phasenweiser Voll- oder Teilzeittätigkeit in dem finanzierten Unternehmen.

Sowohl die einzelnen Beiträge als auch die Intensität dieses Engagements können folglich von Investor zu Investor und sogar zwischen einzelnen Beteiligungen eines individuellen Kapitalgebers sehr unterschiedlich sein.

In der angelsächsischen Literatur werden potentielle Angels noch weiter nach dem Hintergrund ihrer gegenwärtigen Inaktivität unterschieden. „Virgin Angels" sind solche, die bislang noch keine Business Angel-Investition getätigt haben, dies jedoch beabsichtigen. „Latent Angels" sind Business Angels, die in der Vergangenheit bereits aktiv waren und eine oder mehrere Beteiligungen eingegangen sind, gegenwärtig jedoch keine Beteiligung halten.

Privatinvestoren

Aktive **Business Angels**	Potentielle **Business Angels**	Passive Privatinvestoren
• Können Mehrwert im Unternehmen erbringen • Gegenwärtig beteiligt • Engagieren sich über Kapital hinaus	• Können Mehrwert im Unternehmen erbringen • Gegenwärtig nicht beteiligt • Virgin Angels: Möchten, konnten aber noch nicht investieren • Latent Angels: Waren in der Vergangenheit schon aktiv	• Können oder wollen keinen Mehrwert im Unternehmen erbringen • Rein renditeorientiert • Kein zusätzlicher Beitrag

Abbildung 1:Übersicht unterschiedlicher Typen von Privatinvestoren

[8] Vgl. Kirchner, Privatinvestoren, 1998, S. 10.

Eine Klassifikation von aktiven Business Angels gestaltet sich schwierig. So finden sich in der Literatur unterschiedliche Ansätze, die nach verschiedenen Kriterien Kategorien von Angels zu bilden versuchen. Die Betrachtung dieser unterschiedlichen Typologien gäbe einen Hinweis auf deren Heterogenität. Allerdings deutet die Vielzahl bestehender Typologien darauf hin, dass sich bisher keine wirklich trennscharfen Gruppen erkennen lassen. Darüber hinaus ist zu bedenken, dass sich sämtliche empirisch fundierten Typologisierungen auf den angelsächsischen Sprachraum beschränken. Folglich existiert bislang keine Einteilung, die auf Deutschland zu übertragen wäre. Fraglich bleibt, ob es überhaupt möglich ist, Gruppen von Business Angels hinreichend trennscharf voneinander abzugrenzen. Deshalb soll nicht versucht werden, Typologisierungen darzustellen, obwohl sich vielleicht für Gründer interessante Erkenntnisse für den „richtigen" Angel ableiten ließen.

Neben einer geeigneten Typologisierung lässt sich für Deutschland kaum eine Aussage über das Volumen der möglichen Beteiligungen durch Business Angels treffen. Für andere Länder liegen Hinweise auf die Größe des zur Verfügung stehenden Potenzials (des gesamten informellen Beteiligungskapitalmarkts) vor:

- In den USA schätzen WETZEL und FREEAR den Markt für informelles Beteiligungskapital mindestens so groß ein wie den formellen Venture Capital-Markt, während die Summe des theoretisch verfügbaren informellen Risikokapitals 10 bis 20 Mal größer sein könne.[9] Andere Autoren vermuten sogar das 30-fache Volumen.[10] Das tatsächlich investierte Kapital stammt von über zwei Millionen Privatinvestoren,[11] die insgesamt zwischen 100 und 300 Milliarden US-Dollar im informellen Beteiligungskapitalmarkt investiert haben und dort jährliche Neuinvestitionen von über 30 Milliarden US-Dollar tätigen. Dies ergibt ein durchschnittliches Investi-

[9] Vgl. Wetzel/Freear, United States, 1998, S. 61.

[10] Vgl. Hake, Amerikanische Firmengründer, 1997, S. 105, sowie Acs, Small Firms, 1997.

[11] Vgl. Freear/Sohl/Wetzel, Personal Investors, 1995, S. 87.

tionsvolumen zwischen 711.000 und 2.133.000 DM pro 1.000 Einwohner.[12]

- Für Großbritannien schätzen MASON und HARRISON die Zahl der Investoren im britischen informellen Beteiligungskapitalmarkt auf viele tausend Privatpersonen.[13] Dabei wird ein Marktvolumen von beinahe 2 Milliarden Britischen Pfund vermutet, das den formellen Venture Capital-Markt somit bei weitem übertrifft. Ein noch höheres Volumen extrapoliert OSNABRUGGE, mit insgesamt fast 5 Milliarden Pfund investierten informellen Beteiligungskapitals, gegenüber leicht unter 1,3 Milliarden Pfund an Frühphasen-Investitionen des formellen Venture Capital-Sektors.[14] Hieraus ergibt sich ein Volumen informeller Investitionen zwischen 25.000 und 252.000 DM pro 1.000 Einwohner.[15]
- Für Finnland schätzen LUMME, MASON und SUOMI die Grösse des informellen Beteiligungskapitalmarktes auf insgesamt 1.500 informelle Investoren mit einem Gesamtvolumen von knapp 850 Millionen FIM investierten Kapitals.[16] Dies entspricht etwa 55.000 DM pro 1.000 Einwohner.[17]
- Für die Niederlande werden zwischen 10.000 und 15.000 Business Angels vermutet, 2.000 bis 3.500 davon aktiv. Das Volumen des informellen Beteiligungskapitals wird dabei auf zwischen 0,9 und 1,6 Milliarden Euro geschätzt, das ein- bis dreifache des formellen Beteiligungskapitalmarktes.[18] Dies entspricht zwischen 112.000 und 200.000 DM pro 1.000 Einwohner.[19]

---

[12] Berechnung basierend auf 270 Millionen Einwohnern 1998. Vgl. CIA, World Factbook, 1998. Verwendeter Wechselkurs vom 12.07.1999: 1,92 DEM/USD.

[13] Vgl. Mason/Harrison, Investment Process, 1996, S. 105.

[14] Vgl. Osnabrugge, Comparison, 1998, S. 2.

[15] Berechnungen basierend auf 58,9 Millionen Einwohnern 1998. Vgl. CIA, World Factbook, 1998. Verwendeter Wechselkurs vom 12.07.1999: 2,97 DEM/GBP.

16 Vgl. Lumme/Mason/Suomi, Finland, 1998, S. 98f.

[17] Berechnungen basierend auf 5,1 Millionen Einwohnern 1998. Vgl. CIA, World Factbook, 1998. Verwendeter Wechselkurs vom 12.07.1999: 0,33 DEM/FIM.

[18] Vgl. Lessat et al., Beteiligungskapital, 1999, S. 161.

[19] Berechnungen basierend auf 15,7 Millionen Einwohnern 1998. Vgl. CIA, World

Trotz der Ungenauigkeit dieser Schätzungen ist erkennbar, dass sich die Angaben für europäische Länder zumindest in einer vergleichbaren Größenordnung bewegen. Deshalb wird für Deutschland ebenfalls von einem enormen Potenzial an Business Angels ausgegangen. Basierend auf einer europäischen Studie[20] schätzt das FhG-ISI für den deutschen informellen Beteiligungskapitalmarkt ein Potenzial von circa 220.000 Business Angels, darunter 27.000 aktive.[21] Weiterhin vermutet das FhG-ISI ein potentielles Investitionsvolumen zwischen 9,5 und 12,5 Milliarden DM, neben 1 bis 1,4 Milliarden DM tatsächlich investiertem Kapital. Dies entspräche einem tatsächlichen Investitionsvolumen zwischen 116.000 und 152.000 DM pro 1.000 Einwohner.[22]

Wenngleich diese Schätzung einen ersten Anhaltspunkt für die Größe des deutschen informellen Beteiligungskapitalmarktes liefert, lassen sich letztendlich keine Aussagen über das tatsächliche Kapitalangebot dieser Finanzierungsquelle treffen.

4.3 Business Angels in Deutschland: Empirische Erkenntnisse

4.3.1 Einführung

Die nachfolgenden Ergebnisse stammen aus einer persönlichen Befragung von 48 Business Angels. Hierzu wurde ein vorstrukturierter Interviewleitfaden verwendet. Kritisch kann man sehen, dass aufgrund der unbekannten Grundgesamtheit die erhobenen Ergebnisse der vorliegenden Untersuchung keinen Anspruch auf Repräsentativität erheben können. Dabei ist zu bedenken, dass es normalerweise sehr schwierig ist, überhaupt Interviews von Business Angels zu erhalten. Im Rahmen von US-amerikanischen

Factbook, 1998. Verwendeter Wechselkurs 12.07.1999: 1,96 DEM/EUR.

[20] Vgl. South West Investment Group, Business Angels, 1996.

[21] Vgl. Hemer, Business Angels und JTU, 1999, S. 106.

[22] Berechnungen basierend auf 82,1 Millionen Einwohnern 1998. Vgl. CIA, World Factbook, 1998.

Studien des informellen Beteiligungskapitalmarktes wurde festgestellt, dass die Identifikation von Business Angels mit großen Schwierigkeiten verbunden ist. Sie bevorzugen in der Regel die Anonymität gegenüber der Öffentlichkeit, da ihr persönlicher Wohlstand sie zum Ziel von Bittgesuchen verschiedenster Personen und Institutionen macht, die für persönliche oder karitative Zwecke Sponsoren suchen. So finden sich insbesondere keine öffentlich zugänglichen Verzeichnisse mit Angaben zu Namen oder Beteiligungs-Aktivitäten von Business Angels.[23] Darüber hinaus zeigten sich viele Business Angels in der Vergangenheit zurückhaltend in der Teilnahme an Studien zu Forschungszwecken, da sie befürchteten, von einer Vielzahl unwillkommener Beteiligungsgelegenheiten überströmt zu werden. So kommt es, dass die Anzahl und Eigenschaften der Grundgesamtheit von Business Angels unbekannt und kaum zu ermitteln sind. Aus diesem Grunde ist es zu diesem Zeitpunkt nicht möglich, eine Erhebung durchzuführen, die sich auf eine für die Grundgesamtheit repräsentative Stichprobe von Business Angels bezieht.[24]

Die befragten Angels sind überwiegend männlich und im Durchschnitt 48 Jahre alt. Geographisch konzentrierten sich die befragten Business Angels stark auf einzelne Bundesländer, vor allem Bayern, Hessen, Hamburg oder Nordrhein-Westfalen. In der Regel befinden sie sich in oder im unmittelbaren Umkreis der Großstädte München, Frankfurt am Main, Hamburg, Köln, Düsseldorf, Stuttgart und Berlin. Die überwiegende Mehrheit der befragten Business Angels in Deutschland sind sehr erfahrene Unternehmer. So haben 75 Prozent der informellen Investoren bereits selbst ein Unternehmen gegründet, zwei Drittel davon haben sogar zwei oder mehr Gründungen durchgeführt.

Von den Business Angels, die selber ein Unternehmen gegründet haben, sind über 80 Prozent noch mit mindestens einem dieser Unternehmen verbunden, üblicherweise als (geschäftsführender) Gesellschafter. Von den Business Angels, die bisher noch kein eigenes Unternehmen gegründet haben, konnten jedoch 42 Prozent bereits Managementerfahrung in kleinen und mittleren Unternehmen sammeln. Insgesamt haben damit über 85 Prozent der befragten informellen Investoren Managementerfahrung in Unternehmen dieser Art. Durchschnittlich blicken die deutschen

---

[23] Vgl. Wetzel, Angels, 1983, S. 25, Lumme/Mason/Suomi, Finland, 1998, S. 23.

[24] Vgl. auch Mason/Harrison, Survey, 1994, S. 71.

Business Angels auf 12,5 Jahre Managementerfahrung in kleineren und mittleren Unternehmen zurück. Unter Berücksichtigung des durchschnittlichen Lebensalters von 48 Jahren entspricht dies ungefähr der Hälfte des bisherigen Berufslebens.

Neben der Gründungserfahrung ist es relevant, welchen beruflichen Hintergrund die befragten Business Angels aufweisen können. So hat die Hälfte der Busines Angels Berufserfahrung im High Tech-Bereich und weitere 40 Prozent im Bereich Finanzdienstleistungen. Funktional gesehen liegt der Schwerpunkt der Erfahrung bei der Mehrzahl der Business Angels in den Bereichen Unternehmensführung und Finanzen. Das ist aus der nachfolgenden Abbildung ersichtlich.

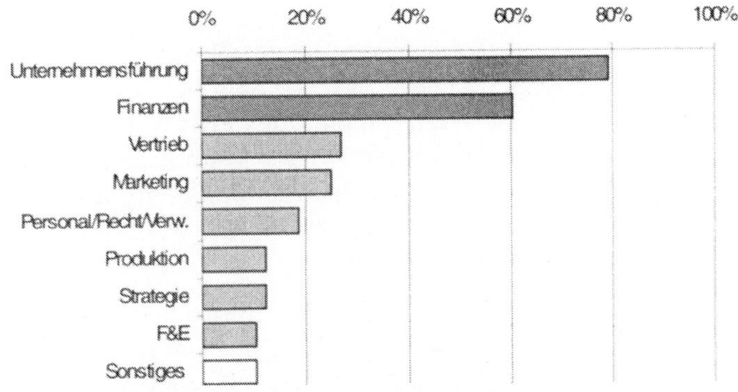

Abbildung 2: Managementerfahrung der informellen Investoren nach Funktionsbereichen

Hinsichtlich der Höhe ihres Haushaltseinkommens und des Privatvermögens zeigt sich, dass beinahe zwei Drittel der befragten Business Angels jährliche Einkünfte von mehr als 500 TDM haben, 38 Prozent sogar über ein Haushaltseinkommen von über einer Million DM verfügen, 24 Prozent über mehr als fünf Millionen DM jährlich. Zudem verfügen 83 Prozent der hiesigen Business Angels über ein Privatvermögen von über 3 Millionen DM. Mehr als die Hälfte der deutschen Business Angels besitzen sogar ein Vermögen von über 10 Millionen DM und circa 30 Prozent der befragten informellen Investoren geben ein Privatvermögen von über 20 Millionen DM an. Das zeigt die nachfolgende Abbildung auf.

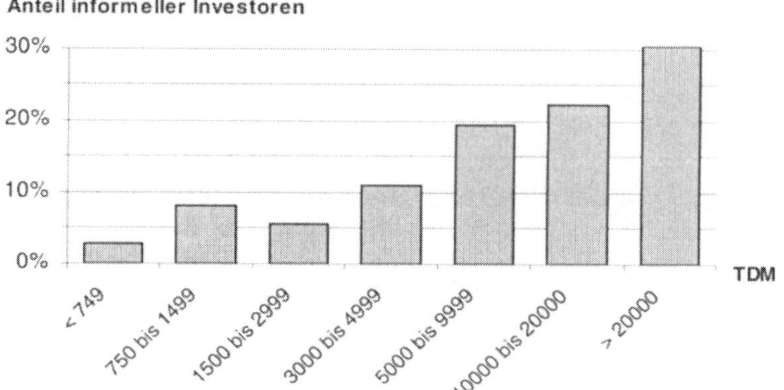

Abbildung 3: Privatvermögen informeller Investoren

Die vorliegende Stichprobe deutscher Business Angels hebt sich also sowohl durch die Höhe des Haushaltseinkommens als auch durch den Umfang des Privatvermögens deutlich von den Ergebnissen vergleichbarer Untersuchungen im Ausland ab. Grundsätzlich verfügen die befragten Business Angels also über die nötigen Mittel, um in grösserem Umfang informelle Beteiligungen einzugehen.

Das zeigt, dass es in Deutschland nicht nur potentielle und aktive Business Angels gibt, sondern diese auch über genügend Kapital verfügen, dieses einzusetzen. Wie, das zeigen die nachfolgenden Abschnitte.

4.3.2 Beteiligungsgelegenheiten

Die Business Angels der Befragung hatten in den letzten drei Jahren kumuliert mehr als 2.700 Gelegenheiten für informelle Beteiligungen, mit einem Median von 25 Gelegenheiten pro Investor. Woher die Gelegenheiten stammen, zeigt die nachfolgende Tabelle auf.

Informationsquelle	Gelegenheiten allgemein		Eingegangene Beteiligungen			
	Anzahl der Investoren	% der Investoren	Anzahl der Investoren	% der Investoren	% aller Beteiligungen	Erfolgsquote
Informell						
Geschäftsfreunde	44	92%	38	79%	63%	69%
Aktive persönliche Suche	5	10%	1	2%	2%	17%
Gründer	21	44%	14	29%	12%	27%
Formell						
VC-Gesellschaften	9	19%	7	15%	7%	39%
Banken	11	23%	3	6%	2%	8%
Anlageberater	3	6%	1	2%	0%	7%
Steuerberater/ Wirtschaftsprüfer	10	21%	1	2%	1%	4%
Rechtsanwälte	9	19%	2	4%	1%	5%
Universitäten/ Forschungsinstitute	4	8%	3	6%	2%	22%
Organisiert						
Investment Clubs/ Matching-Services	17	35%	8	17%	4%	12%
Business Broker	2	4%	0	0%	0%	0%
Zeitungen	3	6%	1	2%	1%	14%
Sonstige Quellen	9	19%	4	8%	5%	25%

Abbildung 4: Informationsquellen zu Beteiligungsgelegenheiten

Die verschiedenen Informationsquellen unterscheiden sich neben der Anzahl auch hinsichtlich der Qualität der angebotenen Beteiligungsgelegenheiten. Geschäftsfreunde waren mit 63 Prozent die originäre Informationsquelle für den mit Abstand größten Anteil tatsächlich realisierter Beteiligungen. Weitere zwölf Prozent der Gelegenheiten ergaben sich aus der direkten Kontaktaufnahme durch kapitalsuchende Unternehmensgründer.

Hiernach sind Venture Capital-Gesellschaften mit sieben Prozent der realisierten Beteiligungen die dritthäufigste Quelle. Die höchsten Erfolgsquoten als Informationsquelle haben, vor Venture Capital-Gesellschaften, Geschäftsfreunde.

4.3.3 Selektion der Beteiligung

Für einen Gründer ist, nachdem er an einen Angel gelangt ist, wesentlich zu wissen, wie dieser das Angebot beurteilt, um seine Beteiligung auszusuchen.

Nach einer ersten kurzen Sichtung der möglichen Beteiligung treffen Business Angels typischerweise eine schnelle Entscheidung, inwieweit eine eingehendere Betrachtung der jeweiligen Gelegenheit sinnvoll erscheint. Entscheidungskriterien sind auf dieser Stufe der „erste Eindruck" sowie die Frage, wie gut die Gelegenheit zu ihren persönlichen Beteiligungspräferenzen passt. Das geschieht oft auch intuitiv. Die Mehrheit aller Gelegenheiten wird bereits auf dieser ersten Stufe ausgeschlossen. Im Anschluss erfolgt dann eine detaillierte Analyse der Gelegenheit, in deren Rahmen auch ein persönlicher Kontakt mit den Kapitalnachfragern zustande kommt.

Die detaillierte Analyse erfolgt auf Basis von Kriterien, die von den befragten Business Angels als unterschiedlich wichtig angesehen werden. Darüber gibt die nachfolgende Abbildung Auskunft.

Bei der Entscheidungsfindung über informelle Beteiligungen berücksichtigte Faktoren	Bedeutung		
	sehr wichtig	wichtig	unwichtig
Management-Team	96%	4%	0%
Wachstumspotenzial des Marktes	58%	31%	11%
Einzigartigkeit des Produktes oder der Dienstleistung	58%	31%	11%
Erwartete Rendite	46%	42%	12%
Branche	38%	31%	31%
Wettbewerb	29%	44%	27%
Exit-Mechanismus	14%	40%	46%

Abbildung 5: Faktoren bei der Entscheidungsfindung über informelle Beteiligungen

Die Bedeutung der Persönlichkeitsfaktoren, des Wachstumspotenzials und der Einzigartigkeit des Produktes in der Entscheidungsfindung wird durch eine Betrachtung der wichtigsten Ablehnungskriterien von Beteiligungsgelegenheiten zusätzlich deutlich unterstrichen. Diese Ablehnungskriterien sind ergänzend zu den vorgenannten Faktoren in der nachfolgenden Abbildung aufgeführt.

Gründe, die zur Ablehnung von Beteiligungsgelegenheiten geführt haben	Prozent der Investoren
Mangel an Vertrauen in die Person des Unternehmers	65%
Zweifel an der Kompetenz/Fähigkeiten des Managements	50%
Schwäche des Geschäftskonzeptes	48%
Eingeschränktes Wachstumspotenzial	37%
Unattraktive Branche	31%
Unrealistische Bewertung des Unternehmens	27%
Unfähigkeit, technische Aspekte einzuschätzen	22%
Unzureichende persönliche Kenntnis des Unternehmens	17%
Mangelnder Einklang mit eigenen langfristigen Zielen	17%
Mangel an zur Verfügung gestellter Information	11%
Mangel an Zeit zur Analyse der Gelegenheit	11%
Eigene Kapitalrestriktion/nicht gesicherte Gesamtfinanzierung	11%
Beteiligung zu risikoreich	9%
Unfähigkeit, den Wert des Unternehmens zu beurteilen	9%
Negatives „Bauchgefühl“	7%
Unfähigkeit, sich über die Größe des Anteils zu einigen	9%
Sonstige Faktoren	13%

Abbildung 6: Gründe für die Ablehnung von Beteiligungsgelegenheiten

So beziehen sich die beiden meist genannten Ablehnungsgründe ebenfalls auf die kapitalsuchenden Gründer und damit auf einen

Mangel an Vertrauen in die Person des Unternehmers sowie Zweifel an dessen Kompetenz und Fähigkeiten. Ebenfalls wichtige Gründe sind die Schwäche des Geschäftskonzepts und ein eingeschränktes Wachstumspotenzial. Eine unrealistische Bewertung der Unternehmen nennen 27 Prozent der befragten Business Angels als Ablehnungsgrund. Die Unfähigkeit, sich über die Größe des Anteils zu einigen, den der Business Angel für seine Kapitalbeteiligung erhält, nennen dagegen nur 9 Prozent der Investoren.

Insgesamt reduzierte der Selektionsprozess die Gesamtzahl der Beteiligungsgelegenheiten aller befragten Business Angels von über 2.700 auf 230 tatsächliche Beteiligungen. Hieraus ergibt sich eine Annahmerate von insgesamt 8,4 Prozent.

4.3.4 Renditeerwartungen, Beteiligungsdauer und Exit

Bei der Schilderung der Selektion von Beteiligungen durch die Angels wurde schon deutlich, dass diese die Rendite nicht als alleinig entscheidendes Kriterium einfliessen lassen. Angesichts dessen überrascht es kaum, dass nur selten quantifizierte Erwartungen an die minimale Rendite der Beteiligungen bestehen. 38 Prozent der Business Angels besitzen keine minimalen Renditeerwartungen für ihre informellen Beteiligungen, wohingegen 22 Angels (entspricht 46 Prozent) eine solche minimale Renditeerwartung quantifizieren können. Diese liegt bei durchschnittlich 42 Prozent jährlich, wobei es für die Befragten keine Rolle spielt, in welcher Entwicklungsphase sich die Unternehmen befinden.

Die von den Business Angels für ihre informellen Beteiligungen antizipierte Beteiligungsdauer bewegt sich größtenteils in einem überschaubaren Zeitraum: 54 Prozent der Investoren erwarten bei ihren Investments eine Beteiligungsdauer von drei bis zehn Jahren. Weitere 38 Prozent sind entweder außerstande, zum Zeitpunkt der Befragung bereits eine bestimmte Beteiligungsdauer zu antizipieren oder befinden die Frage nach der Dauer der Beteiligungen als grundsätzlich unwichtig. Nur jeweils 4 Prozent geben an, eine Beteiligungsdauer von unter zwei oder über zehn

Jahren zu erwarten. Das wird auch aus der nachfolgenden Abbildung deutlich.

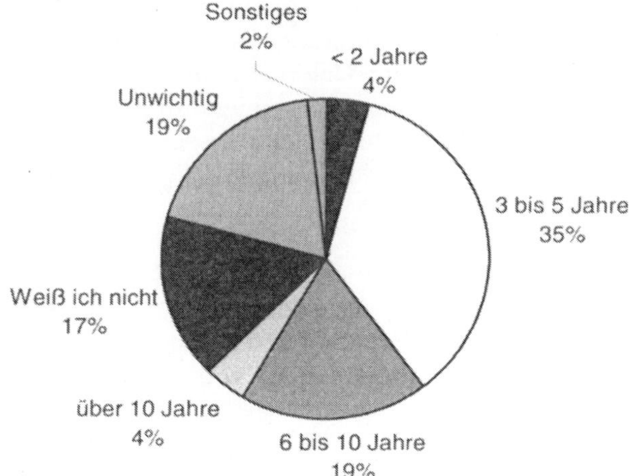

Abbildung 7: Erwartete Beteiligungsdauer für informelle Beteiligungen

Zum Ende der Beteiligungsdauer steht die Veräußerung der Unternehmensanteile an, der sogenannte „Exit". Die Investoren wurden in diesem Zusammenhang nach dem Exit-Mechanismus befragt, den sie für ihre persönlichen Beteiligungen erwarten. Da sich bei mehreren eingegangenen Beteiligungen die Art des antizipierten Ausstiegs schlecht verallgemeinern lässt, waren hier Mehrfachnennungen möglich. Die mit Abstand am häufigsten angestrebten Exit-Kanäle sind mit 50 Prozent der Börsengang beziehungsweise mit 44 Prozent der Verkauf an einen strategischen Investor, der so genannte „trade sale".

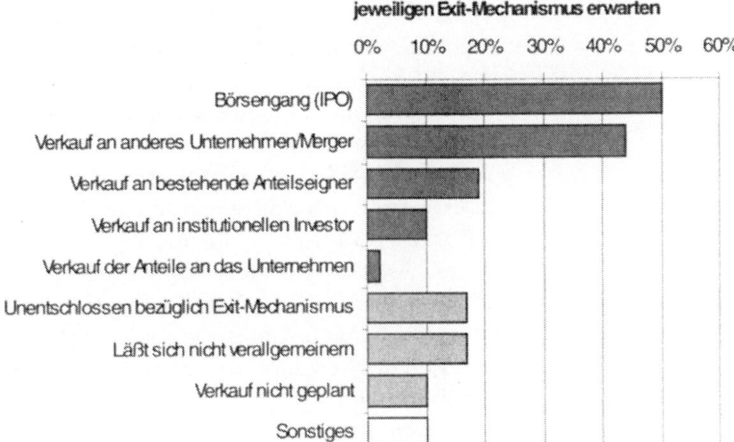

Abbildung 8: Erwarteter Exit-Mechanismus für informelle Beteiligungen[25]

Vor der Kapitalisierung der Beteiligung gilt es allerdings, die Beziehung zwischen dem Business Angel und dem Unternehmen möglichst optimal zu gestalten. Was Business Angels dabei erwarten, darüber gibt das nachfolgende Kapitel Auskunft.

4.3.5 Beziehung zwischen Business Angels und Beteiligungen und Art ihrer Hilfeleistung

Die befragten Business Angels engagieren sich auf unterschiedliche Art und Weise in ihren Beteiligungen. Drei Viertel der Business Angels geben an, sich in Aufsichtsrat, Beirat oder Gesellschafterversammlung aktiv zu engagieren und überdies informelle Beratungshilfe zu leisten. Weitere 21 Prozent der Befragten engagieren sich entweder in diesen Organen oder leisten Beratungshilfe. Diese Hilfe erfolgt in der Regel unentgeltlich, nur zwei der insgesamt 200 Unternehmen, in denen Angels sich über die Organe der Gesellschaft hinaus engagieren, müssen für die Beratungshilfe ihres Business Angels bezahlen.

25 Summe der Prozentwerte ist größer als 100 aufgrund von Mehrfachnennungen.

Die Vertretung in den Organen der Gesellschaften ist in der Regel mit der Ausübung von Stimmrechten verbunden. Dementsprechend verfügen 96 Prozent der Befragten in mindestens einem Unternehmen über Stimmrechte. Die Bedeutung, die die Business Angels dem Besitz und dem Anteil der Stimmrechte zubilligen, variiert in diesem Zusammenhang beträchtlich: Insgesamt drei Viertel der informellen Investoren geben an, dass für Sie der Besitz von Stimmrechten wichtig sei. Für 21 Prozent hat der Besitz von formalen Rechten jedoch keine Bedeutung. Diese Business Angels vertreten überwiegend die Meinung, dass Konflikte zwischen Unternehmensgründern und Beteiligungskapitalgebern bei jungen Unternehmen nicht über die Ausübung formaler Rechte, sondern auf eine informelle und persönliche Art geregelt werden sollten.

Im Besitz von Stimmrechtsmehrheiten sind lediglich 19 Prozent der Business Angels. Für gut die Hälfte dieser informellen Investoren sind die Stimmrechtsmehrheiten auch angestrebt und wichtig. Der „typische" Business Angel hält jedoch weder eine Stimmrechtsmehrheit, noch empfindet er diesen Umstand als störend. Eine Minderheitsbeteiligung erfolgt im Gegenteil bewusst, da den Gründern die finanzielle und ideelle Motivation des „eigenen Unternehmens" nicht genommen werden soll. Darüber hinaus wollen Business Angels zwar an „unternehmerischen Freuden und Erträgen"[26] partizipieren, ohne jedoch unternehmerische Verantwortung zu übernehmen.

[26] Zitat eines befragten Business Angels.

Stimmrechts-Mehrheit		In Besitz des Angels		
		Ja	Nein	*Summe*
Bedeutung	wichtig	8%	4%	*12%*
	unwichtig	11%	77%	*88%*
	Summe	*19%*	*81%*	

Abbildung 9: Anteil der Business Angels mit Stimmrechtsmehrheiten und empfundene Bedeutung von Mehrheiten.[27]

Die von den Business Angels geleistete informelle Beratungshilfe hat eine Reihe unterschiedlicher Ausprägungen. Um diesbezüglich differenzierte Aussagen treffen zu können, wurden die Business Angels nach den von ihnen im Unternehmen geleisteten Beiträgen befragt. Neben dem Kapital, das alle Angels zur Verfügung stellen, sind insbesondere das Einbringen des persönlichen Netzwerks sowie die Unterstützung durch Coaching und finanzielles Know-how die am häufigsten genannten Beiträge.

27 In dieser Betrachtung wird einem Business Angel die Stimmrechtsmehrheit nicht nur dann zugerechnet, wenn er alleine die Stimmrechtsmehrheit innehat, sondern auch dann, wenn er gemeinsam mit seinen informellen Co-Investoren die Mehrheit hält.

Beiträge der Business Angels in ihren Beteiligungen	Beiträge allgemein		Wichtigster Beitrag	
	Anzahl Nennungen	% der Investoren	Anzahl der Investoren	% der Investoren
Coaching	**28**	**58%**	**14**	**29%**
Netzwerk/Kontakte	**42**	**85%**	**14**	**29%**
Finanz Know-how	**25**	**52%**	**5**	**11%**
Marketing Know-how	15	31%	3	6%
Strategie	5	11%	2	4%
Kapital	**48**	**100%**	**2**	**4%**
Management Know-how	22	46%	1	2%
Personalentwicklung	5	11%	1	2%
Branchen Know-how	14	29%	1	2%
Sonstiges	6	13%	5	11%
Summe			*48*	*100%*

Abbildung 10: Aus Sicht der Business Angels geleistete Beiträge in ihren Beteiligungen

Weitere von den Investoren aufgezeigte Beiträge bestehen in dem Einbringen des eigenen Marketing-, Strategie- und Management-Know-Hows, dem Einsatz von Branchenkenntnissen sowie der Suche und Auswahl weiterer Führungskräfte. Bei letzterem nutzen die Busines Angels wiederum ihr persönliches Netzwerk und Branchen-Know-How.

Die verschiedenen von den Business Angels geleisteten Beiträge spiegeln sich in einem beträchtlichen Zeitaufwand wider, den Business Angels für ihre Beteiligungen aufbringen. Im Durchschnitt verbringt jeder der befragten informellen Investoren 6,2 Tage pro Monat mit seinen Beteiligungen. Pro Beteiligung entspricht dies einem durchschnittlichen Zeiteinsatz von 1,34 Tagen pro Monat. An dieser Stelle ist anzumerken, dass der Zeiteinsatz für eine Beteiligung mit der Beteiligungsdauer stark abnimmt. Gerade Business Angels mit mehreren Beteiligungen geben häufig an, den Grossteil ihres Zeiteinsatzes mit der zuletzt erworbenen Unternehmensbeteiligung zu verbringen.

Durch die Einbindung der Business Angels in das Geschäft der Unternehmen ergeben sich naturgemäß auch Schwierigkeiten in der Beziehung zwischen Gründern und informellen Investoren. So geben 77 Prozent der Business Angels an, schon einmal Probleme in dieser Beziehung gehabt zu haben. Diese sind größtenteils fachlicher und strategischer, aber auch menschlicher Natur. Obschon das aktive Engagement eines Business Angels für das unterstützte Unternehmen in aller Regel außerordentlich förderlich ist, besteht aufgrund der engen Beziehung und des intensiven Engagements auch Konfliktpotenzial. So weisen auch ROBERTSON, HENDERSON und HARVEY auf mögliche Nachteile der Beteiligung eines Business Angels hin, die aus der teilweise aufgegebenen Entscheidungshoheit oder aus persönlichen Differenzen zwischen Business Angel und Gründern resultieren können: "Angels can bring experience, skills, resources, ability, knowledge and wisdom to a company – all elements a successful business needs – on the other hand, they can also bring interference and loss of control – sometimes the chemistry just doesn't work."[28]

Trotz der auftretenden Schwierigkeiten sind Business Angels mit der Entwicklung ihrer Beteiligungen zufrieden. Über ein Drittel der Befragten gibt an, dass sich ihre Beteiligungen erheblich über Erwartung entwickeln. Neben einem großen Anteil zufriedener Investoren (44 Prozent) existiert jedoch auch ein nennenswerter Anteil unzufriedener Business Angels, aufgrund von Beteiligungen, die erheblich hinter den Erwartungen zurückbleiben (14 Prozent).

[28] Robertson/Henderson/Harvey, Beiträge, 1996, S. 45.

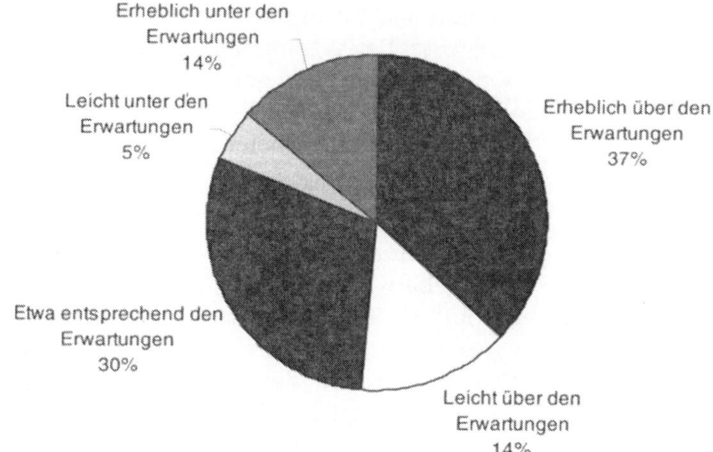

Abbildung 11: Zufriedenheit der informellen Investoren mit der Entwicklung ihrer Beteiligungen

Dies ist zum einen durch das naturgemäß hohe Risiko von Beteiligungen an jungen Technologieunternehmen zu erklären. Zum anderen scheint das dem Markt inhärente Risiko von einem Teil der informellen Investoren drastisch unterschätzt zu werden.

4.4 Zusammenfassung und Ausblick

In den vorangegangenen Abschnitten wurde aufbauend auf einer allgemeinen Darstellung das Verhalten von Business Angels in Deutschland aufgezeigt. Die Ergebnisse stammen aus einer empirischen Untersuchung von 48 aktiven Angels.

Im Ergebnis zeigt sich, dass Business Angels in Deutschland erstens die finanziellen Mittel besitzen, um Unternehmen in Frühphasen unterstützen zu können, und zweitens auch Wissen und Kontakte mitbringen, um dem jungen Unternehmen auf einen erfolgreichen Weg zu verhelfen. In der Regel werden den Angels genügend Beteiligungsgelegenheiten angetragen, von denen sie allerdings weniger als zehn Prozent auch annehmen. Mehr als die Hälfte der Angels möchte das Unternehmen, an dem er sich beteiligt, mehr als drei Jahre begleiten und wünscht sich als Exit dann einen Börsengang oder einen Verkauf an ein anderes Unternehmen. Dieser Einsatz der befragten Angels wird damit belohnt, dass die befragten Angels mit ihren Beteiligungen erheblich zufrieden sind.

Das zeigt, dass die Finanzierung durch Business Angels für junge Unternehmen eine gute Alternative zum formellen Kapitalmarkt darstellen kann. Neben dem Beteiligungskapital können sie eine erheblich Hilfeleistung erwarten. Geht man davon aus, dass sich mit der Zufriedenheit der Business Angels mit ihrer Beteiligung auch eine solche bei den Jungunternehmen einstellt, dürfen die Gründer in mehr als der Hälfte der Beteiligungen von einem erfolgreichen Ende ausgehen.

Literatur

ACS, Z. [Small Firms, 1996]: Innovation, Small Firms and Public Policy, Small Business Administration, Washington D.C. 1996.

BAIER, W./PLESCHAK, F. [Finanzierung und Marketing, 1996]: Marketing und Finanzierung junger Technologieunternehmen: Den Gründungserfolg sichern, Wiesbaden 1996.

BRETTEL, M./JAUGEY, C./ROST, C. [Business Angles, 2000]: Business Angles, Wiesbaden 2000.

BELL, M. G. [Informeller Beteiligungskapitalmarkt, 1998]: Der informelle Venture-Capital-Markt in Deutschland - die Suche nach den Angels in Deutschland, in: Sparkasse, 115. Jg. (1998), S. 301-306.

CIA (CENTRAL INTELLIGENCY AGENCY) [World Factbook, 1998]: The World Factbook 1998, in: **http://www.odci.gov/cia/publications/factbook/** , World Wide Web 1999.

FREEAR, J./SOHL, J. E./WETZEL, W. E., JR. [Differences, 1994]: Angels and Non-Angels: Are there Differences?, in: Journal of Business Venturing, 9. Jg. (1994), S. 109-123.

FREEAR, J./SOHL, J. E./WETZEL, W. E., JR. [Personal Investors, 1995]: Angels: Personal Investors in the Venture Capital Market, in: Entrepreneurship & Regional Development, 7. Jg. (1995), S. 85-94.

HAKE, B. [Amerikanische Firmengründer, 1997]: Wer finanziert amerikanische Firmengründer?, in: Technische Rundschau, Nr. 37/38, S. 104ff.

HEMER, J. [Business Angels und JTU, 1999]: Business Angels und Junge Technologieunternehmen, in: KOSCHATZKY, K. ET AL. (Hrsg.) (1999): Finanzierung von KMU im Innovationsprozess - Akteure, Strategien, Probleme, Fraunhofer IRB, Stuttgart 1999.

KIRCHNER, H. [Privatinvestoren, 1998]: Privatinvestoren, in: ACHLEITNER, A.-K./THOMA, G. F. (Hrsg.): Handbuch Corporate Finance: Konzepte, Strategien und Praxiswissen für das moderne Finanzmanagement, Loseblattausgabe, Deutscher Wirtschaftsdienst, Köln 1998.

LESSAT, V. ET AL. [Beteiligungskapital, 1999]: Beteiligungskapital und Technologieorientierte Unternehmensgründungen, Gutachten für das BMWi, erstellt vom Fraunhofer-Institut für Systemtechnik und Innovationsforschung (FhG-ISI), Karlsruhe und dem Zentrum für Europäische Wirtschaftsforschung (ZEW), Mannheim 1998.

LUMME, A./MASON, C. M./SUOMI, M. [Finland, 1998]: Informal Venture Capital: Investors, Investments and Policy Issues in Finland, Boston 1998.

MASON, C. M./HARRISON, R. T. [Market Expansion, 1993]: Strategies for Expanding the Informal Venture Capital Market, in: International Small Business Journal, 11. Jg. (1993), Nr. 4, S. 23-38.

MASON, C. M./HARRISON, R. T. [Survey, 1994]: Informal Venture Capital in the UK, in: HUGHES, A./STOREY, DAVID J. (Hrsg.) (1994): Finance and the Small Firm, Routledge: London 1994.

MASON, C. M./HARRISON, R. T. [Investment Process, 1996]: Informal Venture Capital: A Study of the Investment Process, the Post-Investment Experience and Investment Performance, in: Entrepreneurship & Regional Development, 8. Jg. (1996), S. 105-125.

OSNABRUGGE, M. VAN [Comparison, 1998]: Comparison of Business Angels and Venture Capitalists: Financiers of Entrepreneurial Firms, Said Business School, University of Oxford, Oxford 1998.

ROBERTSON, M./HENDERSON, R./HARVEY, D. [Beiträge, 1996]: Where Angels Fear to Tread?, in: Certified Accountant, April 1996, S. 43-45.

SOUTH WEST INVESTMENT GROUP [Business Angels, 1996]: "Business Angels": Finance and Expertise for Small and Medium Sized Enterprises, Presentation to EBAN Conference in Torquay, February 1996.

WETZEL, W. E., JR./FREEAR, J. [United States, 1996]: Promoting Informal Venture Capital in the United States: Reflections on the History of the Venture Capital Network, in: HARRISON, R. T./MASON, C. M. (Hrsg.) (1996): Informal Venture Capital: Evaluating the Impact of Business Introduction Services, Woodhead-Faulkner: Hertfordshire 1996.

5 Erfolgsfaktoren einer Unternehmungsgründung

Patrick Bach, Andreas Krause

Die Autoren

Patrick Bach (Dipl.-Betriebswirt)

war bis Mitte 1999 Senior Consultant bei Andersen Consulting und betreute u.a. die Einführung eines MIS bei einem deutschen Großkunden als Gesamtprojektleiter. Er ist heute Vorstand der Knowledge Intelligence AG.

Andreas Krause

studierter Politologe und Anglist, ist nach mehrjährigem Auslandsaufenthalt u.a. bei VW de Mexico seit Januar 2000 als freier Mitarbeiter in den Bereichen Public Relations und Personalwesen für die Knowledge Intelligence AG tätig.

5.1 Einleitung

Anpassung des Managements von Wissen und Prozessen

Mit der rasanten Verbreitung des Internet über die vergangenen Jahre wurde die Basis für einen grundlegenden Wandel des Wettbewerbs gelegt. Konnten sich zunächst viele Entscheidungsträger in der Wirtschaft keine genaue Vorstellung von der möglichen Bedeutung der neuen Technologie machen, so steht nun definitiv fest, dass das Internet eine radikale Neuorientierung der gesamten Wirtschaft determiniert. Parallel zu den nahezu unbegrenzten Möglichkeiten der Informationsbeschaffung und Kommunikation entstehen aber auch neue Herausforderungen für die Unternehmen. Einer der Kernpunkte bei der adäquaten Umsetzung der neugewonnenen Potenziale wird sein, das gesammelte geistige Kapital zu valuieren und entsprechend zu kanalisieren, um Effizienz, Kompetenz und Innovationsfähigkeit zu optimieren. Dem Knowledge-Management und persönlichen Portalen kommt dabei eine Schlüsselfunktion zu. Internet und Intranet als neue Technologie wollen verstanden und effektiv genutzt werden, was einer Anpassung des Managements von Wissen und Prozessen bedarf, um die Lücke zwischen aktuellen Managementproblemen und den zur Verfügung stehenden Informationen zu schließen. Eine explosionsartig wachsende Zahl von jungen Unternehmen, wie z.B. die Knowledge Intelligence AG, tritt mit dem Bestreben auf den Markt, die benötigten Problemlösungen zu entwickeln.

Der Weg eines start-ups bis zur Positionierung und Etablierung in dem umkämpften Markt ist jedoch trotz vieler Erfolgsstorys nicht vergleichbar mit einem Märchen aus 1000 und einer Nacht. In der Folge werden die im Falle der Knowledge Intelligence AG entscheidenden Faktoren einer Unternehmensgründung näher erläutert. Daran schließt sich die Beschreibung des von der KI AG bevorzugten Prinzips des E-Lancing an, einer möglichen Form zukünftiger Arbeitsvernetzung, die praktikabel geworden ist. Mit dem Ausblick auf Chancen, Risiken und mögliche Wachstumspotenziale für kleine Unternehmen mittels E-Lancing schließt die Betrachtung ab.

5.2 Voraussetzungen der Unternehmensgründung

Die Idee

Die Initialzündung für die Gründung einer Firma ist in der Regel eine Produktidee, mit der man sich vom Feld der Anbieter in einem Segment abheben will. Das Internet bietet eine in der Vielzahl nie dagewesene Möglichkeit, kreative und schlüssige Konzepte an den Markt zu bringen. Unabhängig von der zur Verfügung stehenden Technik ist aber nicht nur die Originalität der Idee, sondern vielmehr der Weg von der Idee zur konkreten Umsetzung, sprich der Gründung und Positionierung eines Unternehmens an sich der kritische Faktor.

Das Team

Ein Schlüssel bei der Gründung eines Unternehmes ist ohne Zweifel die Zusammensetzung der Führungsebene des Startups. Die Gründer der Knowledge Intelligence AG repräsentieren mit ihrem jeweiligen beruflichen Hintergrund eine Komplementarität der Skill-Profile und Erfahrungen, die als unbedingte Voraussetzung für den späteren Erfolg eines jungen Unternehmens anzusehen ist. Vormals tätig bei einer der weltweit führenden Unternehmensberatungen bzw. einem der führenden Automobilkonzerne bringen die Gründer ihre Kompetenzen einerseits in den Bereichen Management-Informationssysteme und Knowledge-Management sowie andererseits Controlling, Marketing sowie Vertrieb in das Unternehmen ein.

Ausschlaggebend für die Bewältigung auftretender Schwierigkeiten gerade in der Startphase ist jedoch die Einbindung eines Business Angel in das Gründungsteam, so wie bei der KI AG geschehen. In den USA existiert bereits ein eigenständiger Berufszweig für ehemalige Führungskräfte, die gleich mehrere Jungunternehmen parallel bei wichtigen Entscheidungen professionell beraten. Dagegen steht in Deutschland eine relativ geringe Anzahl noch aktiver Leader Pate für selten mehr als jeweils ein Startup. Business Angel sehen ihre Aufgabe neben der eigentlichen Beratung insbesondere als Türöffner bei Finanzdienstleistern oder der Anbahnung von Geschäftskontakten. Für die Gründer stellt so der Business Angel eine wichtige Ressource dar, die bei Bedarf mit wertvollen Ratschlägen und Hilfestellungen zur Verfügung steht.

Die Komplementarität der skills und die Einbindung des Business Angel können aber nur dann voll zum Tragen kommen, wenn eine realistische Einschätzung der Stärken und Schwächen des jungen Unternehmens zugrunde gelegt wird.

5.3 Gründungsphase

Die KI AG versteht sich als Anbieter von Knowledge-Management- und E-Business-Lösungen. Entsprechend diesem Anspruch bildet das Unternehmen vom wissenschaftlichen Hintergrund über die Konzeption bis zur Umsetzung, mit den Vorständen und dem Aufsichtsrat an der Spitze, die gesamte Bandbreite einer Unternehmensberatung mit Umsetzungskompetenz im IT-Sektor ab.

5.3.1 Schlanke Strukturen

Führungsteam

Die Ziele der Zusammenstellung des Führungsteams wurden durch die Suche nach Generalisten mit Schwerpunkten in den o.g. Produktfeldern erreicht. Dabei kam es jedoch nicht darauf an, dass alle Aspekte selbst abgebildet werden, sondern vielmehr konnten z.T. durch die Einbindung von Business Angels und E-Lancern weitere Fähigkeiten integriert werden.

Einbindung Business Angel

An dieser Stelle sei nochmals auf die entscheidende Bedeutung der Integration eines Business Angel als Gründer hingewiesen. Als kritischen Erfolgsfaktor kann man letztlich die Besetzung des Aufsichtsrates mit Führungskräften komplementärer Fähigkeiten ansehen, die für die bereits angesprochene Rückendeckung nach allen Seiten Sorge tragen.

Schlanke Strukturen

Neben den richtigen strukturellen und strategischen Entscheidungen während der Gründung erhalten in der Folge die operativen Schritte mehr und mehr Gewicht. Nach Abhandlung der bürokratischen Vorgaben bis zur Eintragung ins Handelsregister erweist sich ein gutes Projektmanagement als zwingend notwendig. Dazu gehört in jedem Unternehmen, gleich welcher Branche, eine effiziente Gestaltung der Arbeitsabläufe. Strenge ABC-Priorisierung sollte gerade bei kleinen Unternehmen zu einer sinnvollen Auslagerung von BC-Aufgaben führen. Einhergehend damit muss verstärkt darauf geachtet werden, eigene Ressourcen bestmöglich einzusetzen. Koordination statt Überordnung, Gleichstellung der Partner und offene Kommunikation sind die Maßgaben für die optimale Nutzung des eigenen Wissens ohne Reibungsverluste zu erzeugen.

Komplexe Abstimmungsregularien werden kaum zum

gewünschten Ziel führen, vielmehr sollte man nach dem Prinzip "keep it simple" verfahren. Man muss sich in diesem Zusammenhang aber dessen bewusst sein, dass ein solches Vorgehen trotz aller logisch erkennbarer Vorteile nur unter ständigem Abwägen von Kosten und Nutzen zum Erfolg führen kann. Daher gilt es, die jeweiligen Arbeitsschritte transparent darzustellen, um den Überblick durchgehend zu gewährleisten.

Transparenz und Geschwindigkeit

Im nächsten Schritt nämlich erleichtert die Transparenz der Arbeitsschritte dezentrale Entscheidungen. Geschwindigkeit ist gerade unter Beachtung des zunehmend schärfer werdenden globalen Wettbewerbs der Schlüsselfaktor des Erfolgs im IT-Sektor. Schnelle Entscheidungen bei Absprachen, nach dem Muster von Vorlage-Entscheidung-Umsetzung, sind demnach von größter Bedeutung. Mit dem Fokus auf die Valuierung der Umsetzbarkeit einer Idee verringert sich das Risiko einer fehlgeleiteten Entwicklung eines Projektes.

Wissenschaftliche Begleitung

Hilfestellung bei der Entscheidungsfindung leistet u.a. das frühzeitige Erkennen wissenschaftlicher Trends. Aufgrund der in ihren früheren Unternehmen gesammelten positiven Erfahrungen haben sich die Gründer der KI AG in diesem Zusammenhang zu einer engen Zusammenarbeit mit diversen Hochschulen entschlossen. Mag dies im ersten Schritt wenig lukrativ erscheinen, so ergeben sich bei genauerer Betrachtung zwei positive Effekte. Zum einen sorgt die Kooperation für einen kurzen Weg zu der wissenschaftlichen Basis und lässt somit das frühzeitige Erkennen der angesprochenen wissenschaftlichen Trends zu. So entsteht die Möglichkeit einen gegebenenfalls nicht unerheblichen Wettbewerbsvorteil gegenüber den Konkurrenten im Markt zu generieren.

Personelles Wachstum

Kurzfristig entscheidender ist allerdings die Tatsache, dass durch den direkten Zugriff auf akademischen Nachwuchs das generelle Problem des Unternehmens, personelles Wachstum durch qualifiziertes Personal zu erzielen, eher lösbar erscheint.

E-Lancing

Gerade im IT-Sektor scheint eine weitere mögliche Deckung des dringenden Personalbedarfs auf der Hand zu liegen. Die KI AG hat für ihr Wachstum und ihren Erfolg das Prinzip des E-Lancing als kritischen Faktor ausgemacht. Hierbei werden Arbeitsschritte und -entscheidungen nicht nur intern vernetzt koordiniert, sondern vielmehr an außenstehende, nur über das Netz mit dem Unternehmen verbundene Projektmitarbeiter übertragen. Dem Thema E-Lancing ist unter Punkt 5.4 ein eigenes Kapitel gewidmet.

Kooperationen

Ein anderer Erfolgsfaktor ist durch die expandierende IT-Industrie erst richtig zu Tage getreten, bedingt gleichzeitig aber ihren rasanten Erfolgsweg. Die Rede ist von themenbezogenen Kooperationen mit möglichst starken Partnern bei der Umsetzung der erarbeiteten IT-Lösungen. Auch hier ticken bei den etablierten Unternehmen in Deutschland die Uhren noch relativ langsam. Was für junge Unternehmen im gesamten Internet-Bereich bereits vor Jahren als lebensnotwendig erkannt wurde, um das angestrebte Wachstum zu realisieren, setzt sich erst allmählich in den führenden Köpfen der big player fest. Kompetenz extern aufzubauen bedeutet besonders für Startups eine Vielzahl von Synergieeffekten und kann erheblich Kosten sparen. Bereits in der Gründungsphase sollten daher die Einbindung themenbezogener Spezialisten auch mit Hilfe des Business Angel gesucht werden.

Die Beratungsleistung der KI AG konzentriert sich, wie oben dargestellt, auf die Entwicklung von Knowledge-Management-Lösungen, E-Business-Plattformen und regionaler Portale. Hierbei soll Kompetenz nicht intern aufgebaut, sondern es sollen IT-Lösungen mit Kooperationspartnern erarbeitet werden, die z.T. bereits in der Gründungsphase gefunden wurden. So wurde z.B. für die Thematik Knowledge Management bereits während der Gründungsphase eine virtuelle Marke namens Knowledge Partner (www.knowledge-partner.de) gegründet. Hinter dieser Marke verbirgt sich der Zusammenschluss der KI AG, inform AG und einem Expertenteam für den Change-Bereich.

5.3.2 Generelle Eigenschaften

Realismus

Wie gesehen sollte eine eingehende Analyse der Stärke- und Schwächepotenziale den strukturellen Aufbau des Unternehmens und die zugrunde liegende Strategie bedingen. Dabei kommt es nicht darauf an, sich möglichst gut darzustellen, sondern sich über die eigenen Schwächen im Klaren zu sein, und damit eine gehörige Portion von Realismus an den Tag zu legen. Nur wer seine Schwächen kennt, kann sie aktiv angehen und damit den Unternehmenserfolg sichern.

5.4 E-Lancing

5.4.1 Erfolgsfaktor E-Lancing

In den vorangegangen Abschnitten wurde bereits kurz dargelegt, in welcher Form vernetztes Arbeiten als Erfolgsfaktor für ein junges Unternehmen von der Größe der Knowledge Intelligence AG wirken kann. Mit beginnendem umsatzmäßigem Wachstum stellt sich schnell die Frage nach der Aufstockung des Personalstandes. Die Gründer der KI AG haben bereits während der Gründungsphase eigene Projekte initiiert. In diesem Zusammenhang wurde auf verschiedene externe "Mitarbeiter", im herkömmlichen Sinne also so genannte freelancer, zurückgegriffen.

Die heutigen technischen Möglichkeiten haben es neben der Gründung des Unternehmens in der beschriebenen Form auch gestattet, diese freelancer ungeachtet ihrer individuellen Zeiteinteilung und räumlichen Befindlichkeit in die Projektarbeit des Unternehmens einzugliedern. Internet als Basis für moderne Kommunikation, als Mittler zur Informationsbeschaffung (z.B. auch für Maßgaben zur Unternehmensgründung) sowie die komplexe Form des unified messaging ermöglichen die Schaffung eines virtuellen, globalen Büros und gestatten die Projektmitarbeit völlig unternehmensunabhängiger Personen, der so genannten E-Lancer.

Die Teilnahme der E-Lancer ist dabei absolut projektbezogen angelegt, daher äußerst flexibel und räumlich unabhängig. Neu ist diese Idee allerdings nicht, wie z.B. ähnlich gelagerte Projekte in den USA, Skandinavien oder der Schweiz gezeigt haben. Die eigenen Erfahrungen der Gründer diesbezüglich, gesammelt in weltweit operierenden Unternehmen, haben die Überzeugung reifen lassen, dass bei stetiger Vereinfachung des Umgangs mit der Technik das E-Lancing die Arbeitsform der Zukunft darstellen wird.

5.4.2 E-Lancing als genereller Trend

Unabhängig davon, ob man E-Lancing als die dominante Arbeitsform des anstehenden Jahrhunderts ansieht, steht unwiderruflich fest, dass in der vergangenen Dekade verstärkt Anzeichen dieser Entwicklung zu erkennen waren. Arbeitsplattformen im Netz und damit das Outsourcen von Arbeitsinhalten oder Firmenportale im Internet als neue Marktchance durch zeitlich effizienteren Aufbau und Nutzen geistigen Kapitals - diese gegenwärtigen Entwicklungen haben beispielsweise in der Enstehungsgeschichte der Linux-Software[1] oder der Aufspaltung großer Konzerne wie ABB und BP in kleine unabhängige Geschäftseinheiten ihr Vorbild. Die Sloan School of Management des Massachusetts Institute of Technology in den USA beobachtet diesen Trend bereits seit vielen Jahren und sieht eben in Linux das Paradebeispiel der Vermutung, dass E-Lancing das Wirtschaftssystem der Zukunft ist[2]. Demnach ist E-Lancing bereits in vielfältiger Weise existent, sei es in Form virtueller Unternehmen, zunehmendem Outsourcing oder der wachsenden Anzahl von Zeitarbeitskräften in den Industrieländern. Malone/Laubacher stellen fest, dass der Siegeszug des PC den Wert zentraler Entscheidungen und teurer Verwaltungen reduziert hat. Mit dem nun zur Verfügung stehenden Reservoir an zugänglicher Information können kleine, auf E-Lancing vertrauende Unternehmen diesen bisherigen Vorteil großer Unternehmen mit ihrer Flexibilität und Kreativität verknüpfen. Neben der extremen Anpassungsfähigkeit und Geschwindigkeit flexibler Netzwerke kleiner Unternehmen ist daher der Kostenfaktor ein entscheidendes Argument für die E-Lance-Ökonomie. Trotz der gegenwärtigen Entwicklung und aller positiver Vorzeichen pro scope for scale, ist der dauerhafte Durchbruch dieses Trends zum heutigen Zeitpunkt nicht

---

1 Die Geschichte der Linux Software entsprang der kostenlosen Downloadmöglichkeit des Softwarebasismoduls über das Internet. Erfinder Linus Thorval ermöglichte somit unzähligen Menschen über das Netz einen Beitrag zur Weiterentwicklung der Software zu leisten. Linux gilt heute als eine der besten und zuverlässigsten Anwendungen für UNIX-Betriebssysteme

2 In dem Artikel "Vernetzt, klein und flexibel - die Firma des 21. Jh.", Harvard Business Manager 2/1999, S. 28-36, beleuchten die Autoren Thomas W. Malone und Robert J. Laubacher neben dem ökonomischen Hintergrund dieses Trends auch die Frage nach zukünftigen sozialen Netzwerken

absehbar. Letztlich hat sich in der Geschichte der Ökonomie immer die Form durchgesetzt, die in einem gegebenen Rahmen von Umständen die günstigste Kostenstruktur aufweisen konnte. Trotz der zunehmenden Anpassung zentral gesteuerter Großunternehmen an die sich wandelnden Wirtschaftsstrukturen, scheinen zum gegenwärtigen Zeitpunkt die kleinen Unternehmen mittels ihrer flexiblen Netzwerke im Vorteil.

5.4.3 Chancen/Risiken des E-Lancing am Beispiel der KI AG

Welches sind nun die praktischen Vorteile, die Unternehmen wie die Knowledge Intelligence AG aus diesem skizzierten Trend ziehen können?

Die Tendenz hin zum flexiblen vernetzten Arbeiten wird durch das Internet erst ermöglicht. Es setzt aber voraus, dass sich Arbeitnehmer bereit erklären, aus den klassischen Beschäftigungsverhältnissen auszubrechen oder zusätzlich zum eigentlichen Arbeitsverhältnis Freikapazitäten zur Verfügung zu stellen. Entscheidend für diesen Schritt ist einmal, dass im Zuge der technischen Entwicklung die Akzeptanz gegenüber Neugründungen kleiner Firmen mit flexiblen Netzwerken wesentlich gewachsen ist. Zum anderen versprechen Start-Ups neben der wirtschaftlichen Attraktivität möglicher Börsengänge die Chance, eigene Ideen in kürzester Zeit erfolgreich umzusetzen. In den USA beispielsweise fällt es aus diesem Grunde Unternehmen wie z.B. den großen Beratungen zunehmend schwer, Top-Nachwuchs- und Führungskräfte zu rekrutieren.

Eine Plattform allein ist allerdings nicht das Kriterium, weswegen sich E-Lancer ausgerechnet einem sehr jungen Unternehmen wie der KI AG zur Verfügung stellen. Wichtig ist in diesem Zusammenhang, den oben angeführten Grundsatz "Koordination nicht Überordnung" zu befolgen. Nur so ist es möglich, die angestrebte Win-Win-Kultur zwischen dem Unternehmen und den E-Lancern zu realisieren. Dazu gehört auch, dass die Zusammenarbeit zwischen gleichen Partnern generell völlig unbürokratisch vonstatten geht, sich andererseits aber stark an dem geplanten Ergebnis orientiert.

E-Lancing ermöglicht es kleinen Unternehmen auch, sich als

Mittler für Experten verschiedener Themenschwerpunkte zu etablieren. Mit Hilfe des virtuellen Netzwerkes lässt sich ein bereits bestehendes persönliches Netzwerk wesentlich effizienter nutzen und erweitern. Eine größere Anzahl an Mitspielern im System wiederum ermöglicht dem Generalunternehmer als Initiator eine größere Flexibilität bei der Akquise, Abwicklung und Vergabe von Aufträgen. KI verfügt über ein Netzwerk, dass im Bedarfsfall die Zusammenführung von Fachleuten aus den unterschiedlichen Themengebieten ermöglicht.

5.5 Erfahrungen und Ausblick

Stärken und Schwächen

Ungeachtet der Aufbruchstimmung, die in der jüngsten Vergangenheit im IT-Bereich um sich gegriffen hat, erfordert der Weg, den die Knowledge Intelligence AG beschreitet - mit dem Vertrauen in die Generierung von Wissen über flexible Netzwerke -, eine sehr genaue Analyse des Ist-Zustands und der potentiellen Risiken. An diesem Punkt sei auch noch einmal auf die grundlegende Bedeutung der Evaluierung eigener Stärke- und Schwächprofile hingewiesen. Unter Beachtung dieses Aspektes ließen sich die Schwächen gezielt durch Business Angels und E-Lancer abfedern, so dass die Gründung recht problemlos vonstatten ging.

Kooperationen mit Partnern

Eine der zentralen positiven Erfahrungen hat gezeigt, dass längerfristig angelegte Partnerschaften unter der Maßgabe gemeinsam festgelegter Ziele und offener Kommunikation sehr wohl funktionieren können. Den Ausschlag für eine positive Gestaltung gibt der Wille aller Parteien an den Vorgaben festzuhalten. Im Gegensatz dazu gestaltet sich die Zusammenarbeit mit etablierten Unternehmen aufgrund teilweise divergierender Vorstellungen bezüglich der Kooperation als durchaus problematisch. Hier erweist sich das immer noch vorherrschende zentralistische Unternehmerdenken als Barriere. Bei der Beurteilung der hier aufgezeigten kritischen Erfolgsfaktoren und Begleiter ist allerdings zu bedenken, dass diese rein gründungsbezogen und somit für die etablierten, teilweise bereits börsennotierten ehemaligen Startups kaum noch bekannt, geschweige denn relevant sein dürften.

E-Lancer

Wie schon erwähnt ist die zukünftige Entwicklung der Technik und ihrer möglichen Instrumentalisierung nicht zu prognostizieren. Fraglich ist z.B. ob die fundamentalen Veränderungen, die eine vollständige E-Lance-Ökonomie bedingen würde, auch tatsächlich eintreten. Dazu zählen nicht zuletzt die Anpassung von Gesetzen und Verordnungen zum Schutz geistigen Eigentums, Patenten und internationaler Richtlinien für die Finanzmärkte. Demzufolge sind Vorhersagen bzgl. Wachstum und Ressourceneinsatz sehr spekulativer Natur. Zudem ist der benötigte Koordinationsaufwand zur "Kontrolle" der involvierten Akteure durchaus nachteilig zu bewerten.

Personal

Abschließend kann man jedoch einen Faktor als kurzfristig entscheidend für die weitere Entwicklung eines jungen Unternehmens wie der KI AG betrachten: Qualitativ hochwertiges Wachstum ist nur mit dem entsprechenden Personal zu erzielen. Trotz bestehenden Netzwerkes und dessen internationaler Ausrichtung besteht für die KI AG die Gefahr, aktuelles und potentielles, hochqualifiziertes Personal aus dem umkämpften IT-Sektor an internationale Industrieunternehmen und Unternehmensberatungen zu verlieren. Daher sollte man den geknüpften Hochschulkontakten einen besonderen Wert beimessen. Zusätzlich wird es darauf ankommen, durch sehr gute inhaltliche Arbeit und attraktive Perspektiven (die u.a. ein flexibles Netzwerk zweifelsohne bietet) potentielle Mitarbeiter vom Konzept der Knowledge Intelligence AG zu überzeugen.

Trotz oder gerade wegen der vorherrschenden IT-Euphorie ist es ratsam, sich eine gesunde Portion Realismus zu bewahren. Gelingt dies, und ist man von der eigenen Idee überzeugt, können mögliche Rückschläge leichter kompensiert werden.

Die bisherigen Erfahrungen haben uns eins gezeigt: Es lohnt sich!

6 Incubatoren als Beschleuniger von Internet Startups

Frank Klaus Lichtenberg

Der Autor

Dr. Frank Lichtenberg, Dipl. Kaufmann

Geschäftsführer VentureLab

Herr Frank Klaus Lichtenberg hat die European Business School in Oestrich-Winkel erfolgreich als Diplom-Kaufmann mit dem Schwerpunkt Investition und Finanzierung abgeschlossen. Anschließend promovierte er an der Johann Wolfgang Goethe-Universität (Frankfurt) mit dem Thema „Spieltheorie in der Finanzwissenschaft".

Herr Lichtenberg hat sowohl mehrere Semester im Ausland studiert (École Supérieure de Commerce de Dijon, University of California at Berkeley) als auch langjährige Führungs-Erfahrung als stellvertretender Geschäftsführer eines internationalen Handelsunternehmens gesammelt. Ihm unterstanden die Bereiche Controlling, E-Commerce und Personal. Ferner war Herr Lichtenberg beratend für die Commerzbank AG, die Thyssen-Stiftung, die Kirch-Gruppe und verschiedene mittelständische Unternehmen tätig.

Zur Zeit hat Herr Lichtenberg die Position eines Projekt-Manager bei der IVC Venture Capital AG inne und leitet als Geschäftsführer das Incubation Center (VentureLab AG) mit Sitz in Frankfurt am Main.

6.1 „Speedup Startups" - Incubatoren als Beschleuniger

"Almost everyone in Silicon Valley, it seems, is starting incubators. But most aren't hatching chicks. They're hatching dot.coms."[1]

Erfolgreiches amerikanisches Konzept

Das seit vielen Jahren in Nordamerika erfolgreiche Konzept der Incubatoren scheint sich nun auch in Europa durchzusetzen und verspricht dem stark wachsenden Internet-Markt eine zusätzliche Dynamik und neue Impulse zu geben. Allein in den USA stieg die Zahl der Gründer-Brutstätten zwischen 1980 und 1998 von 12 auf über 600 an.

Mit Hilfe dieser Incubatoren entstanden rund 19.000 Unternehmen und mehr als 245.000 Arbeitsplätze. Die Anzahl der Incubatoren mit Sitz in London erreichte in den letzten Monaten, aufgrund zahlreicher Neugründungen, annähernd einen dreistelligen Wert und mehr als 20 namhafte Firmen haben bereits die Eröffnung ihres Münchner Incubator für das Jahr 2000 angekündigt.

Speedup Startups

Der vorliegende Beitrag beschäftigt sich mit der Erscheinung der „Business Incubator" und beschreibt deren Erfolg als Instrumentarium zur Beschleunigung des Gründungsprozesses von Internet Firmen („Speedup Startups"). Hierbei wird auch der Zeitraum der ersten Monate eines jungen Unternehmens genauer betrachtet und die erfolgskritischen Faktoren herausgearbeitet und analysiert.

6.2 Begriffsbestimmung "Incubator"

Unterstützung bei der Umsetzung und Implementierung

„Business incubation is a dynamic process of business enterprise development."[2] Incubatoren unterstützen junge, schnellwachsende Unternehmen bei der Umsetzung und Implementierung erster Prozesse und verbessern, aufgrund des hiermit verbundenen früheren Markteintritts, die strategische Positionierung des Unternehmens nachhaltig. Erreicht wird dies durch eine breite Management-Unterstützung in strategischer, rechtlicher und organisa-

---

[1] Nee, Erich (1999), Internet Incubators Heat Up.

[2] NBIA - National Business Incubation Association (1997), Impact of Incubator Investment Study.

torischer Hinsicht, erleichterten Zugang zu Finanzquellen und technischer Beratung. In der Regel umfassen die Serviceleistungen das zur Verfügungstellen von Büroräumen, der Ausstattung sowie des technisches Equipments.

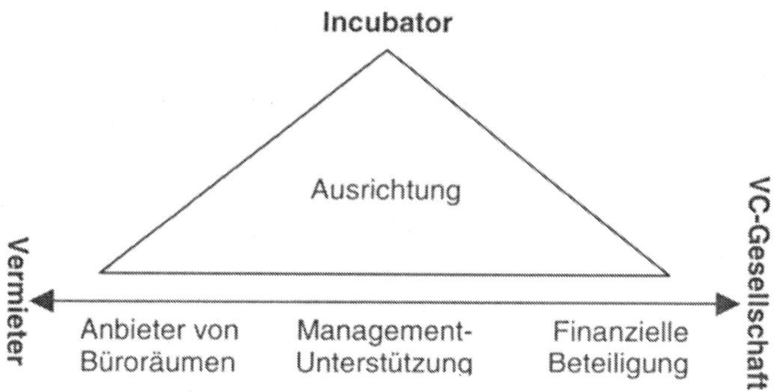

Größte Brutstätte für Startups: VentureLab

Einer dieser „Brutstätten" ist der in Frankfurt ansässige Incubator „VentureLab"[3]. Er bietet den Jungunternehmen neben modernsten Büros und einer flexiblen und erweiterbaren Infrastruktur zudem juristischen Rat bei Verträgen oder Gesellschaftsfragen, Beratung beim Aufstellen von Businessplänen, Marktanalysen, Vertriebsstrukturen oder Finanzierungsmodellen sowie Unterstützung bei der Suche nach potenziellen Aufsichtsräten, Beiräten und Business Angels.

Flexible und skalierbare Lösungen

Entsprechend bieten Incubatoren flexible und skalierbare Lösungen für alle jene Probleme, denen junge Internet Startups in der Frühphase begegnen. Ziel der Bemühungen ist es, den Gründungsprozess des Jungunternehmens zu beschleunigen, um somit einen früheren Markteintritt zu ermöglichen und die Überlebenschance des Startups nach Verlassen des Incubators zu erhöhen.

"An incubation program's main goal is to produce successful graduates - businesses that are financially viable and freestanding when they leave the incubator [..]."[4]

Durch die frühzeitige Unterstützung der Incubatoren steigen die Chancen des jeweiligen Unternehmens, seine Wachstumsdynamik mit dem später einzusetzenden Kapital zu beschleuni-

---

[3] Vgl. Frankfurter Rundschau (2000), Startchancen für Internet-Stars.

[4] NBIA (1997), Impact of Incubator Investment Study.

gen und bestehende Marktpotenziale besser auszuschöpfen.[5] Übereinstimmend offerieren manche Incubatoren zusätzlich eigene Finanzierungskonzepte. Diese Lösungen sollen in den nachfolgenden Untersuchungen jedoch nicht näher betrachtet werden, da sie sich in ihrer Funktion unmaßgeblich von „Early Stage" Venture Capital Gesellschaften unterscheiden.

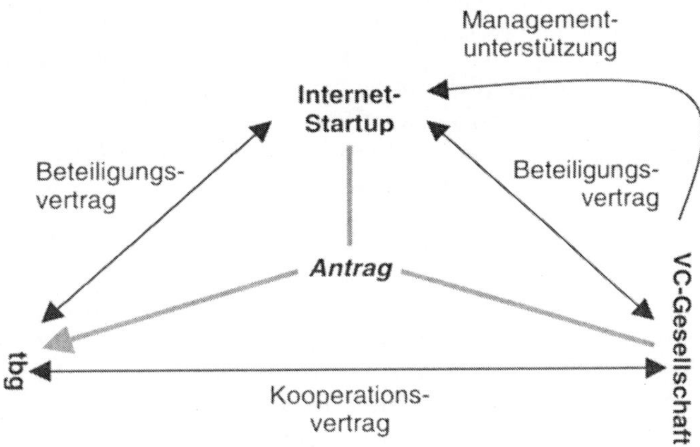

6.3 Internet Startup Markt

Will man den Markt der Internet Startups analysieren sowie die in den letzten Jahren hiermit verbundene Hausse auf den weltweiten Kapitalmärkten erklären, so wird man im ersten Schritt feststellen, dass es sich um einen Markt mit sehr hohem Wachstum und geringen Eintrittsbarrieren handelt. Das Internet wurde 1995 von etwa acht Millionen Nutzern in Anspruch genommen und wird im Jahr 2000 - Prognosen zufolge - etwa 130 Millionen Nutzer umfassen. Allein in Deutschland erreicht die Anzahl der „User" mittlerweile 15,9 Millionen, hiermit legt das Wachstum bei der Internet-Nutzung noch einmal an Tempo zu und übertrifft alle Erwartungen.[6]

Als institutionelle Anleger treten auf diesem rasanten Markt u.a. die Venture Capital Gesellschaften auf. VC-Gesellschaften stellen

---

[5] Vgl. Frankfurter Neue Presse (2000), VentureLab brütet Jungunternehmen aus.

[6] GfK Medienforschung (2000), Internet-Boom hält weiterhin an.

VCs bieten Eigen- und Fremdkapital sowie Fördergelder

(Internet-) Unternehmen externe Geldmittel in Form von haftendem Eigenkapital, staatlichen Förderprogrammen und Fremdkapital zur Verfügung und erhalten hierfür Anteile an dem finanzierten Unternehmen. Venture Capital ist somit Riskokapital, dessen Bereitstellung im Gegensatz zur Kreditvergabe nicht vom Vorhandensein beleihungsfähiger Vermögenswerte abhängig gemacht wird, sondern allein von den geschätzten Ertragschancen des zu finanzierenden Unternehmens.

Die Kapitalnachfrager auf diesem Markt verfügen in der Regel nicht über hinreichende Eigenmittel, um die geplante Entwicklung langfristig zu finanzieren. Somit stellt für junge Internet-Unternehmen Risikokapital oft die einzige Möglichkeit zur erfolgreichen Umsetzung ihres Business Modells dar.

Insbesondere die mit dem Markteintritt verbundenen Aufwendungen übersteigen die vorhandenen Mittel und Kapitalreserven. Die Unternehmen sind gezwungen, sich kurzfristig nach externen Kapitalgebern umzusehen. Hierbei ist der Realisierungszeitpunkt von entscheidender Bedeutung, da ein verspäteter Markteintritt sich negativ auf die Positionierung des Unternehmens am Markt auswirken und bis zur Insolvenz eines sonst erfolgreichen Konzeptes führen kann.

6.4 Bedeutung von Smart Money

Smart Money = Kapital + Netzwerk, Verbindungen und Support

Im boomenden Internet-Markt steht Risikokapital längst in ausreichender Menge zur Verfügung. Für die Gründer von Internet-Unternehmen kommt es vielmehr darauf an, kurzfristig so genanntes „Smart Money“ zu bekommen, also Kapital zuzüglich Netzwerk, Verbindungen und Unterstützung beim Aufbau des Unternehmens.

Mit Hilfe des so erlangten „Added Value“ kann ein Internet-Startup die erreichte Grundgeschwindigkeit durch Kapitalzufluss bedeutend erhöhen.

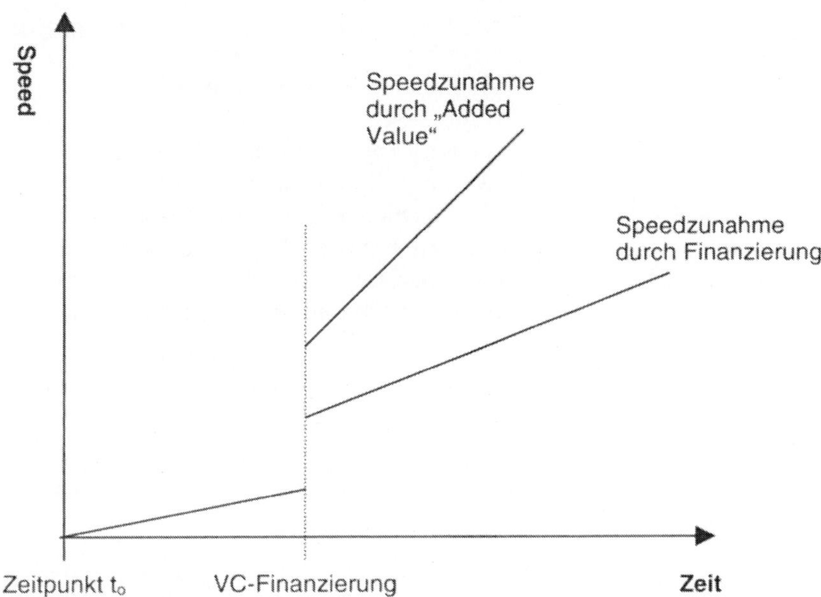

Time to Market ist erfolgskritisch

Durch externe Finanzierungen und fundierte Beratungen kann demnach ein junges Unternehmen sein „Speed" zur Entwicklung neuer Produkte und Technologien, zur Implementierung wichtiger Unternehmensprozesse und zum Eintritt in den Zielmarkt erhöhen. Dieser „Time to Market" Zeitpunkt ist erfolgskritisch, da der Innovationsgrad durch das Auftreten potenzieller Konkurrenten und durch den technischen Fortschritt abnimmt.

Entsprechend nimmt die Erfolgswahrscheinlichkeit einer Idee oder eines Unternehmenskonzeptes im Markt ab. Ferner ergibt sich das Problem, dass die Erfolgswahrscheinlichkeit einer Unternehmensidee zwar stetig abnimmt, die hiermit verbundene erwartete Rendite der Unternehmer aber einen diskreten Charakter hat. Der Grund liegt in der Auszahlungsfunktion der Gründer, die grundsätzlich nur zwei Werte annehmen kann: einen hinreichend hohen Betrag oder den Wert Null. Strategische Überlegungen der Internet Startups sollten sich demnach darauf konzentrieren, Maßnahmen einzuleiten, welche die Erfolgswahrscheinlichkeit erhöhen und sich von der Optimierung des Auszahlungsbetrages lösen.

6.5 Finanzierungsstrategien der Internet Startups

Ziel eines Internet Startups, welcher eine starke Marktposition anstrebt, ist es somit frühzeitig eine Finanzierungsrunde abzuschließen. Dem steht die Strategie der maximalen Unternehmensbewertung zum Finanzierungszeitpunkt gegenüber, die sich auf späten Kapitalzufluss zwecks höherer externer „Valuation" fokussiert. Anhand der Kennzahl „Cash for Shares" lässt sich das Grundproblem, dem sich junge Internet Startups bei ihren Finanzierungsentscheidungen gegenüber sehen, darlegen:

Cash for Shares

$$\frac{\sum \text{externes Kapital}}{\sum \text{Anteile am Unternehmen}}$$

Die Optimierung dieser Kennzahl ist sicherlich kurzfristig nutzenoptimal, kann aber neben den aufgezeigten Nachteilen durch einen Geschwindigkeitsverlust[7] auch zu langfristig suboptimalen Ergebnissen führen.

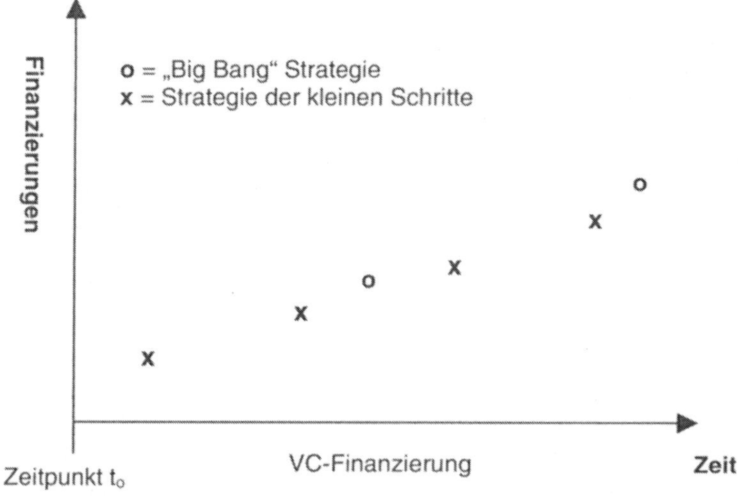

Hohe Valuation kann später problematisch sein

Eine hohe „Valuation" in der Frühphase hat eine positive Wirkung im Markt, erschwert aber die nachfolgende Finanzierungsrunde, da eine weitere Wertsteigerung des Unternehmens angestrebt werden sollte, die zukünftigen Kapitalgeber aber auch rea-

[7] Der Geschwindigkeitsverlust lässt sich eingehend dadurch erklären, dass die Abfrage einer höheren Unternehmensbewertung sicherlich prüfungsintensiver und somit zeitaufwendiger ist, als die Realisierung einer geringeren Wert-Steigerung.

lisierbare Renditen erwarten. Somit wird es für die Internet Startups in allen folgenden Finanzierungsrunden schwieriger, einen geeigneten und interessanten Finanzpartner zu finden. Entsprechend kommt der Partnerwahl unter strategischen Gesichtspunkten eine enorme Bedeutung zu, die sich auf die gesamte Lebensdauer eines Unternehmens auswirken kann.

6.6 Finanzstrategien der Kapitalgeber

Da der Kapitalbedarf der zu finanzierenden Unternehmen durch die „Business-Planung" meist vorgegeben wird, kann von Seiten der Kapitalgeber nicht die Höhe des angebotenen Kapitals, jedoch dessen Zusammensetzung beeinflusst werden.

Leverage-Effekt des Kapitaleinsatzes

Übereinstimmend nutzen VC-Gesellschaften staatliche Refinanzierungsprogramme[8] sowie weitere finanzielle Gestaltungsmöglichkeiten (z.B. typische und atypische stille Investoren) und generieren hiermit einen „Leverage-Effekt" in Hinblick auf ihren Kapitaleinsatz. Für die finanzierten Unternehmen hat dieses Kapital fast Eigenkapitalcharakter, da es langfristig zur Verfügung steht und die Unternehmer im Rahmen der staatlichen Förderprogramme keiner Privathaftung unterliegen.

Neben diesen rein finanziellen Gestaltungsmöglichkeiten kann sich eine VC-Gesellschaft im Spektrum zwischen Kostenführer und Qualitätsführer strategisch positionieren.

Strategie der Kostenführerschaft

Die Strategie der Kostenführerschaft geht einher mit einer Reduktion der „Operating Costs" (d.h. ceteris paribus durch Verringerung des Management-Stamms oder entsprechend durch die Vergrößerung des Beteiligungsportfolios) sowie der Senkung der Kapital(beschaffungs)kosten.

[8] Vgl. in Deutschland beispielhaft die Programme der Deutschen Ausgleichsbank (DtA) und der Kreditanstalt für Wiederaufbau (KfW)

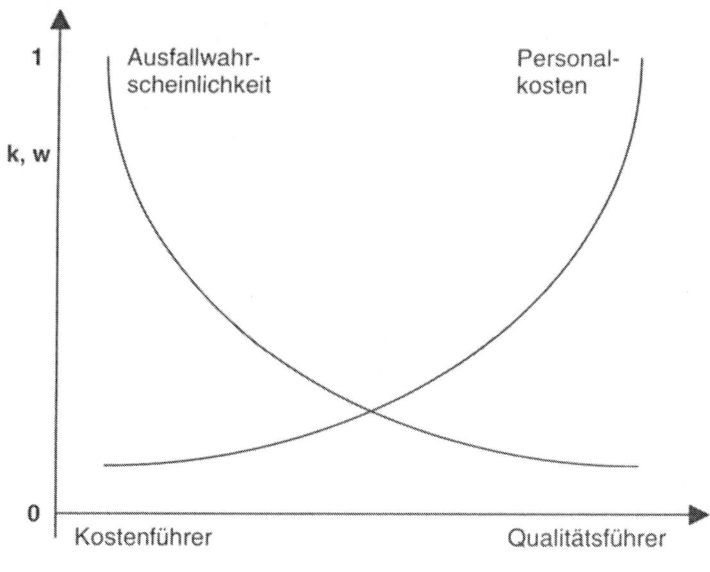

„Günstigeres" Kapital, durch breitere Streuung auf Anleger mit geringeren strategischen Interessen oder durch Beschaffung über den Kapitalmarkt (in Form von langfristigen Krediten u.a.), wird in der Literatur oft als „Dumb Money" (gegenüber „Smart Money" der „Hands On"-Investoren) bezeichnet. Diese Bezugquellen führen zu einer Verminderung des relativen Supports des Netzwerks der VC-Gesellschaft. Es ist jedoch fraglich, ob eine Strategie der Kostenführerschaft gegenüber dem zunehmenden Wettbewerb auf dem Risikokapitalmarkt bestehen kann.

Strategie der Qualitätsführerschaft

Ziel einer qualitativen Management-Unterstützung ist es, durch Monitoring und hiermit verbundener Beratung und Betreuung dem Beteiligungsunternehmen einen „Added Value" zu bieten, der sich in einer geringeren Fehlerquote bei Entscheidungen, einer höheren Geschwindigkeit bei der Implementierung verschiedener Prozesse oder in einer anderen, quantifizierbaren Größe äußert. Dieser wertschaffende Service, der integrativer Bestandteil des angebotenen VC-Pakets ist, stellt aufgrund seiner individuellen Leistungen und somit gebundenen Management-Kapazitäten eine bedeutende Kostenposition dar. Im Rahmen einer qualitätsorientierten Strategie können Incubatoren den gebotenen „Added Value" um bedeutende Positionen erweitern.

6.7 Incubatoren als Service Instrument

Die rasante Entwicklung der deutschen Börsenlandschaft durch die Einführung des Neuen Marktes hat die Bewertungen der Startup-Unternehmen in die Höhe schnellen lassen. Auf der einen Seite profitieren die VC-Gesellschaften zwar von der Möglichkeit ihre Beteiligungen über ein IPO zu desinvestieren, andererseits steigen durch die erhöhten Bewertungen auch die Preise für Investments in Internet Startups. Ferner erhöhen sich die Bewertungen („Valuation") der jeweiligen potenziellen Beteiligungen im Zeitablauf. Dies hat folgende Ursache: Betrachtet man einen ausgewählten Teilmarkt und seinen entsprechenden Lebenszyklus, so wird man feststellen, dass die Anzahl der potenziellen Teams im Zeitablauf sinkt, während die Erfolgswahrscheinlichkeit steigt (geringeres Risiko = geringere Rendite, bei gegebener Kapitalnachfrage entspricht dies einem geringeren Anteil am Unternehmen). Hieraus resultiert der Wunsch von VC-Gesellschaften, möglichst in der Frühphase („Seed" und „Early Stage") zu investieren.[9]

Entwicklung der Bewertung im Zeitablauf

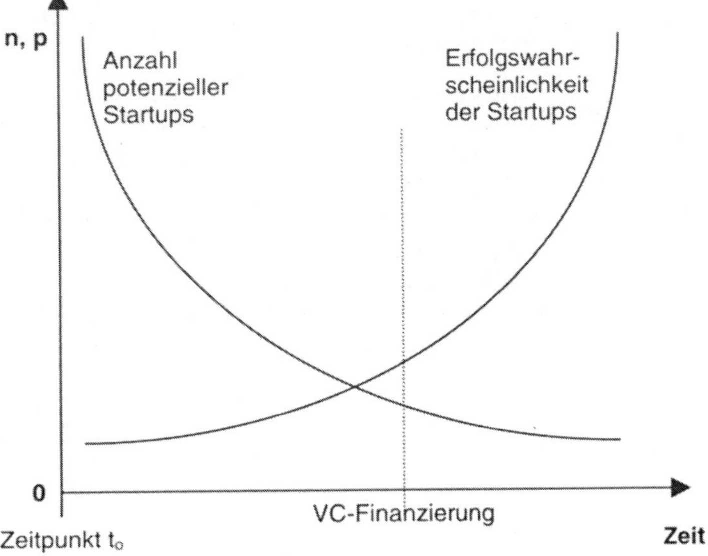

9 Zu beachten ist, dass in diesen Phasen eine Notwendigkeit zu schnellen Investitionsentscheidungen vorliegt, so dass bestimmte Anforderungen an Organisationsstruktur und Verantwortlichkeit gestellt werden. Dies hat höhere Personal-Aufwendungen der VC-Gesellschaft zur Folge.

Neben dieser rein finanziellen Argumentation zwingt der zunehmende Wettbewerb die VC-Gesellschaften zum frühen Eintritt in den Internet-Startup-Markt. Dies lässt sich eingehend über folgende Argumentationskette erklären:

a) VC-Gesellschaften realisieren mit ihren Investments in Internet-Startups außergewöhnlich hohe Renditen;
b) Aufgrund dieser Erfolgsaussichten drängen immer neue VC-Gesellschaften auf den Markt;
c) Folglich steigt der VC-Wettbewerb um Projekte mit hohem Potenzial;
d) VC-Gesellschaften müssen somit im „Lifecycle" von Unternehmen und Märkten früher einsetzen, um die Erfolgskandidaten zu identifizieren und Beteiligungsgespräche einzuleiten.

Ein mögliches Instrument sind die Incubatoren. Sie erschließen den frühzeitigen und intensiven Kontakt mit jungen „Highpotenzials", erweitern die Serviceleistungen der „Early Stage" VC-Gesellschaften um wichtige, zusätzliche Komponenten und führen zum Abbau von Intransparenzen und asymmetrischer Informationsverteilung. Insbesondere dieser letzte Punkt bedarf einer genaueren Ausführung.

Incubatoren als Entscheidungshilfe

Üblicherweise müssen VC-Gesellschaften in der „Early Stage" innerhalb von wenigen Gesprächen und ungenügendem Zahlenmaterial Investitionsentscheidungen treffen, so dass die Bewertung des Management-Teams im Vordergrund steht. Diese Bewertung muss jedoch ebenfalls kurzfristig, aus „dem Bauch heraus" erfolgen, da ein Entscheidungshorizont über 4 Wochen im frühen Internet-Segment als Obergrenze anzusehen ist. Mit Hilfe von Incubatoren können Investitionen zeitlich verlagert [10] und Fähigkeiten, Expertise und Arbeitsweise des Teams im Zeitablauf beobachtet werden. Hierdurch sinkt die Wahrscheinlichkeit einer Fehlentscheidung bedeutend.

Interessanterweise unterliegt der Internet Startup einer ähnlichen Informations-Unvollkommenheit, da er insbesondere bei Verhandlungen mit Qualitätsführern den zu erwartenden „Added Value" schätzen muss. Entsprechend kann es zu geringeren Unternehmensbewertungen kommen, obwohl die vereinbarte Management-Unterstützung entweder ausbleibt oder ungenügend

[10] Aufgrund des geringeren negativen Cash Flows, vgl. hierzu die Grafiken im späteren Text.

geleistet wird. Incubatoren führen somit zu einer besseren Quantifizierung und tatsächlichen Überprüfung der angekündigten „Soft Facts" und qualitativen Leistungen der VC-Gesellschaften und verbessern die Verhandlungsposition der Jungunternehmen nachhaltig.

6.8 Incubatoren zur strategischen Positionierung

Wie bereits dargelegt wurde, ist der Zeitpunkt des Markteintritts eines jungen Technologieunternehmens erfolgsentscheidend. Das Zeitfenster zur Erlangung bedeutender Marktanteile im Internet liegt momentan (für nationale) Märkte deutlich unter 2 Jahren.

„Speed is everthing"

Der Notwendigkeit der schnellen Positionierung am Markt kann nur über Kooperationen und entsprechendes Wachstum begegnet werden, welches wiederum durch wertschaffende Partner finanziert wird.

Die Bedeutung der Geschwindigkeit, mit der Internet Startups am Markt agieren und reagieren, lässt sich eingehend über folgende Argumentationskette erklären:

a) Der Internet-Markt erfährt enormes Wachstum;
b) Dies führt zu einer steigenden Zahl von Wettbewerbern (Startups);
c) Die jungen Internet-Firmen haben somit weniger Zeit, um sich am Markt zu positionieren;
d) Geschwindigkeit wird zum entscheidenden Erfolgsfaktor.

Konkurrenz tritt zeitgleich auf

Ferner ist im Internet-Markt zu beobachten, dass selten neue Unternehmenskonzepte einzeln auftreten. Vielmehr beschäftigen sich weltweit immer mehrere Teams mit der Umsetzung ähnlicher Ideen.[11] Folglich konkurrieren zeitgleich unterschiedliche Startups um Finanzierungen, mit deren Hilfe sie verwandte Märkte penetrieren wollen.

Bedenkt man vor diesem Hintergrund, dass ein Internet Startup in der frühen Gründungsphase einen Großteil seiner Kapazitäten

[11] Als Ursache hierfür kann eine ungenügende Geheimhaltung oder die Reife eines Marktes für bestimmte Ideen genannt werden.

mit dem Aufbau von Infrastruktur und einer funktionierenden inneren Organisation bindet,[12] so wird die Bedeutung vorgegebener, optimierter Strukturen deutlich.

Incubatoren ermöglichen einen Zeitvorsprung

Incubatoren können jungen, schnell wachsenden Unternehmen eine flexible und skalierbare Infrastruktur vorgeben, so dass sich diese Unternehmen von Anfang an auf ihr „Core Business" konzentrieren können. Hierdurch erhalten diese Unternehmen einen Zeitvorsprung, der nur schwer von möglichen Konkurrenten wieder eingeholt werden kann. Diese Beschleunigung kann u.U. zu dem „First Mover Advantage" führen, indem es dem Unternehmen frühzeitig gelingt, Markteintrittsbarrieren aufzubauen und Alleinstellungsmerkmale zu generieren.[13]

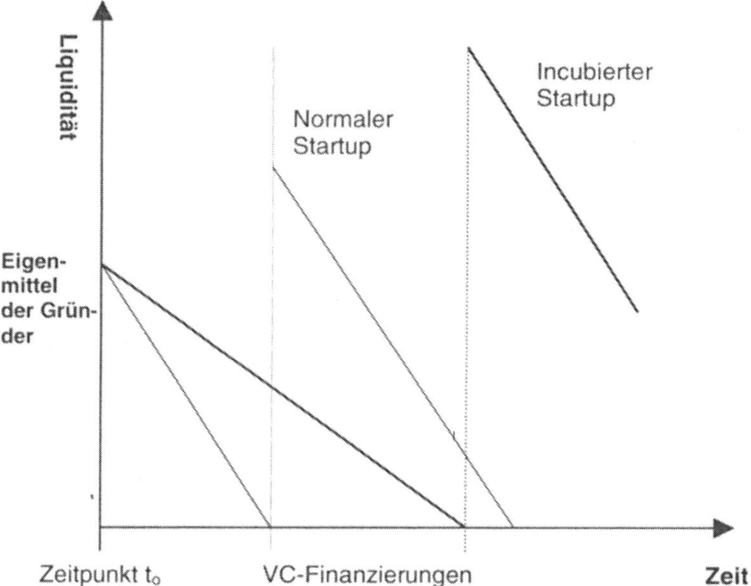

[12] Laut Schätzung des Autors verwenden Internet-Startups ca. 80% ihrer Management-Kapazitäten in den ersten 3 Monaten zum Aufbau und zur Inbetriebnahme der Infrastruktur.

[13] Es sei nur am Rande erwähnt, dass es zur langfristigen Sicherung der Überlebensfähigkeit des Unternehmens der anschließenden, nachhaltigen Kundenbindung bedarf.

6.9 Incubatoren zur Risikoreduzierung

Incubatoren senken die Burn Rate

Ferner können Incubatoren die „Burn Rate“ von Startups deutlich verringern, da diese Unternehmen sehr viel geringere Aufwendungen für die Einrichtung einer technologischen Basis, die Gestaltung des rechtlichen Rahmens und die Implementierung standardisierter Produkte haben.

Größere Kostenblöcke entstehen nur durch tatsächlich wertschaffende Komponenten, wie der Aufbau eines qualifizierten Managements und die Entwicklung individueller (technischer) Lösungen.

Der Kapitalbedarf in der „Early Stage“ sinkt, was entweder zu einer späteren Finanzierung (= höhere „Valuation“) oder zu einem schnelleren Abschluss einer Finanzrunde (aufgrund eines geringeren Kapitalbedarfs) führt. In jedem Fall verbessert sich die Verhandlungsposition des Internet Startups gegenüber externen Geldgebern.

Incubatoren verbessern die Verhandlungsposition

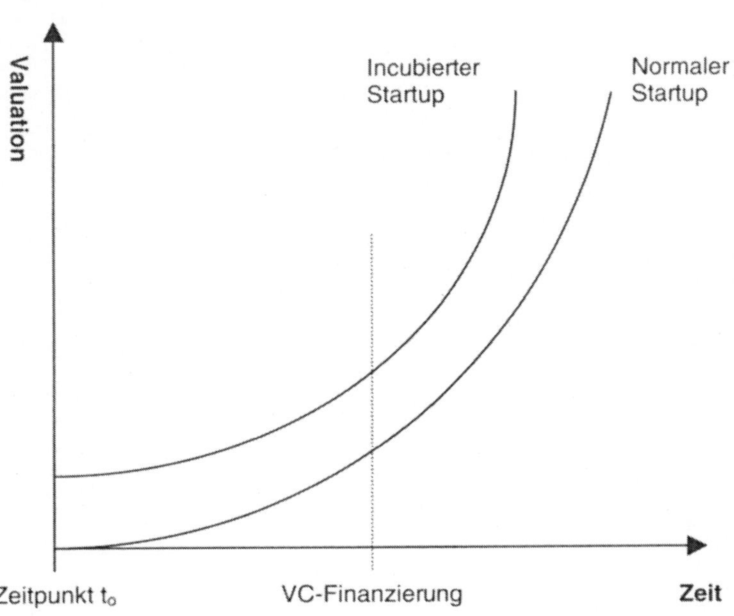

Die dargestellten Vorteile und die Erfolgszahlen aus den USA[14] steigern im Markt die Unternehmensbewertungen von incubierten Startups. Zum einen führen Incubatoren zu einer Beschleunigung aller Unternehmensprozesse, so dass früher entscheidende „Milestones" erreicht werden. Dies äußert sich in einem höheren „Valuation"-Zuwachs zu jedem definierten Finanzierungszeitpunkt.

Zum anderen resultiert die Verbesserung der strategischen Position des Startups und der Vertrauensvorschuss, den es durch Aufnahme in einem Incubation-Center erhält, in einer Antizipation des potenziellen Erfolges von Seiten der Investoren und somit in einer absolut höheren Bewertung gegenüber einem vergleichbaren Konkurrenten.

Incubatoren schaffen Vertrauensvorschuss

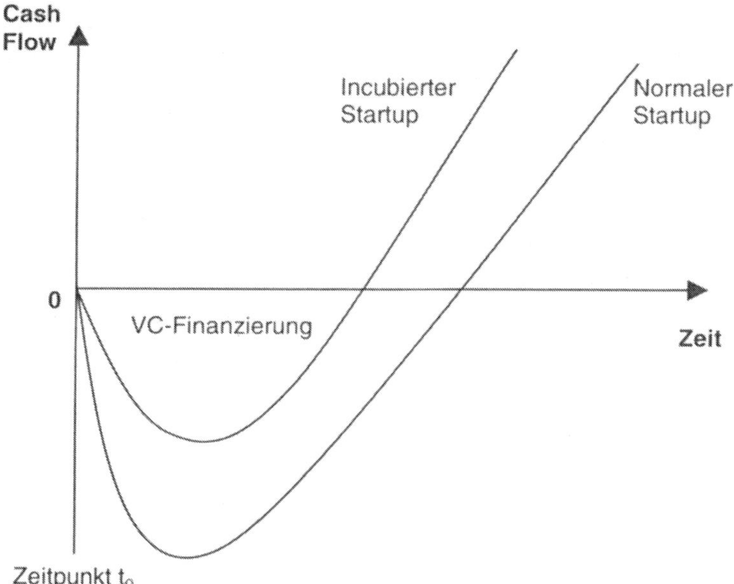

[14] Die Überlebensrate von Firmen, die in der freien Wirtschaft gegründet werden, beträgt 25%, bei incubierten Firmen erreicht dieser Wert 87%, vgl. NBIA (1997), Impact of Incubator Investment Study.

6.10 Fazit

Incubatoren sind weder „Allheilmittel“ noch können sie den Erfolg eines Internet-Projektes garantieren. Andererseits helfen sie jungen Internet-Firmen sich frühzeitig am Markt zu behaupten. Sie unterstützen Startups in der Gründungsphase und verbessern die Unternehmensbewertung nachhaltig. Entsprechend sollten Teams, die sich in schnell wachsenden Märkten unternehmerisch betätigen wollen, die Nutzung von Incubatoren in ihre konzeptionellen Überlegungen integrieren.

7 Die Balanced Scorecard - Strategisches Management für Start-up-Unternehmen

Martin K. Welge, Johannes Lattwein

Die Autoren

Welge, Martin K., Prof. Dr., Jahrgang 1943;

studierte an der Universität zu Köln und an der Stanford University, promovierte in Köln in Betriebswirtschaftslehre und war danach als Fritz-Thyssen-Stipendiat am European Institute for Advanced Studies in Management in Brüssel. 1978 habilitierte er sich in Köln. Er war Inhaber des Lehrstuhls für Organisation und Planung an der Fernuniversität Hagen (1980 - 1984), an der Universität Essen (1984 - 1987) und lehrt seit 1987 Unternehmensführung und Internationales Management an der Universität Dortmund. Seit 1996 ist er Wissenschaftlicher Direktor, USW Schloss Gracht.

Seit 1999 ist er Geschäftsführer der Transnova Management Services GmbH, Wuppertal.

Lattwein, Johannes, Dipl.-Kfm., Jahrgang 1973;

studierte Betriebswirtschaftslehre an der Universität des Saarlandes in Saarbrücken und an der University of Southern Colorado, USA. Seit 1998 promoviert er bei Herrn Prof. Welge an der Universität Dortmund. Promotionsbegleitend arbeitet Herr Lattwein im Corporate Controlling der DaimlerChrysler AG und ist als freiberuflicher Unternehmensberater tätig.

7.1 Problemstellung und Zielsetzung

Turbulente Kontextbedingungen für Startups

Zur Zeit vollzieht sich in Deutschland ein regelrechter Gründungsboom von Unternehmen, deren Geschäftstätigkeit größtenteils in unmittelbarem Zusammenhang mit dem Bereich des Electronic Commerce (eCommerce) steht. Kennzeichnend für diese jungen Startup-Unternehmen (Startups) ist, dass sie – noch sehr viel stärker als andere Unternehmen – dynamischen und turbulenten Kontextbedingungen ausgesetzt sind.[1] Sowohl bei der Gründung als auch bei der laufenden Geschäftstätigkeit muss diesen Kontextbedingungen in ausreichender Form Rechnung getragen werden, was eine umfassende Kenntnis und ein entsprechend angepasstes Wettbewerbsverhalten impliziert. Hieraus erwachsen insbesondere Anforderungen an das strategische Management dieser Unternehmen, wobei vor allem der Einsatz eines geeigneten strategischen Instrumentes eine nicht zu unterschätzende Bedeutung für Internet-Startups zu besitzen scheint. Entgegen dieser theoretischen Bedeutung zeigen jedoch praktische Erfahrungen, dass die strategische Führungsdimension in diesen Unternehmen nur unzureichend ausgeprägt ist und es an geeigneten Instrumenten zur Strategieentwicklung und -umsetzung mangelt.

Bedeutung des strategischen Managements

Die erkannten Defizite einerseits und die besondere Bedeutung einer strategischen Handlungsdimension in dynamischen und turbulenten Märkten wie dem eCommerce andererseits zeigen den Bedarf zur strategischen Ausrichtung von Startups. Ziel des vorliegenden Beitrages ist es, die Bedeutung eines strategischen Managements für die langfristige Existenzsicherung junger Startup-Unternehmen in turbulenten Märkten herauszustellen. Aufgrund des hohen Anteils von Internet-Startups an den Gesamtgründungen und der idealtypisch zu beobachtenden Komplexität und Turbulenz im eCommerce sollen die Kontextbedingungen, die zur Notwendigkeit eines strategischen Managements führen, exemplarisch anhand von Internet-Startups untersucht werden. Die hier gewonnen Erkenntnisse beschränken sich dabei nicht zwingend auf Existenzgründungen im Bereich eCommerce, sondern sind grundsätzlich auf alle Formen von Startups übertragbar.

---

[1] Durch den engen Bezug zum Internet, den Startups im eCommerce-Bereich aufweisen, sollen diese im folgenden auch als Internet-Startups bezeichnet werden.

Den Schwerpunkt der folgenden Betrachtungen soll dabei die Einführung und Darstellung der Balanced Scorecard bilden. In Form der Balanced Scorecard wird ein aus Sicht der Autoren adäquates Instrument eingeführt, das einen signifikanten Beitrag zur Unterstützung des strategischen Managementprozesses insbesondere für Startups zu leisten vermag.

7.2 Strategisches Management

Begriffsklärung

Zu Beginn der Ausführungen soll zunächst der Begriff des **strategischen Managements** kurz dargestellt werden. Strategisches Management soll im Folgenden als Denkhaltung bzw. Philosophie verstanden werden, „die aus einer konzeptionellen Gesamtsicht heraus die Planung, Steuerung und Koordination der Gesamtentwicklung anstrebt" (Welge/Al-Laham (1992), Sp. 2355f). Im Kern strebt das strategische Management dabei eine bewusste und proaktive Gestaltung der externen Umweltbeziehungen und der internen Konfiguration der Unternehmung an, mit dem Ziel, die langfristige Existenz der Unternehmung zu sichern.

Die zentrale Aufgabe eines strategischen Managements liegt dabei in der Identifikation, Erschließung und Sicherung neuer bzw. bestehender Erfolgspotenziale (vgl. Gälweiler (1987), S. 26ff). Unter Erfolgspotenzialen versteht man Voraussetzungen, die spätestens dann vorhanden sein müssen, wenn es um die Realisierung von Erfolgen geht, konkret also: wenn im Rahmen des operativen Managements Gewinne und Liquidität generiert werden sollen. Der Begriff des Erfolgspotenzials stellt unserer Ansicht nach eine Kombination aus internen Fähigkeiten des Unternehmens (als Beispiel wäre hier eine herausragende Geschwindigkeit bei der Erfüllung von Kundenwünschen zu nennen) und marktinduzierten Chancen dar, die das Unternehmen erfüllen kann (beispielsweise eine erhöhte Zahlungsbereitschaft für die schnelle Erfüllung von Kundenwünschen).

Der Aufbau von Erfolgspotenzialen stellt einen zeit- und kostenintensiven Vorgang dar. Bereits frühzeitig müssen zu entwickelnde Erfolgspotenziale erkannt und entsprechende Investitionen hierfür bereitgestellt werden, die in der langfristigen Perspektive die Generierung der operativen Größen Gewinn und Liquidität gewährleisten. Erfolgspotenziale steuern somit als strategische Bezugsgrößen die operativen Bezugsgrößen vor, d.h.

Gewinn und Liquidität können zu einem bestimmten Zeitpunkt nur in dem Maße generiert werden, wie zuvor Erfolgspotenziale erschlossen und gesichert wurden.

Durch die Sicherung der langfristigen Unternehmensexistenz als überragende Zielsetzung kommt dem strategischen Management eine generell hohe Bedeutung für Unternehmen und Startups im besonderen zu. Es hat den optimalen Fit zwischen externen Marktanforderungen und unternehmensspezifischen Kompetenzen sicherzustellen. Die hohen Konkursraten junger Startups (vgl. Glauner (1998), S. 37) scheinen die Hypothese der Relevanz von Anstrengungen zur langfristigen Existenzsicherung und damit eines strategischen Managements nachvollziehbar zu stützen. Durch die nachfolgend dargestellten Kontextbedingungen unternehmerischer Aktivitäten im eCommerce soll aufgezeigt werden, dass die hier formulierte Hypothese in verschärftem Maße für Internet-Startups Gültigkeit besitzt.

7.3 Kontextbedingungen von Start-up-Unternehmen

Kontextbedingungen von Internet-Startups

Gegenstand der folgenden Überlegungen ist eine nähere Analyse des Kontextes, in dem sich Startup-Unternehmen bewegen. Ziel ist es hierbei, die Chancen und Risiken des eCommerce kurz zu beleuchten, die den Aufbau und die Erhaltung von Erfolgspotenzialen begleiten.[2] Im Hinblick auf eine Umfeldanalyse von Startups im eCommerce-Bereich lässt sich sowohl für Business-to-Business als auch für Business-to-Consumer-Aktivitäten anhand von Prognosen vermuten, dass es sich hier um ein sehr dynamisches Gebiet handelt, welches zu größten Teilen erst noch erschlossen wird.

Ein charakteristisches, momentan verstärkt zu beobachtendes Merkmal im eCommerce ist die Erschließung neuer Kunden- bzw. Marktsegmente. Produkt- und Dienstleistungsangebote, die in Verbindung mit dem eCommerce stehen, dringen mit sehr ho-

[2] In unserem Verständnis umfasst eCommerce in Anlehnung an Hermanns/Sauter die elektronische Geschäftsabwicklung über öffentliche und private Netze, die zahlreiche ökonomische Anwendungsbereiche wie Electronic Publishing, Electronic Banking oder Electronic Retailing beinhaltet (vgl. Hermanns/Sauter (1999), S. 850).

her Geschwindigkeit in immer neue Branchen ein (wie bspw. in Form virtueller Buchhandlungen, Auktionshäusern etc.). Gefördert wird diese Entwicklung durch die wachsende Nachfrage der Kunden nach einer von Öffnungszeiten unabhängigen, schnellen und bequemen Handelsform. Somit sind eCommerce-Aktivitäten nicht im Vorfeld auf bestimmte Branchen oder Produkte festgelegt, sondern sind in nahezu jeder Branche einsetzbar (vgl. Hermanns/Sauter (1999), S. 851).

Ähnlich wie Kunden- und Marktsegmente weisen auch Produkte einen hohen Dynamikgrad auf. Auch hier lassen sich im Zeitverlauf ständig variierende Produkt- bzw. Dienstleistungsangebote feststellen, die bestehende Angebote entweder ergänzen oder substituieren. Wesentliche Triebkraft des eCommerce stellen dabei die technologischen Weiterentwicklungen dar, die ebenfalls zur permanenten Eröffnung neuer Aktivitätsspielräume beitragen. Exemplarisch soll hier auf die zunehmende Verbreitung des Internets in den privaten Haushalten oder sicherheitsbezogene Verbesserungen im elektronischen Zahlungsverkehr verwiesen werden.

Grundsätzlich lässt sich konstatieren, dass eCommerce ein hohes Potenzial besitzt, bislang bekannte, geschäftliche Transaktionsformen zu verändern und neue Vertriebswege zu etablieren (vgl. Reichwald/Bauer/Lohse (1999), S. 70; Hermanns/Sauter (1999), S. 851). Durch hocheffiziente Unternehmenskooperationen in Form sog. Business Networks können Kernkompetenzen unterschiedlicher Unternehmen gebündelt und in Form einer höheren Nutzenstiftung an die Kunden weitergegeben werden (vgl. Heil (1999), S. 17f). Der im Vergleich zu klassischen Unternehmen leichtere Zugang zu internationalen Märkten aufgrund der signifikant geringeren Erschließungskosten dürfte einen deutlichen Wettbewerbsvorteil für Internet-Startups bei ihrer Internationalisierungsstrategie darstellen (vgl. Hermanns/Sauter (1999), S. 854).

Aufgrund der dargestellten Umfeldbedingungen scheint eCommerce zahlreiche Erfolgspotenziale zur strategischen Entwicklung der Unternehmen zu bieten. Durch die Attraktivität dieser Potenziale muss aber auch beachtet werden, dass zahlreiche neue Konkurrenten in diesen Markt eindringen und sich der Wettbewerb entsprechend verschärfen wird (vgl. Fritz (1999), S. 33). Somit können eine klare Profilierung gegenüber Konkurrenten und ein frühzeitiger Eintritt in neue Märkte als kritische Erfolgsfaktoren für Startps angesehen werden. Heil spricht in diesem Zusammenhang von kundenbindenden Auswirkungen des Pioniervorteils (vgl. Heil (1999), S. 16). Des Weiteren kommen auch der Entwicklung, dem Aufbau und dem Einsatz komplexer Informations- und Kommunikationssysteme zur Anbahnung und Abwicklung von Geschäften die Rolle eines wichtigen strategischen Erfolgsfaktors für das erfolgreiche Agieren in elektronischen Märkten zu (vgl. Hermanns/Sauter (1999), S. 851).

Chancen und Risiken

Gemäß diesen Ausführungen stellt sich eCommerce als ein Markt dar, der einerseits hohe Chancenpotenziale aufweist, auf der anderen Seite aber auch entsprechende Risikopotenziale beinhaltet, die in der Dynamik und der Attraktivität der Branche für Konkurrenten begründet sind. Durch die niedrigen Markteintrittsbarrieren und die hohen Chancenpotenziale herrscht eine relativ hohe Wettbewerbsintensität, die zudem durch die Verwendung von Suchmaschinen und Agenturen für den Kunden sehr transparent wird (vgl. Hermanns/Sauter (1999), S. 855). Der Abbau von Informationsasymmetrien auf der Kundenseite gefährdet insbesondere bei standardisierten Gütern die vorhandenen Gewinnmargen (vgl. Heil (1999), S. 8). Damit werden sich nur diejenigen Unternehmen für eCommerce qualifizieren können, die durch strategisches Handeln Wettbewerbsvorteile gegenüber Konkurrenten erzielen und über eine hohe und schnelle Verhaltensflexibilität in Bezug auf Umweltveränderungen verfügen.

In Untersuchungen der Deutschen Ausgleichsbank finden sich als zentrale Ursachen für den Konkurs von jungen Unternehmen neben Informationsdefiziten vor allem Mängel bei der Planung, der Qualifikation und der Finanzierung (vgl. Deutsche Ausgleichsbank (1997)). Die aufgeführten Ursachen, die nicht allein für Startups im eCommerce-Bereich, sondern als generelle Defizite in jungen Unternehmen anzusehen sind, gefährden die langfristige Existenz von Startup-Unternehmen und sind somit zu einem großen Teil dem Aufgabenbereich des strategischen Managements zuzuordnen.

Im Vergleich zu Unternehmensgründungen in einem traditionellen Umfeld sehen sich Startups im eCommerce-Bereich mit einem deutlich dynamischeren und turbulenteren Umfeld konfrontiert, welches die Gefahren der Vernachlässigung strategischen Denkens und Handelns signifikant verschärft. Die fundamentalen Veränderungen, die durch eCommerce hervorgerufen werden, stellen Unternehmen unzweifelhaft vor große Herausforderungen und die generell zu konstatierende branchen- und unternehmensunabhängige Notwendigkeit eines strategischen Managements gewinnt vor allem vor dem Hintergrund der spezifischen Situation von Startups im Bereich des eCommerce zusätzlich an Gewicht. Somit bleibt festzuhalten, dass sowohl die Anforderungen als auch die Notwendigkeit zu einem strategischen Management für Internet-Startups deutlich über denen bereits etablierter Unternehmen in weniger dynamischen Branchen liegen (vgl. zur Bedeutung eines strategischen Denkens bei Internet-Startups Evans/Wurster (1999), S. 85f; Hermanns/Sauter (1999), S. 851).

Die Umfeldbedingungen von Internet-Startups machen deutlich, dass Gewinn und Liquidität aufgrund ihres operativen Charakters in diesen Märkten keine geeigneten Größen für eine interne strategische Steuerung darstellen. Sie stellen lediglich eine Abbildung der Vergangenheit dar, die aufgrund der dynamischen Kontextbedingungen einen äußerst beschränkten bis gar keinen Ausblick auf die zukünftige Entwicklung der Unternehmung zulässt.

Defizite an strategischem Handeln

Entgegen dieser festgestellten Bedeutung der strategischen Dimension lassen empirische Untersuchungen wie die der Deutschen Ausgleichsbank erkennen, dass die strategische Handlungsdimension bei Startup-Unternehmen in der Praxis, wenn überhaupt, nur sehr schwach ausgeprägt ist. Nicht zuletzt der Verlust der Existenzfähigkeit kann unter Einschränkungen auf ein Versagen der strategischen Managementprozesse zurückgeführt werden. Zu ähnlichen Ergebnissen kommt auch Glauner, der die wesentliche Ursache für das Scheitern von Startups in einer unzureichenden Planungsphase begründet sieht, in der eine klare Vorstellung zu den Zielen des künftigen Geschäfts, den Strategien und den daraus abzuleitenden operationalen Maßnahmen zu entwickeln ist (vgl. Glauner (1998), S. 37f).

Im Folgenden sollen daher anhand der Phasen der **Planung**, **Implementierung** und **Kontrolle** die Anforderungen an Startups betrachtet werden, die sich im Rahmen eines strategischen Managements ergeben und die für die langfristige Existenzsicherung als erfolgskritisch anzusehen sind (vgl. Abb. 1).

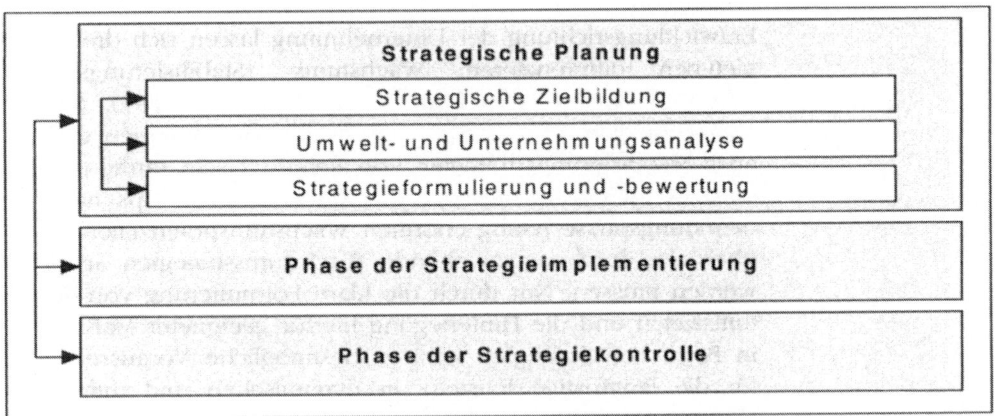

Abb. 1: Konzeption des strategischen Managements (Quelle: In Anlehnung an Welge/Al-Laham/Kajüter (2000), S. 12)

7.4 Der strategische Managementprozess

Strategische Planung

Die erste Teilaktivität im Rahmen der **strategischen Planung** ist die Entwicklung eines Zielsystems, so dass die Aktivitäten der Unternehmung auf konkrete Ziele ausgerichtet werden können. Ausgehend von den obersten Zielsetzungen der Unternehmung werden nachgeordnete Ziele entwickelt, die im Hinblick auf Inhalt, Ausmaß sowie die zeitlichen, personellen und räumlichen Bezüge operationalisiert werden. Die klare Formulierung von Zielsystemen stellt dabei einen Wesentlichen Erfolgsfaktor bei der Formulierung erfolgreicher Strategien für Startups dar.

Im Anschluß an die Zielbildung kann mit der Analyse der Umwelt und der Unternehmung begonnen werden. Im Rahmen dieser Analyse sollen Chancen-/Risikenprofile für die Unternehmung entwickelt werden, die einerseits zu erschließende Erfolgspotenziale, andererseits aber auch abzuwehrende strategische Bedrohungen erkennen lassen. Gerade die oben dargestellte Dynamik im eCommerce eröffnet den Unternehmen permanent neue Potenziale, zugleich forciert diese aber auch die Entstehung von Bedrohungen, die vorhandene Potenziale gefährden können.

Aufbauend auf den gewonnenen Informationen kann nun mit der Formulierung von Strategien zur Erschließung und Sicherung von Erfolgspotenzialen begonnen werden. In Bezug auf die

Entwicklungsrichtung der Unternehmung lassen sich drei Strategietypen differenzieren: Wachstums-, Stabilisierungs- und Schrumpfungsstrategien (vgl. Welge/Al-Laham (1999), S. 321), wobei für Startups in erster Linie Wachstumsstrategien und z.T. auch Stabilisierungsstrategien von Relevanz sein dürften. Insbesondere im eCommerce-Bereich sehen sich Startups nach der Gründungsphase häufig enormen Wachstumspotenzialen gegenüber, die durch entsprechende Wachstumsstrategien antizipiert werden müssen. Nur durch die klare Formulierung von Wachstumszielen und die Hinterlegung hierfür geeigneter Maßnahmen in Form von Strategien können bestmögliche Voraussetzungen für die langfristige Existenz in dynamischen und turbulenten Märkten geschaffen werden.[3]

Nach Formulierung von mehreren Strategiealternativen müssen diese in Bezug auf die jeweiligen Zielerreichungsgrade bzw. daraus abgeleiteter Kriterien bewertet werden. Im Ergebnis führt diese Strategiebewertung zur Auswahl einer Strategie und der Entscheidung zu ihrer Umsetzung.

Strategieimplementierung

Die Phase der „**Strategieimplementierung** umfasst die Umsetzung strategischer Pläne in konkretes, strategiegeleitetes Handeln der Unternehmensmitglieder" (Welge/Al-Laham (1999), S. 616; Hervorhebung ergänzt). Dabei lassen sich Aktivitäten zur sachorientierten Umsetzung und zur verhaltensorientierten Durchsetzung unter dem Implementationsbegriff subsumieren. Während bei der sachorientierten Umsetzung in erster Linie die Konkretisierung der Strategie und die damit verbundenen Folgemaßnahmen wie u.a. die Anbindung an die operative Planung im Vordergrund stehen, fokussiert die verhaltensorientierte Durchsetzung auf die Vermittlung der Strategie, die Einweisung und Schulung der Unternehmensmitglieder sowie die Schaffung eines strategiebezogenen Konsenses. Gerade die dargestellten Phasen der Expansion und des Wachstums implizieren seitens der Unternehmensleitung umfangreiche Entscheidungen wie bspw. die Einstellung von qualifiziertem Personal, die Vergrößerung des Leistungsangebots usw.

Darüber hinaus muss das turbulente Umfeld des Startups sorgfältig beobachtet werden, um frühzeitig Veränderungen in den

[3] Die zweite Form der Strategiedifferenzierung gemäß dem organisatorischen Geltungsbereich soll aufgrund der geringen Größe von Startups in der Gründungsphase hier zunächst nicht näher thematisiert werden.

Märkten wie bspw. veränderte Kundenanforderungen im Hinblick auf Produkte und Dienstleistungen zu identifizieren. Kennzeichnend für diese Phase ist, dass der oder die Gründer diese Aufgaben nicht länger selbständig bearbeiten können, sondern Aufgaben an Dritte delegieren müssen. Hier zeigt sich insbesondere die Notwendigkeit einer konkret formulierten und kommunizierten Strategie. War es bei einem einzelnen Gründer nicht zwingend notwendig, die implizite Strategie explizit zu formulieren, so müssen, sobald mehrere Mitarbeiter die Ziele des Unternehmens erreichen sollen, umfangreiche Anstrengungen zur Formulierung und Kommunikation von expliziten Strategien angestellt werden.

Für die Effektivität jedes Mitarbeiters ist es von zentraler Bedeutung, die grundlegenden Ziele der Unternehmung und den von der Unternehmensleitung präferierten Weg zu deren Erreichung zu kennen. Somit kommt den verhaltensbezogenen Durchsetzungsaktivitäten im Rahmen der Strategieimplementierung insbesondere in Phasen der Unternehmensexpansion eine hohe Bedeutung zu.

Strategische Kontrolle

Die **strategische Kontrolle** ist in der Konzeption von Steinmann/Schreyögg als planungsbegleitender Prozess zu interpretieren, der die Selektionsleistung der Planung (im Sinne einer Ausblendung von – als unwichtig erachteten - Phänomenen) kompensiert (vgl. Steinmann/Schreyögg (1997), S. 233f). Generell lassen sich drei Grundformen der Kontrolle aufzeigen: die Prämissenkontrolle, die Durchführungskontrolle sowie eine ungerichtete, strategische Überwachung (vgl. detaillierte Ausführungen zu den Kontrollformen bei Steinmann/Schreyögg (1997), S. 235ff). Die Prämissenkontrolle hinterfragt die im Planungsprozess bewusst gesetzten Annahmen. Durch die dargestellten dynamischen Veränderungstendenzen im eCommerce unterliegen die gesetzten Annahmen, wie bspw. die Prämisse bestimmter vorhandener Technologien, jederzeit der Gefahr, aufgrund von Weiterentwicklungen nicht mehr der realen Situation zu entsprechen und bedürfen daher ggf. einer Anpassung.

Ziel der Durchführungskontrolle ist die Überprüfung des Implementationsprozesses der Strategie, also u.a. in Form von Abweichungen von gesetzten Zwischenzielen oder Meilensteinen. Die strategische Entwicklung der Unternehmung muss in Bezug auf die Erreichung der gesetzten Ziele nachvollziehbar sein. Daher bedarf die Unternehmung geeigneter Messgrößen, um die Fortschritte bei der Implementierung der Strategie zu überwachen und ggf. entsprechende Korrekturmaßnahmen ergreifen zu können.

Zwang zu strategischem Denken und Handeln

Die strategische Überwachung tritt als ungerichtete Kontrollform neben die beiden gerichteten Kontrollformen. Sie hat die Aufgabe, diejenigen – für das Management relevanten – Phänomene zu identifizieren, die nicht oder in Form falscher Annahmen in die Prämissensetzung eingeflossen sind und noch keinen Niederschlag in den „Wirkungen und Resultaten der implementierten strategischen Teilschritte gefunden haben" (Steinmann/Schreyögg (1997), S. 237). So können bspw. Veränderungen im Wettbewerbsumfeld, die nicht durch die Prämissenbildung erfasst wurden, dennoch zwingend eine strategische Aktion der Unternehmung erfordern.

Wie in den vorstehenden Ausführungen aufgezeigt, kommt dem strategischen Management insbesondere bei Start-ups im eCommerce-Bereich eine zentrale Bedeutung zu. Die Formulierung von Wettbewerbsstrategien stellt bereits in konventionellen Märkten keine triviale Aufgabe dar, wobei der Komplexitätsgrad im eCommerce aufgrund der Kontextbedingungen nochmals deutlich höher ausfällt (vgl. Heil (1999), S. 5f).

Wie dargestellt zeigen praktische Erfahrungen aber in eine entgegengesetzte Richtung, nämlich eine unzureichende Ausprägung strategischen Denkens und Handelns in jungen Unternehmen. Ein wesentlicher Grund hierfür liegt unserer Ansicht nach in dem Fehlen eines geeigneten Instrumentes zur Unterstützung des strategischen Managements bei der Strategieentwicklung und –umsetzung begründet. Im Folgenden soll daher die Balanced Scorecard als potenziell zielführendes Instrument für diese Problemstellung untersucht werden.

7.5 Die Balanced Scorecard als Instrument des strategischen Managements

Die Scorecard als Management-Konzept

Die Balanced Scorecard wurde von Kaplan und Norton als Instrument zur Übersetzung von Geschäftsmissionen und Unternehmens- bzw. Geschäftsbereichsstrategien in spezifische Ziele und Kennzahlen konzipiert (vgl. Kaplan/Norton (1992) und (1997)). Dabei handelt es sich um ein umfassendes Managementkonzept zur Steuerung der Unternehmung (vgl. Bruhn

(1998), S. 148). Im Kern setzt die Balanced Scorecard (im Folgenden aus Vereinfachungsgründen als Scorecard bezeichnet) an der Kritik an, dass das traditionelle Rechnungswesen, welches im Wesentlichen auf kurzfristige und monetäre Kennzahlen fokussiert, als Basis für eine zukunftsorientierte, strategische Unternehmenssteuerung unzureichend ist, da keine konzeptionelle Verbindung zu den primär qualitativ formulierten Strategien besteht. Gerade in dem als turbulent charakterisierten Umfeld von Startups im eCommerce-Bereich dürften vergangenheitsorientierte Finanzgrößen, die zudem für einen Großteil der Mitarbeiter im operationalen Tagesgeschäft unverständlich sind, als denkbar ungeeignet für eine strategische Steuerung anzusehen sein.

Anknüpfend an diese Kritik versteht sich die Scorecard als Konzept zur „Synthese" traditioneller finanzieller Kennzahlen mit der Schaffung von Wettbewerbsvorteilen, in dem finanzielle Kennzahlen vergangener um die treibenden Faktoren zukünftiger Leistungen ergänzt werden. „Die Balanced Scorecard sollte die Mission und Strategie einer Geschäftseinheit in materielle Ziele und Kennzahlen übersetzen können" (Kaplan/Norton (1997), S. 10). Somit werden die primär qualitativen Strategien durch die Schaffung einer Mess- und Steuerbarkeit operationalisiert.

Durch die Ausgewogenheit der Scorecard-Kennzahlen, die sich als Balance zwischen extern orientierten Messgrößen für Investoren und Kunden einerseits und internen Messgrößen für kritische Geschäftsprozesse, Innovation sowie Lernen und Wachstum andererseits verstehen, wird ein Verbindungspunkt zwischen Ergebnissen vergangener Tätigkeiten und zukünftigen Leistungen angestrebt. Die Aufgaben der Scorecard sollen in Abb. 2 zusammengefasst werden.

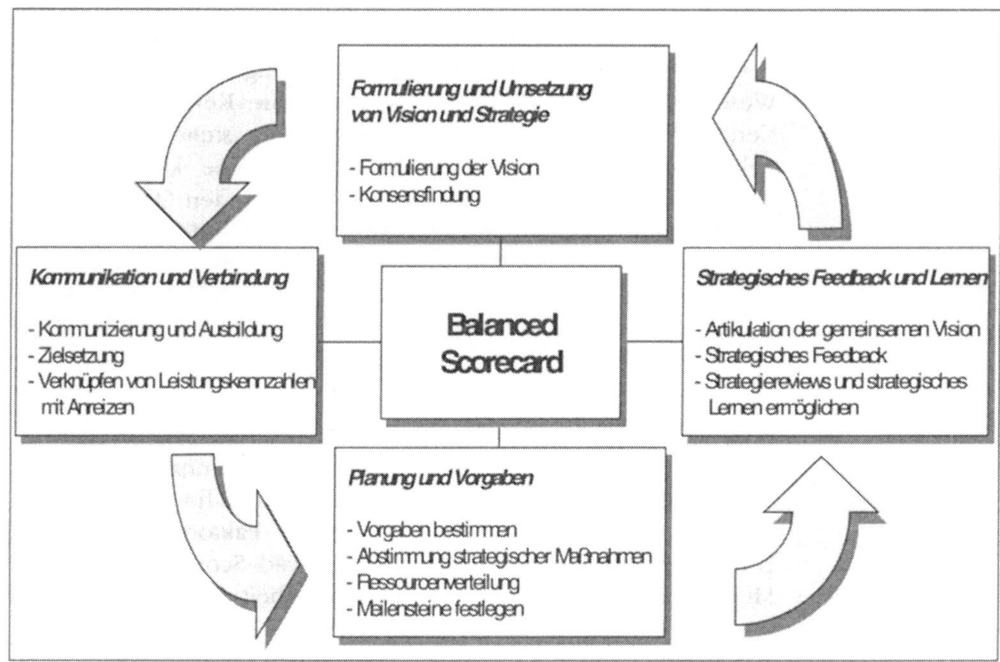

Abb. 2: Die Aufgaben der Balanced Scorecard (Quelle: Kaplan/Norton (1997), S. 10)

Zu Kategorisierung der Kennzahlen der Scorecard schlagen Kaplan/Norton vier unterschiedliche Dimensionen zur Abbildung des finanziellen Erfolgs der Unternehmung und der ihn konstituierenden strategischen Erfolgsfaktoren vor, die sich nach ihren Aussagen in der Praxis bewährt haben: eine finanzielle Perspektive, eine Kundenperspektive, eine interne Prozessperspektive sowie eine Lern- und Entwicklungsperspektive. Je nach spezifischer Situation der Unternehmung können diese Perspektiven auch abgewandelt werden.

Existenz von Ursache-/Wirkungsbeziehungen

Implizite Annahme der Scorecard ist die Existenz und Gültigkeit von Ursache-/Wirkungsbeziehungen zwischen der quantitativ-monetären Finanzdimension und den übrigen Dimensionen der qualitativen Erfolgsfaktoren, wobei letzteren der Charakter von Vorlaufgrößen zu den quantitativ-monetären Faktoren zuerkannt wird. Die Strategie der Unternehmung muss zur Abbildung dieser Wirkungsbeziehungen in dimensionsspezifische Zielsetzungen heruntergebrochen werden, die wiederum in Form von Kennzahlen operationalisiert und messbar gemacht werden.

Während die Vorgabe unterschiedlicher Dimensionen in erster Linie die Entwicklung der Strategie unterstützt, dienen die entwickelten Kennzahlen der operationalen Umsetzung und Kontrolle der Strategie.

Vision als Ausgangspunkt

Ausgangspunkt für die Entwicklung einer Scorecard ist die Vision einer Unternehmung, anhand derer eine Geschäftsstrategie formuliert wird. Die Operationalisierung dieser Strategie gelingt durch die dimensionsspezifische Festlegung von Zielen und die Auswahl geeigneter Kennzahlen zur Messung der Zielerreichungsgrade. Die Ziele bzw. Kennzahlen einer Dimension sind durch zahlreiche Interdependenzen mit den Zielen anderer Dimensionen verbunden. Im Folgenden soll der Entwicklungsprozess in Form einer exemplarischen Ableitung der Scorecard für eine Strategie der Unternehmenswertsteigerung dargestellt werden. Insbesondere für Startups ist es wichtig, oftmals nur rudimentäre Vorstellungen über zu verfolgende Strategien in Form konkreter Ziele und Handlungsdimensionen zu konkretisieren.

Darstellung der Ursache-/Wirkungsbeziehungen

Zunächst kann bei der Operationalisierung der Strategie damit begonnen werden, finanzielle Ziele aus der Strategie abzuleiten. Vor allem in Phasen eines hohen Wachstums müssen die finanziellen Zielsetzungen ausreichend präzisiert sein, da hier die langfristige Stimmigkeit zwischen Cash-Zuflüssen und –Abflüssen als erfolgskritisch anzusehen ist. Eine Strategie der Wertsteigerung beinhaltet als monetäres Ziel die Erhöhung des Unternehmenswertes, ausgedrückt als Summe diskontierter Cash-Flows der Zukunft. Der diskontierte Barwert der zukünftigen Cash-Flows wird somit als finanzielle Messgröße der Finanzperspektive festgelegt. Die Erreichung der finanziellen Ziele ist an eine Vielzahl von Erfolgsfaktoren gekoppelt, die anhand der unterschiedlichen Perspektiven der Scorecard zu ermitteln sind. Hier gilt es aus Sicht eines Startups, eine möglichst umfassende Betrachtung des Geschäftsumfeldes anzustellen und damit das Verständnis für jenes zu vertiefen. Die zukünftigen Cash-Flows hängen mitunter entscheidend von den zukünftig generierbaren Umsätzen ab, die u.a. eine Funktion der Kundentreue darstellen.

Insbesondere durch die bereits dargestellte Transparenz im e-Commerce und den aus Sicht der Kunden geringen Kosten eines Anbieterwechsels kommt der Kundenloyalität eine hohe Bedeutung für Startups zu. Die frühzeitige und langfristige Bindung von Kunden an das junge Unternehmen kann somit als wichtiges Ziel aus der Kundenperspektive angesehen werden. Die hierzu gehörige Messgröße stellt dann die Kundenbindungsquote dar.

Ausgehend von der Kundenperspektive ist nun zu überlegen, welche unternehmensinternen Voraussetzungen zur Erfüllung der Kunden- und Finanzziele vorhanden sein müssen. Dabei hängt die Fähigkeit zur Kundenbindung entscheidend von der Attraktivität der angebotenen Produkte ab. Aus der internen Prozessperspektive muss es daher Ziel des Unternehmens sein, über ein ausgewogenes Portfolio an Produkten unterschiedlicher Produktlebensphasen zu verfügen. Als wichtige Kennzahl kann in diesem Zusammenhang der Umsatzanteil neuer Produkte am Gesamtumsatz angesehen werden.

Durch die Betonung des Innovationsprozesses werden die Mitglieder des Startups angehalten, über neue Produktmöglichkeiten für ihr Unternehmen nachzudenken. Der Schlüssel zu einem angemessen Anteil an Neuprodukten liegt zum Teil in der Verfügbarkeit dieser Produkte begründet, die wiederum durch die Fähigkeit des Unternehmens bestimmt wird, Produkte rechtzeitig auf den Markt zu bringen. Als ein potenzielles Ziel im Rahmen der Lernperspektive könnte somit eine Verkürzung des Produktentwicklungsprozesses angesehen werden, gemessen an der Kennzahl "Time-to-market". Jede Kennzahl der Scorecard sollte Teil einer Ursache-Wirkungskette sein, an deren Ende ein finanzwirtschaftliches Ziel steht (vgl. Kaplan/Norton (1997), S. 60). Die logische Herleitung dieser Ursache-Wirkungs-Beziehungen zwischen den Messgrößen der einzelnen Perspektiven soll in Abb. 3 nochmals in grafischer Form zusammengefasst werden.

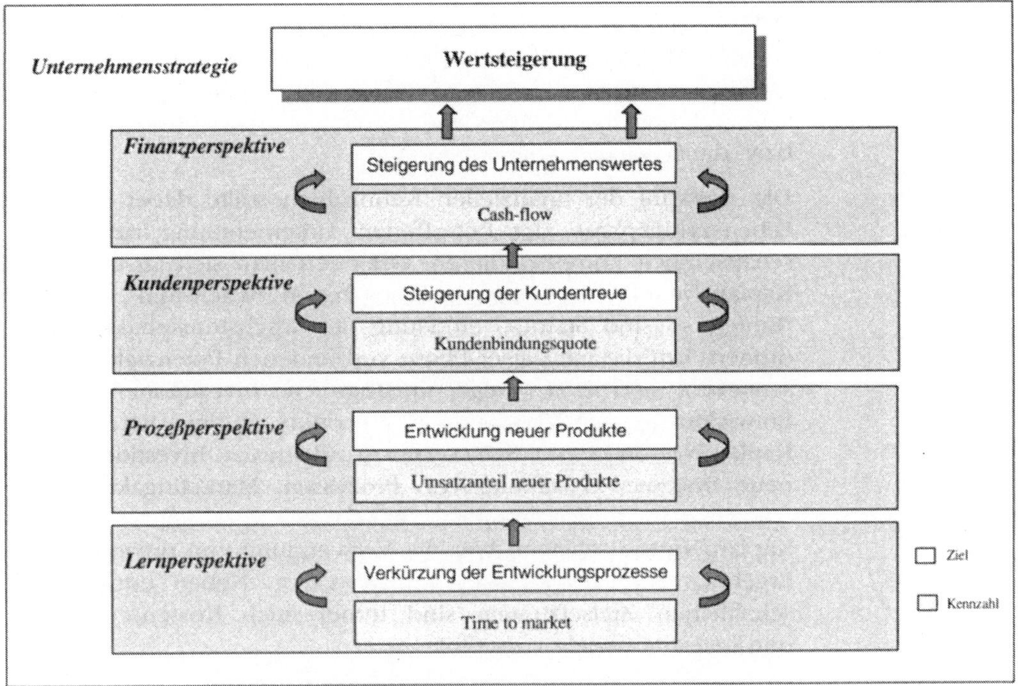

Abb. 3: Ursache-Wirkungsketten in der Balanced Scorecard

Die Betrachtung der Interaktionsbeziehungen zwischen den unterschiedlichen Perspektiven erlaubt dabei Maßnahmen zur Priorisierung von Kennzahlen, so dass die Scorecard letztlich aus 16 bis 25 Kennzahlen bestehen sollte, die als ausreichend für eine Steuerung angesehen werden (vgl. Kaplan/Norton 1997), S. 156). Im Folgenden sollen nähere Ausführungen zu den einzelnen Dimensionen der Scorecard angestellt werden.

7.5.1 Die finanzwirtschaftliche Perspektive

Auswahl finanzieller Kennzahlen

Der Festlegung finanzieller Zielsetzungen im Rahmen der Strategieformulierung und -umsetzung kommt insbesondere vor dem Hintergrund einer zunehmenden Bedeutung wertorientierter Unternehmensführung eine herausragende Rolle zu. Hervorzuheben ist in diesem Zusammenhang auch der objektive und effiziente Aussagegehalt der finanzwirtschaftlichen Perspektive im

Hinblick auf die wirtschaftlichen Konsequenzen früherer Aktivitäten (vgl. Form (1999), S. 496). Orientierungspunkt bei der Ableitung monetärer Ziele und Messgrößen sollte die Frage sein, anhand welcher Größen die Kapitalgeber die Unternehmung bzw. die Geschäftseinheit beurteilen.

Die Auswahl der finanziellen Kennzahlen sollte dabei mit der Lebenszyklusphase der betroffenen Unternehmung bzw. Geschäftseinheit korrespondieren. Orientiert man sich an den von Kaplan/Norton vorgegebenen drei Phasen "Wachstum", "Reife", "Ernte", so sind Startups eindeutig der Wachstumsphase zuzuordnen. Um die mit dieser Phase verbundenen Potenziale zu erschließen, sind in der Regel umfangreiche Investitionen in die Entwicklung und Förderung der Produkte zu investieren (vgl. Kaplan/Norton (1997), S. 47). Hierzu zählen u.a. Investitionen in neue Systeme, Gestaltung von Prozessen, Marketingaktivitäten usw., die z.T. die aktuellen Einnahmen übersteigen dürften. Kaplan/Norton schlagen hier die Verwendung von prozentualen Ergebnis- und Umsatzwachstumsraten vor. Neben ertragswirtschaftlichen Zielsetzungen sind ferner auch Kostensenkungs- und Investitionsziele vorstellbar.

Die Problematik allein finanzwirtschaftlicher Zielsetzungen ist darin zu sehen, dass sie – selbst als zukunftsgerichtete Größen wie bspw. zukünftig zu erzielende Cash-flows – lediglich nachlaufenden Ergebnischarakter besitzen. Den finanziellen Ergebnisgrößen sind stets nicht-monetäre, primär qualitative Erfolgsfaktoren vorgelagert, die letztendlich deren Ausprägungen zu verantworten haben. Gerade für Unternehmungen, die sich in einem komplexen und turbulenten Umfeld bewegen, spielt daher die strategische Frühwarnung in Bezug auf eine evtl. Verfehlung der finanziellen Zielsetzungen eine zentrale Rolle. Diesem Aspekt trägt die Scorecard durch die nicht-monetären Perspektiven (wie Kunden-, Prozess- und Lernperspektive) Rechnung. Trotz der expliziten Verwendung von mehreren Perspektiven stellen die finanziellen Kenngrößen die letztlich entscheidenden Messgrößen für die Leistung der Unternehmung dar (vgl. Wittmann (1998), S. 90).

7.5.2 Die Kundenperspektive

Berücksichtigung der Kunden

Im Rahmen der Kundenperspektive steht die nähere Spezifizierung der Kunden- und Marktsegmente im Vordergrund, mit denen die erlösbezogene Komponente der finanzwirtschaftlichen Ziele erreicht werden soll. Der Schlüssel zur Identifikation kundenbezogener Ziel- und Messgrößen liegt in der Identifizierung zielgruppenspezifischer Leistungen, die aus Sicht der relevanten Kunden Wert darstellen. Kaplan/Norton empfehlen hier die Verwendung von Kernkennzahlen (vgl. Abb. 4), die allerdings spezifisch auf die jeweilige Zielkundengruppe auszurichten sind.

Ableitung prozessspezifischer Kennzahlen

Neben den hier dargestellten fünf Kernkennzahlen wird ferner die Verwendung von Kennzahlen des unternehmensspezifischen Leistungsspektrums vorgeschlagen, die sich u.a. aus individuellen Produkt-/Dienstleistungseigenschaften der Kategorien Qualität, Kosten und Zeit konstituieren können.

7.5.3 Die interne Prozessperspektive

Die Motivation zur Ableitung prozessspezifischer Ziel- und Messgrößen liegt in der Identifikation derjenigen Prozesse, die für die Erreichung der Finanz- und Kundenziele als kritisch anzusehen sind. Ausgangspunkt der internen Prozessperspektive ist die Definition einer vollständigen Wertschöpfungskette.

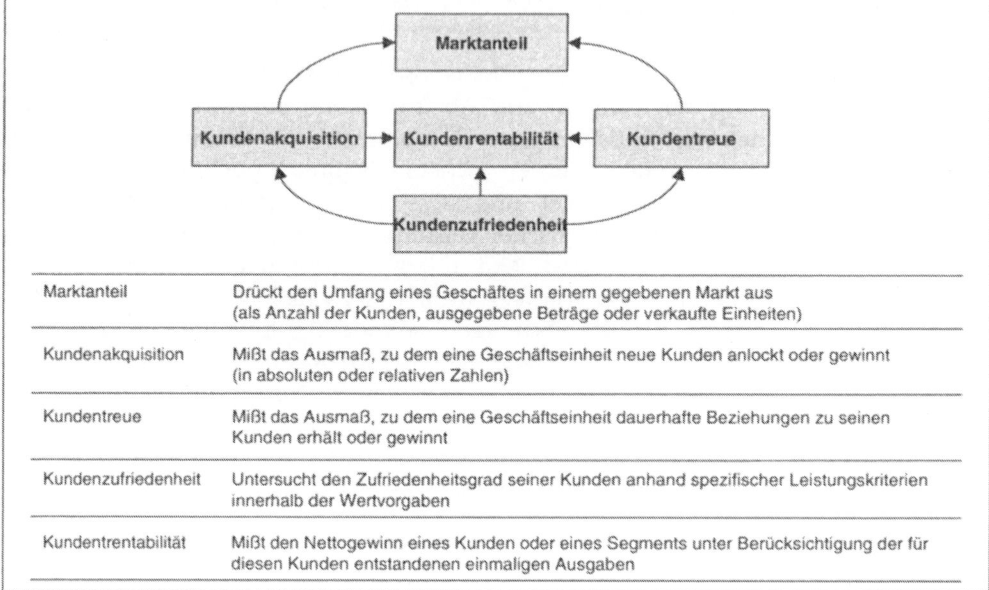

Marktanteil	Drückt den Umfang eines Geschäftes in einem gegebenen Markt aus (als Anzahl der Kunden, ausgegebene Beträge oder verkaufte Einheiten)
Kundenakquisition	Mißt das Ausmaß, zu dem eine Geschäftseinheit neue Kunden anlockt oder gewinnt (in absoluten oder relativen Zahlen)
Kundentreue	Mißt das Ausmaß, zu dem eine Geschäftseinheit dauerhafte Beziehungen zu seinen Kunden erhält oder gewinnt
Kundenzufriedenheit	Untersucht den Zufriedenheitsgrad seiner Kunden anhand spezifischer Leistungskriterien innerhalb der Wertvorgaben
Kundentrentabilität	Mißt den Nettogewinn eines Kunden oder eines Segments unter Berücksichtigung der für diesen Kunden entstandenen einmaligen Ausgaben

Abb. 4: Die Kernkennzahlen der Kundenperspektive (Quelle: Kaplan/Norton (1997), S. 66)

Diese beginnt bei dem Innovationsprozess, verstanden als Prozess der Identifikation und Lösung latent vorhandener Kundenwünsche. An den Innovationsprozess schließt sich der Betriebsprozess an, der sämtliche Leistungsprozesse, die mit der physischen Herstellung und Vermarktung der Produkte und Dienstleistungen verbunden sind, umfasst.

Das Ende der Wertschöpfungskette wird durch den Serviceprozess gebildet, der als Summe von Serviceleistungen zur Steigerung des Kundennutzens aufzufassen ist (vgl. Kaplan/Norton (1997), S. 89).[4] Durch die Zielsetzungen der Finanz- und Kundenperspektive werden externe Erwartungen vorgegeben, die durch die internen Prozesse zu erfüllen sind. Dabei darf sich die Prozessperspektive nicht allein auf bestehende Prozesse beschränken, sondern es sollen im Rahmen der Analyse auch ggf.

---

[4] Im Gegensatz zu Kaplan/Norton präferieren Bruhn und Welge/Al-Laham den Begriff des Serviceprozesses statt von einem Kundendienstprozess zu sprechen. Ersterer ist dabei als umfassenderer Prozess zu sehen; vgl. Bruhn (1998), S. 155; Welge/Al-Laham (1999), S. 559.

neue Prozesse definiert werden, die einen Vorteil bei der Erreichung der Kunden- und Finanzziele mit sich bringen.

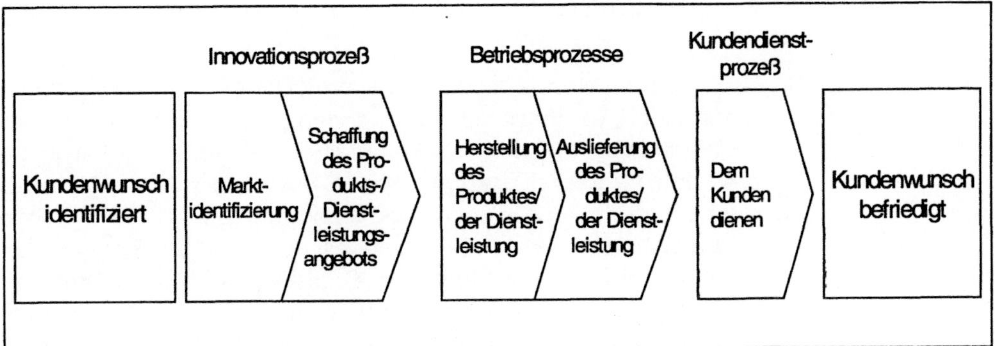

Abb. 5: Die interne Prozessperspektive (Quelle: Kaplan/Norton (1997), S. 93)

Als mögliche Messgrößen für den Innovationsprozess schlagen Kaplan/Norton u.a. den Umsatzanteil neuer Produkte sowie Entwicklungszeiten vor. Hinsichtlich des Betriebsprozesses werden Zeit-, Qualitäts- und Kostenkennzahlen wie bspw. Durchlaufzeiten präferiert, wobei diese Kennzahlen auch auf den Serviceprozess anwendbar sind. Die Betrachtung interner Prozesskennzahlen wurde bspw. auch in den Total Quality Management-Ansätzen vorgeschlagen. Neu ist hier jedoch die prozessbezogene, funktionsübergreifende Betrachtung von Kennzahlen über die gesamte Wertschöpfungskette hinweg unter dem Gesichtspunkt der Umsetzung der Gesamtstrategie (vgl. Wittmann (1998), S. 91). Durch die Koordination sämtlicher Leistungsprozesse soll sichergestellt werden, dass die monetären Oberziele erreicht werden (vgl. Bruhn (1998), S. 154).

7.5.4 Die Lern- und Entwicklungsperspektive

Förderung der lernenden Organisation

Die Lern- und Entwicklungsperspektive fokussiert auf die zur Erreichung der Ziele in den übrigen Dimensionen notwendige Infrastruktur. Ziele und Messgrößen dieser Dimension dienen der Förderung einer lernenden und wachsenden Organisation und sind die treibenden Faktoren für herausragende Leistungen in den ersten drei Scorecardperspektiven (vgl. Kaplan/Norton (1997), S. 121). Die Infrastruktur konstituiert sich aus drei Hauptkategorien: (1) Mitarbeiterpotenziale, (2) Potenziale von Informationssystemen, (3) Motivation, Empowerment und Zielausrichtung.

Nach Kaplan/Norton wirken alle drei Hauptkategorien als sog. „Befähiger" auf die personalbezogenen Kennzahlen, die aus der Mitarbeiterzufriedenheit, Personaltreue und Mitarbeiterproduktivität bestehen (vgl. Abb. 6). Insbesondere durch die Herausforderungen in den Kontextbedingungen stellen Mitarbeiter ein nicht zu unterschätzendes Potenzial für Startups dar. Gerade in der Anfangsphase der Gründung und des Wachstums lassen sich wenig konkrete Anforderungsprofile an die Mitarbeiter formulieren und jeder Mitarbeiter ist gefordert, eigenständig Lösungsvorschläge und Verbesserungen zu auftauchenden Problemen zu entwickeln.

Ebenso besitzen Informationssysteme durch die dargestellte hohe Relevanz von informationsverarbeitenden Prozessen und Systemen für Internet-Startups eine zentrale Bedeutung für die strategische Führung dieser Unternehmen. Für die dritte Kategorie der Motivation und Zielausrichtung dürfte in erster Linie die Unternehmenskultur einen wichtigen Beitrag leisten (vgl. Bruhn (1998), S. 157).

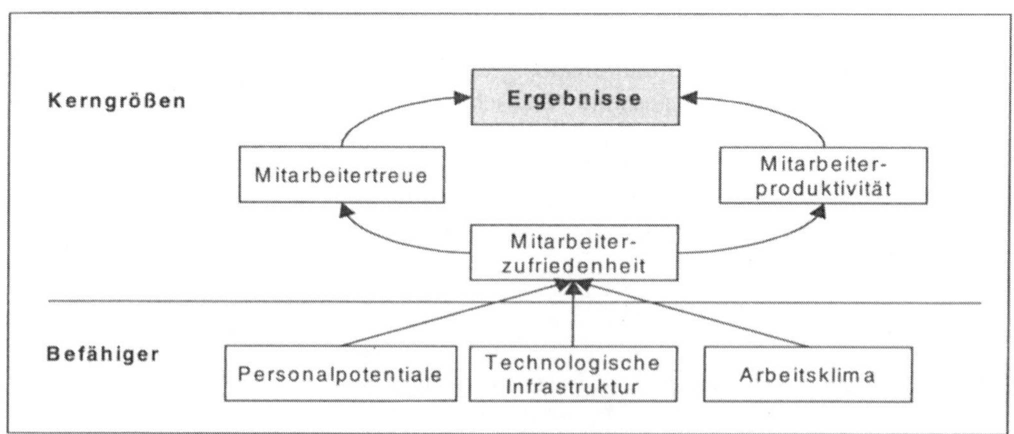

Abb. 6: Der Rahmen für die Kennzahlen der Lern- und Entwicklungsperspektive (Quelle: Kaplan/Norton (1997), S. 124)

Als Messgröße für die Mitarbeiterzufriedenheit schlagen Kaplan/Norton bspw. repräsentative Mitarbeiterumfragen vor. Die Mitarbeitertreue lässt sich anhand der Fluktuationsrate der Stammmitarbeiter beobachten und die Entwicklung der Mitarbeiterproduktivität schließlich lässt sich u.a. an den Größen "Umsatz pro Mitarbeiter" und "Wertschöpfung pro Mitarbeiter" nachvollziehen. Diese Kernkennzahlen können dann, analog zur Kundenperspektive, durch situationsspezifische Kennzahlen ergänzt werden, die jeweils einer „Befähiger“-Kategorie zuzuordnen sind.

Anhand der vorstehenden Ausführungen wurde der Entwicklungsprozess einer Scorecard dargestellt. Die dargestellten Perspektiven fördern die Entwicklung eines integrierten Steuerungssystems für die Unternehmung, in welchem die Identifikation von Kennzahlen und die Abbildung ihrer Interaktionsbeziehungen zur Verdeutlichung der Strategie und ihrer Umsetzung beitragen können. Insbesondere die Berücksichtigung der nichtmonetären Dimensionen im Sinne von Vorlaufgrößen erscheint in diesem Zusammenhang als wichtige Erkenntnis der Scorecard.

Dennoch soll die Bedeutung monetärer Ziel- und Messgrößen nicht unterschätzt werden. Gerade im Kontext der Diskussion um wertorientierte Unternehmensführungsansätze wird deutlich, wie wichtig im Endergebnis die finanzielle Performance des Unternehmens ist. Erhöhungen der Qualität bspw. sind nur in dem Maße sinnvoll, in dem sie zur Verbesserung der Finanzergebnisse der Unternehmung beitragen. In dem Moment, in dem die Grenzkosten der Qualitätsverbesserung (bspw. in Form notwendiger Investitionen in Qualitätssicherungssysteme) den monetär gemessenen Grenznutzen (bspw. in Form höherer Zahlungsbereitschaft der Kunden) langfristig übersteigen, sind die Qualitätsverbesserungen aus ökonomischer Sicht nicht länger sinnvoll.

Die Ausführungen zeigen, dass sich die in der Scorecard zu verarbeitenden Kennzahlen sowohl aus allgemeinen als auch aus unternehmens- bzw. bereichsspezifischen Kennzahlen konstituieren. Nach Ansicht von Kaplan/Norton stellen die allgemeinen Kennzahlen meistens Ergebniskennzahlen dar, d.h. sie sind Spätindikatoren. Frühindikatoren hingegen, die auch als Leistungstreiber bezeichnet werden, reflektieren die spezifischen Besonderheiten einer Strategie in einer Geschäftseinheit und besitzen daher häufig keinen allgemeinen Charakter. Eine gute Scorecard sollte sowohl aus Ergebnis- als auch aus Leistungstreiberkennzahlen bestehen (vgl. Kaplan/Norton (1997), S. 144).

7.6 Die Bewertung der Balanced Scorecard für Start-up-Unternehmen

Die nachfolgende Bewertung soll sich im Wesentlichen an der generellen Bewertung der Scorecard orientierten, wobei an entsprechender Stelle auf die Spezifika von Startups eingegangen werden soll (vgl. zur Bewertung der Scorecard Bruhn (1998), S. 162ff; Welge/Al-Laham (1999), S. 560ff; Kaufmann (1997), S. 428). Als Vorteile der Balanced Scorecard lassen sich anführen:

Vorteile der Scorecard

- Die Scorecard stellt einen umfassenden, empirisch fundierten Ansatz dar, der die Konkretisierung und Umsetzung von Strategien erleichtert.
- Sie stellt ein leicht verständliches Instrument zur Entwicklung und auch Vermittlung von Strategien in Unternehmen dar. Insbesondere in Wachstumsphasen kann die Scorecard für die Startup-Unternehmen ein wichtiges Hilfsmittel zur Vermittlung und Kommunikation der Strategie sein.
- Durch die Vorgabe mehrerer Betrachtungsperspektiven wird zu Beginn der Strategieformulierung einer Beschränkung auf rein monetäre Aspekte entgegengewirkt. Vielmehr werden durch die Beachtung auch nicht-monetärer Dimensionen (wie bspw. die Kunden- oder Mitarbeiterperspektive) den monetären Größen logisch vorgelagerte Steuerungsgrößen in die Überlegungen einbezogen. Durch die Beachtung mehrerer Dimensionen zwingt die Scorecard zu einem umfangreichen Nachdenken über das eigene Geschäft und die vorhandenen Wirkungsbeziehungen zwischen monetären und nicht-monetären Steuerungsgrößen. Gerade die Identifikation von umfassenden strategischen Zielen und Maßnahmen stellt sich für Startups als wichtiger Aspekt dar. Entgegen der häufig bei diesen Unternehmen anzutreffenden Beschränkung der strategischen Planungen auf eine Produktidee, zwingt die Scorecard zur Beachtung mehrerer Perspektiven, die auch die finanzielle und die prozessuale Infrastruktur der zukünftigen Unternehmung in die Überlegungen einbezieht und somit eine umfassende Reflexion der eigenen Strategie impliziert.
- Durch die Ableitung konkreter Ziele und Messgrößen wird die Strategie für die Unternehmensmitglieder handhabbarer, transparenter und operational fassbar. Jeder Mitarbeiter kann den Erfolg bei der Strategieumsetzung anhand der Veränderung der ausgesuchten Kennzahlen nachvollziehen.

- Zugleich wird der Betrachtungsschwerpunkt auf langfristige Erfolgspotenziale gelenkt, deren Überwachung die Chancen zur frühzeitigen Erkennung auftretender Diskontinuitäten signifikant erhöhen. Abweichungen von der Strategie werden nicht erst dann erkannt, wenn sie sich bereits in monetären Ergebnissen niederschlagen, was insbesondere in dynamischen und turbulenten Märkten wie dem eCommerce wichtig erscheint.
- Durch die Möglichkeiten der kaskadenartigen Dekomposition kann die Strategie für unterschiedliche organisatorische Geltungsbereiche zugänglich gemacht werden, d.h. bei einem Wachstum der Unternehmung in Form der Ausbildung neuer Geschäftsbereiche können ausgehend von der zentralen Scorecard Strategien für Geschäftseinheiten oder Funktionalbereiche entwickelt werden.

Nachteile der Scorecard

Diesen Vorteilen stehen die folgenden, z.T. in der Literatur beschriebenen Nachteile entgegen:

- Das Konzept der Scorecard weist methodische Schwächen auf wie bspw. die fehlende konzeptionelle Begründung für die vier Dimensionen der Scorecard. Darüber hinaus ist der Prozess der Festlegung von Zielen und der Auswahl geeigneter Messgrößen, insbesondere für die Lern- und Entwicklungsperspektive, nur unzureichend operationalisiert.
- Die Vorstellung einfacher, linearer Ursache-Wirkungsketten zwischen einzelnen Kennzahlen dürfte an der Komplexität realer Interaktionsbeziehungen vorbeigehen. Dennoch erscheint ein Ansatz, der die Wirkungsbeziehungen zwischen monetären und nicht-monetären Faktoren explizit herausstellt, als ein erster Schritt zu einem der Komplexität angemessenem Denken.
- Trotz der Bezugnahme auf die Vision und Strategie stellt die Scorecard im Grunde ein vergangenheitsorientiertes Konzept dar. „Bei der Beurteilung der zukünftigen Maßnahmen zur Erreichung der Zielgrößen auf der Basis der Kennzahlen wird auf Vergangenheitsdaten über die Wirksamkeit zurückgegriffen" (Bruhn (1998), S. 164). Durch die Verwendung von Frühindikatoren wird dieses Problem aber zum größten Teil entschärft.

- Durch die Dominanz von Kennzahlen entsteht leicht die Fiktion einer vollständigen und deterministischen Beherrschbarkeit der Unternehmung. Hierbei muss darauf verwiesen werden, dass nicht alle für die strategische Steuerung relevanten Phänomene zwingend in Kennzahlen abzubilden sind (wie bspw. Kulturaspekte) und ein permanentes Hinterfragen der ausgewählten Kennzahlen aufgrund der dynamischen Kontextbedingungen notwendig erscheint.

Fazit zur Scorecard

Trotz der angeführten Kritikpunkte stellt sich die Scorecard als bedeutendes Instrument zur Unterstützung des Strategieformulierungs- und Umsetzungsprozesses dar. Der Einsatz eines adäquaten Unterstützungssystems für den strategischen Steuerungsprozess wie dem der Scorecard wird dabei zu einem entscheidenden Erfolgsfaktor für junge Unternehmen in der Gründungs- und Wachstumsphase. Dies gilt vor allem für Internet-Startups, die hochkomplexen und turbulenten Kontextbedingungen ausgesetzt sind und sich daher – noch weniger als andere Unternehmen – einen Verzicht auf strategisches Denken und Handeln leisten können.

Literatur

- Bruhn, M. (1998): Balanced Scorecard: Ein ganzheitliches Konzept der Wertorientierten Unternehmensführung ? In: Bruhn, M. / Lusti, M. / Müller, W. R. / Schierenbeck, H. / Studer, T. (Hrsg.): Wertorientierte Unternehmensführung: Perspektiven und Handlungsfelder für die Wertsteigerung von Unternehmen. Wiesbaden, 1998, S. 145-167
- Deutsche Ausgleichsbank (1997): Typische Pleite-Ursachen junger Unternehmer. Zitiert nach: http://focus.de/D/DB/DBY/DBY05/DBY05C/dby05c.htm, 12. Januar, 2000
- Evans, P. / Wurster, T. S. (1999): Getting Real About Virtual Commerce. In: Harvard Business Review, 77. Jg., Heft 6, S. 85-94
- Form, S. (1999): Balanced Scorecard. In: Controlling, 11. Jg., Heft 10, 1999, S. 495-496
- Fritz, W. (1999): Elektronischer Handel: Goldgrube oder Cyber-Flop ?. In: Markenartikel, 61. Jg., Heft 1, 1999, S. 32-35
- Gälweiler, A. (1987): Strategische Unternehmensführung. Frankfurt/Main et al., 1987
- Glauner, W. (1998): Existenzgründung – Formen und kritische Erfolgsfaktoren. In: Technologie & Management, 47. Jg., Heft 5, 1998, S. 36-39
- Heil, B. (1999): Wettbewerb auf elektronischen Märkten: E-Business = Business as Usual ?, in: PwC Deutsche Revision (Hrsg.): Leitfaden E-Business: Erfolgreiches Management, Band 1
- Hermanns, A. / Sauter, M. (1999): Die neuen Herausforderungen der Internet-Ökonomie: Chancen und Risiken des Electronic Commerce. In: Das Wirtschaftsstudium, 28. Jg., Heft 6, 1999, S. 850-856
- Kaplan, R. S. / Norton, D. P. (1992): In search of excellence – der Maßstab muss neu definiert werden. In: Harvard Manager, 14. Jg., 1992, S. 37-46
- Kaplan, R. S. / Norton, D. P. (1997): Balanced Scorecard: Strategien erfolgreich umsetzen. Stuttgart, 1997

- Kaufmann, L. (1997): ZP-Stichwort: Balanced Scorecard. In: Zeitschrift für Planung, 8. Jg., 1997, S. 421 - 428
- Reichwald, R. / Bauer, R.A. / Lohse, C. (1999): Electronic Commerce und die neue Rolle des Vertriebs – Implikationen für die Gestaltung des Kundenkontakts. In: Industrie Management, 15. Jg., Heft 1, 1999, S. 70-73
- Steinmann, H. / Schreyögg, G. (1997): Management: Grundlagen der Unternehmensführung: Konzepte – Funktionen – Fallstudien. 4. Auflage, Wiesbaden, 1997
- Welge, M. K. / Al-Laham, A. (1992): Strategisches Management, Organisation. In: Frese, E. (Hrsg.): Handwörterbuch der Organisation. 3. Auflage, Stuttgart, 1992, Sp. 2355-2374
- Welge, M. K. / Al-Laham, A. (1999): Strategisches Management: Grundlagen – Prozess – Implementierung. 2. Auflage, Wiesbaden, 1999
- Welge, M. K. / Al-Laham, A. / Kajüter, P. (2000): Der Prozess des strategischen Managements: Ein Überblick über die empirische Strategieprozessforschung. In: Welge, M. K. / Al-Laham, A. / Kajüter, P. (Hrsg.): Praxis des Strategischen Managements: Konzepte – Erfahrungen – Perspektiven. Wiesbaden, 2000, S. 3-16
- Wittmann, E. (1998): Wertorientierte Unternehmensführung durch Verbindung von Strategieentwicklung mit operativer Steuerung. In: Bruhn, M. / Lusti, M. / Müller, W. R. / Schierenbeck, H. / Studer, T. (Hrsg.): Wertorientierte Unternehmensführung: Perspektiven und Handlungsfelder für die Wertsteigerung von Unternehmen: Festschrift zum 10jährigen Bestehen des Wirtschaftswissenschaftlichen Zentrums (WWZ) der Universität Basel. Wiesbaden, 1998, S.81-96

8 Die Macht der Idee

Dr. Loretta Würtenberger, Patrick Boos, Dominik v. Ribbentrop

Die Autoren

Dr. Loretta Würtenberger (27)

hat bereits eine rasante Karriere mit verschiedenen Stationen hinter sich. Während ihres Jura-Studiums ist sie Projektleiterin in einer studentischen Unternehmensberatung. Dann baut sie ein erfolgreiches Importunternehmen für italienische Mode mit europaweitem Vertriebssystem auf. Parallel promoviert sie am Max-Planck-Institut, dessen Schwerpunkt auf den Neuen Medien liegt, über europäisches Urheberrecht. Mit 25 wird sie jüngste Richterin Deutschlands am Landgericht Berlin, folgt ihrem Mann dann von Berlin nach München und lässt sich als Anwältin nieder.

Patrick Boos (33)

ist schon während des Studiums in einer studentischen Unternehmensberatung tätig. Nach der Betreuung diverser Unternehmensentwicklungs-Projekte in den USA und Deutschland ist er bei SAT.1 für Unternehmensplanung und New Business verantwortlich, in erster Linie für das Merchandising- und Lizenzgeschäft.

Dominik v. Ribbentrop (34)

macht seinen MBA-Abschluß an der renommierten INSEAD in Fontainbleau. Nach verschiedenen Stationen bei internationalen Bankhäusern, u.a. Corporate Finance bei Sal. Oppenheim jr. & Cie.; Equity Capital Markets bei Salomon Brothers, London; betreut er die Bereiche Venture Capital und Private Equity bei Apax Partners & Co.

8.1 Die Idee

Patrick Boos und Loretta Würtenberger, seit Studienzeiten befreundet, verbindet ihr unternehmerisches Denken und der Wunsch, sich irgendwann selbständig zu machen. Die Idee zu webmiles kommt wie von selbst, als in ihrem Bekanntenkreis der große miles&more-Wettbewerb ausbricht und sich alles um die Frage dreht, wer zuerst frequent traveller oder Senator wird. Parallel dazu setzen sie sich als early adopters des neuen Mediums Internet ausgiebig mit den Geschäftsmöglichkeiten im Netz auseinander. Beim gemeinsamen Surfen an einem Januar-Abend fällt ihnen auf, dass bei den eCommerce Shops kaum Kundenbindung existiert. Obwohl im Netz die Konkurrenz nur einen mouse-click weit entfernt ist, wird den Usern kein Anreiz geboten, zu einem Anbieter zurückzukehren. Darüber hinaus fehlt den meisten Angeboten die Emotionalität und der Spaßfaktor.

Was fehlt im Netz?

Loyalitätsprogramme sind also dringend nötig, weil Internet-Kunden gern alles Mögliche ausprobieren und sich nicht so einfach an ein Unternehmen binden lassen. Gerade im Netz ist die Abgrenzung gegenüber Mitbewerbern noch wichtiger als im Offline Geschäft. Das soll geändert werden, indem man einfach auf den natürlichen Jäger- und Sammlerinstinkt setzt. Beide sind von der Einfachheit der Idee begeistert. Sofort checken sie, ob etwas Ähnliches bereits in Deutschland existiert. Große Überraschung macht sich breit, als kein entsprechendes Angebot zu finden ist. Da ist der Entschluss zur Firmengründung gefasst. Nun kommt es auf die Schnelligkeit an, denn jede Sekunde kann ein anderer dieselbe Idee haben. Von den Erfolgsaussichten des Konzeptes sind beide fest überzeugt.

8.2 Das Erfolgsteam

komplementär, harmonisch, schnell

Der Erfolg von webmiles hat natürlich nicht nur etwas mit der Idee zu tun, deren Stunde gekommen ist, sondern in erster Linie mit dem Führungsteam, das sich in seinen Fähigkeiten auf wundersame Weise ergänzt. Zufällig lernt Loretta Würtenberger kurz nach dem entscheidenden Januar-Abend bei einem Abendessen Dominik v. Ribbentrop kennen, der bei einer Venture-Firma arbeitet. Würtenberger will sich mit Boos selbständig machen, er berät Existenzgründer und verschafft ihnen Kapital. In einem angeregten Gespräch erkennt sie, dass der gelernte Investmentbanker die ideale Ergänzung zu ihr, der geborenen Unternehmerin, und dem Marketing-Genie Patrick Boos ist. Noch im Restaurant telefoniert sie mit Patrick Boos in Berlin, die drei vereinbaren einen gemeinsamen Termin für den nächsten Tag. Man ist sich sofort sympathisch, die Gründungsidee beeindruckt auch den Finanzmann Ribbentrop. Schnell steht fest, dass er der Dritte im Bunde sein soll.

8.3 Die Finanzierung

Niemals die Fäden aus der Hand geben

Geld haben die drei Newcomer nicht, aber das gibt es bekanntermaßen reichlich – vorausgesetzt, man kann realistische Renditeerwartungen bei denjenigen wecken, deren Problem darin besteht, eher zu viel Kapital zu besitzen. Die anfänglichen Bedenken von Patrick Boos, er müsse das Haus seiner Eltern verpfänden, sind schnell zerstreut.

Zu diesem Zeitpunkt arbeitet Patrick Boos bei SAT.1 in Berlin, Dominik v. Ribbentrop betreut ein Projekt in Köln, und Loretta Würtenberger ist in einer Münchner Kanzlei tätig. Nachts pendelt der zügig erstellte Businessplan in ungezählten Versionen per E-mail zwischen München, Köln und Berlin hin und her. Fünf Venture-Capital-Gesellschaften wird der Businessplan in nur zwei Tagen präsentiert – und fünf Zusagen kommen zurück. Mit diesen fünf Zusagen befinden sich die drei Existenzgründer in einer sicheren Verhandlungsposition um die besten Konditionen und haben die Fäden selbst in der Hand.

Zum Zuge kommt schließlich Wellington Partners, die große Internet-Expertise besitzt und sich unter anderem durch ihren Erfolg mit dem Auktionshaus alando hervorgetan hat. Nur 10 Tage später liegt ein Vertrag mit der Münchner Beteiligungsgesellschaft auf dem Tisch, der die nötigen Gründungsmillionen garantiert. Im März 1999 wird die webmiles AG gegründet.

Die drei Jungunternehmer entwickeln das erste virtuelle Kundenbindungsprogramm – und zwar im Rekordtempo: Von der Idee bis zum ersten User-Klick im Netz vergehen lediglich sechs Monate!

8.4 Das System

Die win-win-win-Situation

Als erstes branchenübergreifendes Prämiensystem in Deutschland ist webmiles ein Instrument für incentivierungsbezogene Kundenbindung und Kundengewinnung. Das innovative eMarketing-Instrument kombiniert Zusatznutzen für Anbieter und Internet-Nutzer. Die Partner-Unternehmen haben durch den gemeinsamen Einsatz von so genannten webmiles direkten Kontakt zur kaufwilligen Internet-Community, die sich auf der Plattform von webmiles versammelt. Die angeschlossenen Partner belohnen ihre Kunden für Online-Aktivitäten aller Art mit der Vergabe von Prämienpunkten, den webmiles. Diese werden bei webmiles auf einem Konto gesammelt, die User können die gesammelten Meilen dann unter www.webmiles.de gegen wertvolle Prämien eintauschen.

Die Weitergabe der Kundendaten an andere Partnerunternehmen oder gar an Dritte ist tabu. Damit werden letztlich die Interessen der Nutzer am besten gewahrt, die Userorientierung ist langfristig der Garant für die Akzeptanz auf Seiten der Nutzer. Ein großer Wettbewerbsvorteil, mit dem sich das Konzept von Nachahmern abgrenzt, ist die Konzernunabhängigkeit. So wird die Glaubwürdigkeit sowohl im Markt als auch bei den Nutzern sichergestellt.

8.5 Die 1. Akquise

Erfolgsfaktor Geschwindigkeit

Mit der Einstellung „schauen wir mal, ob es klappt" machen sich Würtenberger und Boos an die Akquise. Ihre Mission: „Just do it!", sie sind von ihrer Idee restlos überzeugt. Die Zeit drängt, denn wer lange zögert, wird überholt. Am Bahnhof drucken sie an einem Automaten Visitenkarten – es muss schnell gehen und professionell aussehen.

Die größte Hürde ist das berüchtigte Problem von Henne und Ei. Es gilt, sowohl auf der Angebots- als auch auf der Nachfrageseite erst einmal eine kritische Masse zu erreichen, um attraktiv zu sein. Kein Mensch würde sich für die webmiles site interessieren, wenn dem Prämiensystem nur ein oder zwei Unternehmen angeschlossen wären.

Umgekehrt gilt: Wenn sich nur selten ein Meilensammler auf die webmiles site verirrte, wäre der Anreiz gering, sich webmiles als Handelspartner anzuschließen. Für die ersten Gespräche nehmen sich die beiden einen Tag Urlaub, präsentiert wird mit dem Laptop vom Noch-Arbeitgeber. Aber die Begeisterung steckt an. Schnell sind die ersten Partnerverträge unterschrieben. Als Ende Juli der erste User auf die webmiles site klickt, stehen ihm bereits drei Partnerangebote zur Verfügung.

8.6 Das 1. Büro

Auftakt mit minimaler Ausstattung

Das erste Büro hat 30 qm. Dort teilen sich im April fünf Leute einen Internetanschluss, einen Drucker und ein Telefon. Die Motivation ist hoch, mit Improvisationstalent werden die Arbeitsabläufe organisiert: „Gib mir mal den Internetanschluss!" „Nur wenn Du mir das Druckerkabel gibst!". Vor allem der einzige Internetanschluss hemmt das wachsende Internet-Start-Up. Nach und nach werden die Anforderungen für das weitere Wachstum offensichtlich. Der Platz wird knapp, die technischen Anforderungen steigen.

8.7 Das notwendige Wachstum

Human Resources

Zuallererst gilt es, den enormen Personalbedarf zu decken. Mit Hilfe von Headhuntern und persönlichen Kontakten im Bekanntenkreis werden die ersten Mitarbeiter eingestellt. Das Team soll gut zusammenpassen, denn die Firmenphilosophie sieht Transparenz, Offenheit und flache Hierarchien vor. Das erfordert von jedem einzelnen Mitarbeiter unternehmerisches Denken und vollen Arbeitseinsatz. In einer so rasch expandierenden Firma ist das Engagement aller wichtig. Gute Ideen werden im Team gefunden und erarbeitet. Trotzdem müssen entsprechende Strukturen geschaffen werden, um jedem Mitarbeiter die optimalen Entfaltungsmöglichkeiten zu bieten. Die Arbeitstage haben oft 16 Stunden, aber die Erfolge sprechen für sich.

Mit der wachsenden Mitarbeiterzahl wird die große Verantwortung sichtbar, welche die drei Unternehmer auf sich nehmen.

Schlaflose Nächte bereitet ihnen nicht etwa die Angst, ihr Vorhaben könnte scheitern, vielmehr der Umzug eines verheirateten Mitarbeiters mit Kind nach München und die damit verbundene Verantwortung für andere.

Die Personalkosten müssen ebenso gedeckt werden wie die Mietkosten eines neuen, größeren Büros. Das findet sich in den Räumen einer ehemaligen Druckerei, einem großen Loft. Umgebaut wird das Büro nach eigenen Vorstellungen. In den Räumen der webmiles AG soll sich das Verständnis der Gründer von Teamwork und Kommunikation widerspiegeln. Das Großraumbüro ermöglicht kurze Kommunikationswege. Großer Wert wird auf Informationstransparenz gelegt. Die angestrebte Gruppendynamik beinhaltet auch, dass die drei Vorstände kein eigenes, abgetrenntes Büro haben, sondern mit allen Mitarbeitern im selben Raum sitzen.

Dynamik und Offenheit

Diese Unternehmenskultur bleibt auch mit gestiegener Mitarbeiterzahl erhalten. Die Unternehmer schaffen eine familiäre Arbeitssituation. Für qualifizierte Mitarbeiter werden einfach die passenden Bedingungen geschaffen: Mittels Telearbeit ist es möglich, dass einzelne Teammitglieder von verschiedenen Städten aus arbeiten. Um Frauen eine Chance zu geben, wieder ins Berufsleben einzusteigen, denkt man langfristig über einen Betriebskindergarten nach. Bis dahin ist es allerdings kein Problem, das Kind einfach ins Büro mitzubringen. Flexibilität sehen Boos, Würtenberger und v. Ribbentrop als eine ihrer Stärken.

8.8 Der Durchbruch

Unaufhaltsamer Aufstieg

Bereits ein knappes Jahr nach der Geburt der Idee gibt es sowohl Hennen (Vertragspartner) wie auch Eier (Meilensammler) reichlich. Drei Vertragspartner will man bis Ende 1999 haben, tatsächlich sind es dann 25. webmiles baut den *first-mover-advantage* im deutschen Markt mit der Akquise der Marktführer relevanter Branchen aus. Mittlerweile gehen täglich bis zu zehn Anfragen von Unternehmen ein, die als webmiles Partner gelistet werden wollen.

Persönliche Glücksmomente

Die Resonanz im Markt potenziert sich. Schneller als erwartet steigt auch die Zahl der webmiles Sammler. Das Unternehmen verzeichnet täglich bis zu 1.500 Neuanmeldungen. Als persönlichen Durchbruch empfindet Loretta Würtenberger, dass sich webmiles als feststehender Begriff für Kundenbindung im Netz etabliert hat. Weiterer *milestone* ist für sie die Live-Schaltung der ersten ausländischen webmiles sites.

Dominik v. Ribbentrop sieht die erfolgreiche dritte Finanzierungsrunde mit Goldman Sachs als großen Erfolg. Goldman Sachs ist die renommierteste Investmentbank weltweit, webmiles ist das erste Internet Investment der Venture Capitalists in Deutschland.

Patrick Boos ist stolz darauf, webmiles in so kurzer Zeit als Begriff für eMarketing etabliert zu haben. Ein großer Moment ist für die Drei das erste Übernahmeangebot durch einen potentiellen Partner, was die Genialität der Idee wieder einmal bestätigt.

8.9 Der Soll-Ist-Vergleich / Zeit für neue Ziele

webmiles ist deutscher Marktführer für online-basierte Incentivierung, der Begriff „webmiles" wird als Synonym für Prämiensysteme im Netz betrachtet. Bisher verschlossene Türen öffnen sich, potentielle Partner sind stark daran interessiert, in dem hochwertigen Umfeld der Top-Player auf der webmiles Plattform zu erscheinen. Eine dritte Finanzierungsrunde wird erfolgreich mit Goldman Sachs und Atlas realisiert. Forciert wird nun die Internationalisierung, Büros in Paris und London sind gegründet.

Think global, act local

Die Partner fordern und unterstützen eine schnelle Internationalisierung. Motto ist dabei: Think global, act local. In jedem Land werden lokale Top-Mitarbeiter eingestellt, die das Verständnis und ein *feeling* für den jeweiligen Markt haben. Darüber hinaus werden die ortsansässigen Marktführer als Partnerunternehmen akquiriert. Da ein wichtiger Faktor für den Erfolg eines derartigen Konzeptes die absolute Orientierung am User ist, ist es von enormer Bedeutung, genau zu wissen, wie die Nutzer in jedem Land „ticken". Besonders die Ausrichtung des Prämienshops, dem Herzstück des Systems, trägt den Trends in den Ländern Rechnung.

Neue Einsatzmöglichkeiten werden erkannt und aufgegriffen, dem Incentivierungsinstrument webmiles sind keine Grenzen gesetzt. In der Planung ist die Ausweitung des Geschäfts auf die Bereiche direct marketing und Intranet. Praktisch jede Transaktion lässt sich mit webmiles belohnen, so eröffnen sich dem Team immer neue Chancen und Herausforderungen, es wird nie langweilig.

8.10 Was bringt die Zukunft?

Ein Konzept für viele Märkte

So spannend wie die Trends im Internet ist die Zukunft von webmiles. Denn incentivieren lässt sich praktisch jede Art von Aktivität und Loyalität. Schon jetzt wird nicht nur das Shopping im Netz belohnt, sondern die unterschiedlichsten Aktionen in virtuellen *commmunities*. Nach und nach werden alle erdenklichen Einkaufs- und Aktivitätsbedürfnisse des Users im Netz mit Partnern abgedeckt. Vom Online-Banking bis zum virtuellen Buchladen werden alle Bereiche bedient. Das bedeutet, dass weitere Top-Player akquiriert werden und der Bereich Aktionen ausgeweitet wird. webmiles versteht sich als Orientierungshilfe für den User. Dieser community-Gedanke lässt sich durch Chatforen und Gewinnspiele vertiefen.

Neue Business-Units werden genauso erfolgreich etabliert wie die Grundidee. Das Konzept wird über Europa hinaus transportiert, die Marktführerschaft in Deutschland wird auf die übrigen Länder übertragen. Die unendlichen Einsatzmöglichkeiten (on- und offline) ermöglichen jederzeit eine Erweiterung des Portfolios. Der Aufgabenbereich wird so niemals eintönig, dadurch kann das Team praktisch endlos bestehen.

8.11 Was braucht man für einen solchen Erfolg? Kann das jeder?

Die drei R´s

Es gelten die drei R´s: Richtiges Team. Richtige Idee. Richtiger Zeitpunkt. Zum richtigen Team gehören kompetente Spezialisten aus allen Bereichen ebenso wie flexible Allrounder. Ihnen allen muss innerhalb gegebener Strukturen genügend Raum zur Entwicklung und Realisation von Innovationen gewährt werden. Optimal ist eine Konstellation, wie sie das webmiles Gründungsteam aufweist: Erfahrungen aus den Bereichen Recht, Marketing und Finanzen ergänzen sich optimal. Schon bei der Finanzierung ist den Geldgebern das Team wichtig. Sie müssen die

Existenzgründer als *Winner Team* empfinden. Ist das Modell spannend und attraktiv, zählen Ausdauer und Charakter der Unternehmer. Die richtige Idee muss sich auf ein bis zwei Seiten glaubwürdig präsentieren lassen, damit potentielle Investoren Feuer fangen können. 30 Seiten liest kein Mensch. Einfache Konzepte überzeugen schnell und wecken Begeisterung. Für den richtigen Zeitpunkt ist vor allem eins entscheidend: das Tempo. Besonders im Internet zählt Schnelligkeit. Für die drei Macher ist klar: So eine Chance hat man nur einmal im Leben. Dann gilt es, nicht zu zögern, sondern seine ganze Energie in ein solches Projekt zu investieren. Schnell finden sich Nachahmer und Mitbewerber, der *first mover advantage* ist daher oftmals ein entscheidender Wettbewerbsvorteil.

Und wie überall sonst im Leben kann eine Empfehlung nicht schaden.

9 Erfolgsfaktoren auf dem Weg zum „Neuen Markt“

Dr. Kai Böttcher

Der Autor

Dr. Kai Böttcher

absolvierte das Studium der Wirtschaftswissenschaften an der Universität Hannover. In der Folge gründete er zwei Unternehmen im Dienstleistungssektor und war Projektmitarbeiter am Lehrstuhl für „Unternehmensführung und Organisation" der Universität Hannover. Dort promovierte er in dem Themenfeld „Innovations- und Umweltmanagement".

Seit September 1999 ist er im Vorstand der nexum AG zuständig für die Bereiche Ventures, Marketing/PR sowie Personal.

9.1 nexum AG und die Chancenpotenziale des Internet

9.1.1 Der Bedeutungsanstieg des Internet seit Mitte der 90er Jahre

Die digitale Revolution

Das Internet hat innerhalb einer knappen Dekade das bisherige Verständnis von erfolgreichen Unternehmensstrategien revolutioniert. Noch 1995 wagte Adri Baan, Direktor bei Philips Consumer Electronics, die Prognose, dass die Zunahme der Wertschöpfung in der Multimediabranche keine „spektakulären" Züge annehmen werde. Die Geschwindigkeit der Veränderung hat ihn und viele andere Beobachter überrollt. Die digitale Revolution ist in vollem Gange. Zu Beginn des 21. Jahrhunderts geht das Marktforschungsinstitut IDC davon aus, dass im Jahr 2003 der weltweite Umsatz im elektronischen Handel bereits bei 1,3 Billionen Dollar liegen werde. Jährliche Wachstumsraten von 86 Prozent werden heute als durchaus realistisch erachtet.

Möglich wurde die stürmische Entwicklung im Wesentlichen durch zwei Faktoren. Zum einen ist dies die Leistungsexplosion der Informations- und Kommunikationstechnologien. Der andere Faktor, in seiner ökonomischen Bedeutung möglicherweise noch gravierender, ist die Entwicklung des Internet vom Informations- und Kommunikationsnetzwerk zum multimedialen World Wide Web. Diese beiden Faktoren führten im Verbund zum exponentiellen Anstieg der Nutzerzahlen des Internet.

Doch nicht nur die quantitative Entwicklung demonstriert den Bedeutungsanstieg des Internet. Zunehmend werden auch qualitative Quantensprünge manifest. Schienen bislang vornehmlich Business-to-consumer-Lösungen zu dominieren, wird in der jüngeren Vergangenheit deutlich, dass das weitaus größere Potenzial des Internet im Bereich der Business-to-Business-Anwendungen liegt.

Verkürzung der "Time-to-market"

Internet-Start-ups konnten sich so erfolgreich in diesem neuen Markt platzieren, dass immer mehr traditionelle Unternehmen ihren Beobachterstatus aufgeben und hektisch in die Offensive gehen. Mangelndes Spezialistenwissen und Engpässe bei dringend notwendiger Manpower führen dazu, dass die traditionellen Unternehmen bei der Entwicklung und Umsetzung ihrer Internet-Strategien auf die Zusammenarbeit mit spezialisierten Internetdienstleistern wie der nexum AG setzen, um die für die Realisierung von Wettbewerbsvorteilen entscheidende „Time-to-market-Phase" zu verkürzen.

9.1.2 Portrait der nexum AG

Standorte der nexum AG

Die nexum AG hat sich den letzten 6 Monaten zu einem der bedeutenden Multimediaunternehmen mit dem Schwerpunkt Internetdienstleistungen und technologieverwandter Anwendungen entwickelt. Zur Zeit werden 60 Mitarbeiter beschäftigt. Stammsitz des Unternehmens ist Köln, weitere Standorte in Deutschland sind Berlin und München. Auslandsaktivitäten im klassischen e-Business- und Content-Bereich sowie als Incubator für neueste Trends gibt es seit kurzem in Istanbul/Türkei, London/Großbritannien sowie Santa Barbara (Ca)/USA.

Geschäftsfelder der nexum AG

nexum ist in vier strategische Geschäftsfelder strukturiert (vgl. Abb. 1). Erstes Geschäftsfeld und Ausgangspunkt der weiteren Unternehmensentwicklung war der **eBusiness-Bereich** mit dem Schwerpunkt eConsulting. Seit 1999 wurden in Verbindung mit der Gründung der nexum AG die Geschäftsaktivitäten weiter ausgedehnt. Im Bereich **„Content“** ist das Projekt www.billiger-mietwagen.de, eine Preisvergleichslösung für Mietwagen, erfolgreich in den Markt eingeführt worden. Dieses Projekt ist der erste Baustein der unter der Dachmarke „www.billiger-.de“ zusammengefassten Preisvergleichslösungen. Weitere Projekte (virtuelle Marktplätze) stehen kurz vor ihrer Fertigstellung und werden im Verlauf des ersten Halbjahres 2000 realisiert. Bei den **„Ventures“** ist die Beteiligung an anderen Start-up-Unternehmen im Internet geplant. Diese Beteiligungen werden entweder klassische Equity-Beteiligungen oder sie werden in Form von eBusiness-Dienstleistungen erbracht, in deren Rahmen die nexum AG dann im Gegenzug mit einer entsprechenden Unternehmensbeteiligung in das Risiko geht. Der Bereich des **„Software Development“** setzt sich mit innovativen Intra- und Extranet-Lösungen sowie unterstützenden Tool-Boxes auseinander.

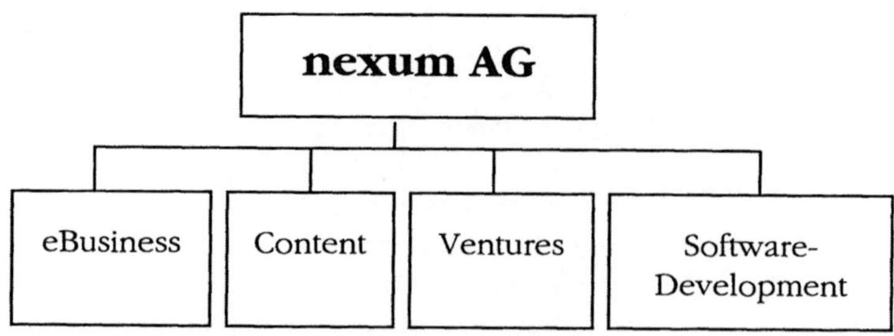

Abb. 1: Die Unternehmensstruktur der nexum AG

Kompetenzfelder im eBusiness

nexum verfügt über drei zentrale Kompetenzfelder im Bereich des eBusiness: eConsulting, eServices und eSolutions. Herausragende Bedeutung ist dem eConsulting beizumessen, das den beiden anderen Kompetenzfeldern vorgelagert ist (vgl. Abb. 2).

Im Rahmen der Aktivitäten des eConsulting wird bei nexum ein ganzheitlich-integrativer Lösungsansatz verfolgt. Im eConsult-Bereich gibt nexum durch die Ausarbeitung von kreativen Geschäftsmodellen Antwort auf die täglich in Groß- wie auch mittelständischen Unternehmen gestellte Frage: „Wie können wir das Internet für uns und die Weiterentwicklung unseres Geschäfts nutzen?“

eBusiness

eConsulting
- Strategieberatung
- Brand Management
- Supply Chain Management
- Prozessmanagement
- Projektmanagement

eServices
- Konzeption
- Design
- Redaktion
- Net-Marketing
- Hosting
- Schulungen

eSolutions
- Realisierung von Internet-/ eBusiness-Anwendungen
- Realisierung von Intranet-/ Extranet-Lösungen
- PoI-/PoS-Systeme
- Shopsysteme
- Content-Management
- Customizing-Systems
- Customer-Care-Systems

Abb. 2: Die Kompetenzfelder der nexum AG

Die Serviceleistung für den jeweiligen Kunden erfolgt durch eine heterogene Zusammensetzung des nexum-Teams mit Spezialisten der Bereiche Strategie, Technologie, Graphik/Design sowie Brand Management (vgl. Abb. 3). Die mehrdimensionalen Perspektiven für die Gestaltung eines Internetauftritts sowohl im Frontend- wie auch im Backend-Bereich werden somit abgedeckt und eine Optimierung des Workflow über die gesamte Prozesskette erreicht. Erst die Integration der einzelnen Komponenten zu einem ganzheitlichen Lösungsansatz erlaubt eine optimale Positionierung für den Kunden, um eine Differenzierung im spezifischen Wettbewerb zu erzielen und nachhaltige Wettbewerbsvorteile verwirklichen zu können. Natürlich kann dies nur im Rahmen eines professionellen Projektmanagements erfolgen, das die zeitnahe Umsetzung der erarbeiteten Strategie und Konzepte begleitet und koordiniert.

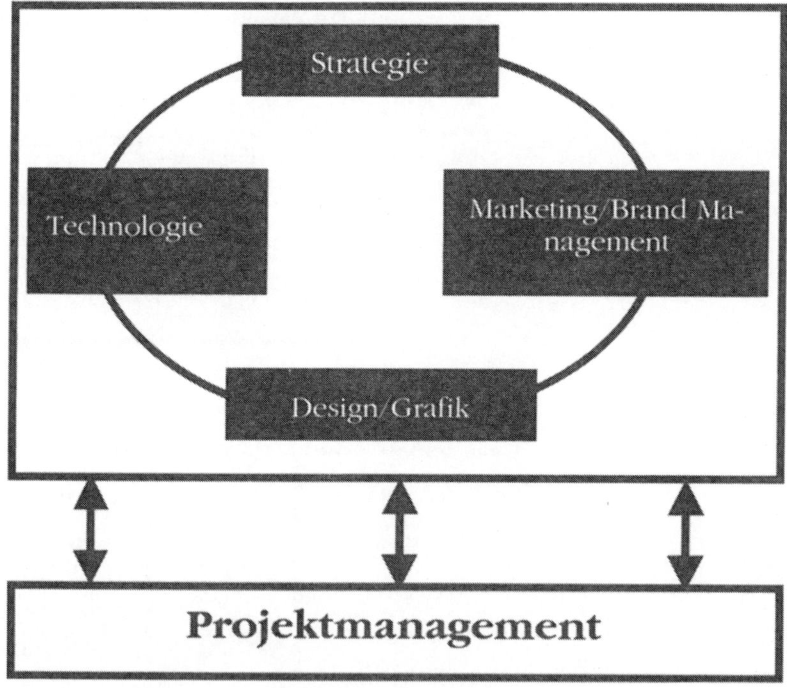

Abb. 3: Ganzheitliche eBusiness-Lösungen aus einer Hand

Stärkung des Kunden als Maxime

Vor allem vor dem Hintergrund der dynamischen Weiterentwicklung des Internet und dem noch bevorstehenden Technologiesprung ins „volldigitale Zeitalter“ betrachtet die nexum AG die Zusammenarbeit mit dem Kunden als kontinuierlichen Optimierungsprozess. Leitbild und Maxime sind es, die Position des Kunden im Markt und die dem dramatisch schnellen Technologiewandel immanenten Chancen und Risiken zu analysieren und die eBusiness-Aktivitäten des Kunden strategisch vorausschauend mitzugestalten.

9.2 Entwicklungsphasen und Erfolgsfaktoren der nexum AG

9.2.1 Phasenbezogene Betrachtung: Von der Gründung zum Börsengang

9.2.1.1 Die Gründungsphase: Basis einer erfolgreichen Unternehmensentwicklung

Glück und Gespür für Zukunftsmärkte als Ursprung der Gründung der nexum AG

Die Geschichte der nexum geht in das Jahr 1994 zurück. Zum damaligen Zeitpunkt trafen die vier Unternehmensgründer aufeinander. Diese hatten bereits zu diesem frühen Zeitpunkt in unterschiedlichen Bereichen mittelbare und unmittelbare Berührungspunkte mit dem Thema „Internet".

Die Gründer der nexum AG

Einer der Gründer - Inhaber einer Werbeagentur – sah sich mit „zarten" Anfragen aus dem angestammten Kundenkreis nach den Möglichkeiten der Nutzung des Mediums Internet für Marketingzwecke konfrontiert. Erste Veröffentlichungen in Fachzeitschriften über den Einsatz des Mediums in den USA hatten ein vorsichtiges Interesse bei den Kunden hervorgerufen und führten deshalb in der Agentur dazu, die Einsatzpotenziale des Mediums für Marketingzwecke zu durchleuchten. Die in der Werbeagentur beschäftigten Graphik-Designer waren aber zum damaligen Zeitpunkt aufgrund des Mangels an geeigneten HTML-Editoren und fehlender Programmierkenntnisse vielfach nicht in der Lage, Internetanwendungen zu entwickeln. Konsequenz war, dass zunächst auf externes Know-how zurückgegriffen werden musste. Dieses Know-how fand sich beim zweiten Gründer, der in seiner Funktion als selbständiger Graphikdesigner und Anwendungsentwickler frühe Erfahrungen mit der Programmierung von Web-

Pages gemacht und entsprechend bereits grundlegende technologische Kenntnisse erworben hatte. Eine weitere Ergänzung fand sich in der Person des dritten Unternehmensgründers, der als Geschäftsführer eines Unternehmens für EDV-Schulungen der Internet-Thematik aufgeschlossen gegenüberstand und durch seine bisherige Tätigkeit Zugriff auf eine Vielzahl potentieller Mitarbeiter hatte. Komplettiert wurde das Gründungsteam durch einen Jungunternehmer, der über einen großen Kundenstamm in dem Bereich hochwertiger Druckerzeugnisse verfügte und damit zusammenhängend Zugang zu einer Vielzahl von Marketingverantwortlichen bei potentiellen Kunden hatte.

Allen vier Gründern war gemein, dass sie ihre bisherigen unternehmerischen Aktivitäten mit höchster Priorität auf den Internet-Bereich ausdehnen wollten, weil sie das enorme Potenzial des neuen Mediums voraussahen. Einen wichtigen Beitrag leistete der Blick der Unternehmensgründer nach Amerika. Dort wies das Internet bereits einen vergleichsweise sehr hohen Verbreitungsgrad auf, der „Siegeszug“ zeichnete sich ab. Dadurch begeistert und ermutigt, wollten die Unternehmensgründer eine Vorreiterrolle bei der Erschließung des Zukunftsmarktes „Internet“ in Deutschland übernehmen.

Erfolgsfaktoren der Gründungsphase und ihre Auswirkungen auf die nachfolgenden Phasen

Durch den Zusammenschluss der vier Unternehmensgründer entstand eine Konstellation, die sich als ein in jeder Hinsicht nachhaltiges Erfolgspotenzial erweisen sollte. Das Internet wurde von allen Gründern als faszinierend neue Aufgabenstellung und unternehmerische Herausforderung begriffen und deshalb ein eigenes Unternehmen, die nexum GmbH, gegründet.

In dieses Unternehmen wurden durch die einzelnen Gründer zum einen unterschiedliche Kompetenzen (Marketing-, betriebswirtschaftliches und technisches Know-how) und Assets (leicht zugängliche Kundenkreise, Netzwerke) eingebracht, die elementare Bedeutung für einen fundierten Aufbau des Unternehmens hatten. Zum anderen ließ sich ein hohes Synergiepotenzial auch dadurch erschließen, dass jeder der Gründer einen anderen Kompetenzschwerpunkt hatte und das Thema Internet multiperspektivisch angegangen wurde.

Unternehmertugenden als Erfolgsfaktor

Von herausragender Bedeutung und deshalb zentrale Erfolgsfaktoren waren zudem die „typischen Unternehmertugenden", die allen Unternehmensgründern gemein waren. Kollektiver Pioniergeist, bedingungsloser Einsatz, hohe Bereitschaft zu – auch existentiellem - Risiko und die Überzeugung von den Erfolgschancen des Internets trieb das Gründerteam an, gegen bekannte Probleme von innovationsorientierten Gründerunternehmen anzukämpfen. In zahlreichen Akquisitionsgesprächen galt es, potentielle Kunden mit dem Medium Internet überhaupt einmal vertraut zu machen und die Möglichkeiten aufzuzeigen, die zum damaligen Zeitpunkt realisierbar waren. In erster Linie ging es darum, den Unternehmen die „reine Präsenz" im Sinne einer Visitenkarte, ergänzt um Kommunikations- und Interaktionskomponenten wie z.B. email-Funktionen, strategisch plausibel zu machen und als zukunftsnotwendig darzustellen. Von komplexen eBusiness-Lösungen war damals noch nicht annährend die Rede. Berührungsängste galt es zu beseitigen, Vorbehalte aufgrund der notwendigen Investitionen bei den Kunden zu bekämpfen. Dies erwies sich als um so schwerer, da keine langjährigen Erfahrungen und Referenzprojekte mit dem Medium aufzuweisen waren. Rückschläge waren an der Tagesordnung, wenn beim zu akquirierenden Kunden zwar ein Grundinteresse geweckt und aufwendige Präsentationen erstellt wurden, es jedoch zu keinem Geschäftsabschluss kam. Der feste Glaube an die unternehmerische Idee und ein extrem hohes Maß an Leistungsbereitschaft und Einsatzwillen waren deshalb unabdingbar, um die zahlreichen Barrieren der Start-up-Phase zu überwinden und die erzielten Lerneffekte in der Folge gewinnbringend einsetzen zu können.

Von hoher Relevanz für die Gründungsphase war zudem das ausgeprägte Kosten- und Investitionsbewusstsein. Auf der einen Seite galt es, möglichst niedrige Fixkosten aufzubauen – der Rückgriff auf eine bestehende Infrastruktur in der Werbeagentur des einen Gründers bot sich dafür an. Auf der anderen Seite durften die notwendigen Investitionen in Technologie und weitere Mitarbeiterkapazitäten nicht vernachlässigt werden, um ein stabiles Fundament für die weitere Unternehmenszukunft aufbauen zu können. Die gemeinsame Vision machte die entsprechenden Abstimmungsprozesse jedoch durchweg unkompliziert.

9.2.1.2 Die Aufbauphase: Fundamentale Entscheidungen für die strategische Entwicklung der nexum AG

Festlegung von Aufgaben und Strukturen als Voraussetzung weiteren Wachstums

Einführung einer Projektleiterebene

Das Geschäft der nexum war insbesondere zu Beginn der Unternehmensentwicklung durch eine gewisse „operative Hektik" geprägt. Gerade in dieser Phase wurde trotz klar voneinander abgegrenzter Aufgabeninhalte und Verantwortungsbereiche nicht immer an einem Strang gezogen. Dies resultierte daraus, dass die einzelnen Geschäftsführer die Projekte aus der Perspektive ihrer eigenen Verantwortungsbereiche vorantrieben. Die Erfahrungen der ersten Projekte führten deshalb zur Einführung einer Projektleiterebene.

Dieser Schritt erlaubte es, dass die Gründer sich stärker auf ihre unternehmerischen Aufgaben konzentrieren konnten. Im Wesentlichen zählte dazu, das bei diversen Kunden in der Gründungsphase aufgetretene, vielfach latente Interesse auf breiter Ebene weiter zu entwickeln. Hinsichtlich der infrastrukturellen Rahmenbedingungen wurde die Entscheidung getroffen, in eigene Räumlichkeiten am Medienstandort Köln-Hürth zu ziehen, wo nicht nur repräsentative Räume, sondern ein insgesamt kreatives Ambiente vorgefunden wurde.

Schaffung eines „First-mover – Images"

Akquisition prestigeträchtiger Kunden

Für die erfolgreiche Entwicklung der nexum war vor allen Dingen die Akquisition prestigeträchtiger Projekte wichtig. Nur so bestand die Gelegenheit, am „Markt" ein innovativ-kompetentes Image aufzubauen und im Rahmen der Projektarbeit wichtige Kompetenzen zu erwerben. Zu dieser Zeit war das Bundesministerium für Bildung und Forschung (BMB+F) als eines der ersten Bundesministerien von der Notwendigkeit eines eigenen, auf konzeptioneller und technischer Ebene professionell betreuten Internet-Auftritts überzeugt. Die nexum gewann den „Beautycontest". Dieses für nexum große Projekt erwies sich als Chance, um in den Bereichen Technik und Design/Gestaltung weitere Kompetenz aufzubauen.

Auf der Grundlage des BMB+F-Projektes hat sich die nexum zu einem frühen Zeitpunkt ein herausragendes Image als Partner zur Gestaltung und Realisation von Internet-Auftritten mit hohem Qualitäts- und Innovationsanspruch geschaffen. Die nexum konnte sich somit als einer der First-mover im noch jungen Internet-Markt etablieren.

Erfolgsfaktoren der Aufbauphase

Zufriedene Kunden als Multiplikatoren

Die erfolgreiche Akquisition der ersten Kunden war vor allem auch deshalb möglich, weil auf Kundenseite innovationsorientierte und durchaus als risikobereit zu bezeichnende Verantwortliche anzutreffen waren. Diese waren aufgrund der guten Erfahrungen mit nexum bereit, als Multiplikatoren gegenüber anderen Ministerien und weiteren Kunden aufzutreten. Die positive Mund-zu-Mund-Propaganda durch die Pionier-Kunden leitete den eigendynamischen Wachstumsprozess der nexum ein. Dieser vollzog sich aufgrund der langfristig abgeschlossenen Rahmenverträge in gewisser Weise in einem „abgesicherten Modus“, da eine Basisfinanzierung gesichert und ein bestimmter Liquiditätsspielraum somit vorhanden war. Vor dem Hintergrund des kurzfristig starken Anstiegs des Auftragsvolumens war die Bewältigung von Personalengpässen durch die schnelle Rekrutierung fester und freier Mitarbeiter ein weiteres Erfolgskriterium. Erfolgsentscheidend war zudem der Auftritt als Full-Service-Dienstleister für den Kunden. Dies impliziert auch einen 24-Stunden-Service an 7 Tagen der Woche.

9.2.1.3 Die Wachstumsphase: Maßnahmen zum Ausbau der bisherigen Unternehmensaktivitäten

Die interne Ausrichtung des Unternehmens

Kapitalaufstockung als Basis des Wachstumskurses

Nachdem die Aufbauphase der nexum durch ein primär eigendynamisches Wachstum gekennzeichnet war, erkannten die Unternehmensgründer zu Beginn des Jahres 1999 die Notwendigkeit, das Unternehmen strategisch weiterzuentwickeln. Dabei wurden zwei wesentliche Handlungsoptionen identifiziert: Ein weiterhin „organisches Wachstum“ oder ein mit einem ausgeprägterem Chancen-Risiken-Profil und einer Kapitalaufstockung verbundener dynamischer Wachstums- und Expansionskurs.

Grundvoraussetzung für die erfolgreiche Umsetzung einer kontrollierten Wachstumsphase ist der uneingeschränkte Zugang zu zwei Wesentlichen Erfolgsfaktoren dienstleistungsgeprägter Industrien mit überdurchschnittlichen Wachstumsraten: Die Generierung eines „Blue-chip“-Images auf dem Arbeitsmarkt zur Rekrutierung internationaler Spitzenkräfte sowie die Maximierung der Kapitalbeschaffung (Eigen- und Fremdkapital) als Katalysator für beschleunigtes akquisitorisches Wachstum. Die Zielsetzung, die nexum AG an der Börse einzuführen, ist demzufolge kein „Nice-to-have“, sondern der entscheidende Schritt zu langfristigem unternehmerischen Erfolg.

Management-Know-How als Schlüsselfaktor

Vor dem Hintergrund dieser Vision galt es, im Unternehmen frühzeitig die Grundlagen für ein signifikantes Wachstum zu schaffen. Ein vordringlich zu klärender Sachverhalt war die Bereitstellung von personellen Ressourcen, und zwar in qualitativer wie auch in quantitativer Hinsicht. Da die Qualität der erbrachten Dienstleistungen immer von der Qualität des jeweils eingesetzten Projektteams und seines Projektleiters abhängig ist, wurde von Anfang an dem Management-Know-how ein hoher Wert beigemessen. Nur überdurchschnittlich qualifiziertes und motiviertes Personal ermöglicht es, ein nachhaltiges Qualitäts- und Innovationsimage bei den Kunden aufzubauen. Der Gefahr, zu schnell zu große Kapazitäten aufzubauen, wurde durch die Rekrutierung eines großen Pools an freien Mitarbeitern für die unterschiedlichsten Aufgabengebiete begegnet. Somit wurde eine größere unternehmerische Flexibilität erzielt und eine Art „Risikopuffer“ aufgebaut.

Im Unternehmen galt und gilt es, bei den Mitarbeitern das notwendige Vertrauen in ein exponentielles Wachstum zu erzeugen und sie von der Notwendigkeit eines außerordentlichen persönlichen Engagements jedes einzelnen Teammitglieds zu überzeugen. Durch eine offene, transparente Informationspolitik wird dabei ein hoher Beitrag geleistet. Permanente Berichte über laufende Akquisitionsgespräche, die anvisierte Erschließung neuer Geschäftsfelder oder geplante Personaleinstellungen geben Sicherheit und motivieren zu einem Engagement, das Voraussetzung dafür ist, dass „Night- and weekend-sessions“ im Büro nicht (nur) als Belastung, sondern als Beitrag des Einzelnen zur Erreichung einer gemeinsamen Vision angesehen werden.

Gewinnung von und Zusammenarbeit mit den Venture Capital - Gebern als Basis der Expansionsaktivitäten

Der beschriebene Wachstumskurs und die damit einhergehenden Ziele sind mit einem erhöhten Kapitalbedarf verbunden und lassen sich mit den „Bordmitteln" nicht schnell genug realisieren. Aus diesem Grunde wurde entschieden, neben der Beschaffung von Fremdkapital eine internationale Venture-Capital-Gesellschaft an der nexum AG zu beteiligen.

Auswahlkriterien für Venture Capital

Aus Sicht des Vorstandes erfolgte die Auswahl des Finanzpartners anhand eines strengen Kriterienkatalogs. Dazu gehörten z. B. Erfahrungen bei der Finanzierung von Start-up-Unternehmen im Bereich „Neue Medien", die Klarheit der Exit-Strategie sowie die Gewährung von maximaler unternehmerischer Unabhängigkeit und Flexibilität für das nexum-Management.

Der Selektionsprozess wurde binnen drei Monaten abgeschlossen. Es konnte ein Partner gewonnen werden, der die Anforderungskriterien der nexum AG zum Zeitpunkt der Entscheidung vollauf erfüllte. Ausschlaggebend für die Gründungsgesellschafter war die Maximierung des unternehmerischen Handlungsspielraumes durch die Bereitstellung von Eigenkapital sowie eine jederzeit abrufbare Finanzierungszusage, ohne auf der anderen Seite zu sehr von den in erster Linie finanzstrategischen Aspekten des Venture-Capital-Partners eingeengt zu werden.

Marktbezogene Aktivitäten zur Beschleunigung des Wachstums der nexum AG

Mit den vom Venture Capital – Geber bereitgestellten Mitteln werden die nächsten Schritte der Wachstumsstrategie umgesetzt. Dies sind in erster Linie:

- Ausbau des Bereiches „eConsulting" durch die Rekrutierung hochqualifizierter, consultingerfahrener Projektleiter
- Ausbau der internationalen Unternehmensstandorte zu voll funktionsfähigen Kompetenzcentern
- Prüfung nationaler und internationaler Akquisitionen im Consulting- und Software-Bereich
- Umsetzung weiterer Content-Lösungen im Bereich Business to Business und Business to Consumer.

Die Realisierung dieser Maßnahmen wird das Profil der nexum AG als Full-Service-Internetdienstleister weiter schärfen und Aktualität und Umfang des Leistungsportfolios für den Kunden weiter optimieren.

Erfolgsfaktoren der Wachstumsphase

Das Erzielen eines signifikanten Unternehmenswachstums hat für den angestrebten Börsengang die herausragende Bedeutung, da dieses den Unternehmenswert nachhaltig beeinflusst.

Rekrutierung durch Anbindung an Universitäten

Die Bereitstellung der erforderlichen Mitarbeiterressourcen erweist sich gerade an dem Medienstandort Köln als eine nicht zu unterschätzende Aufgabe, da ein intensiver Wettbewerb um qualifiziertes Personal herrscht. Zentrale Erfolgsfaktoren sind auf dieser Ebene die vorhandenen Netzwerke der Unternehmensführung, vor allem für die Rekrutierung „hochkarätiger“ Projektleiter, aber auch die der Mitarbeiter, die sich privat in ihrer spezifischen „Internetszene“ aufhalten. Vorteilhaft ist zudem die Anbindung an Lehrstühle der Universitäten (Köln, Koblenz, Hannover, St. Gallen, London), Fachhochschulen und Akademien, die einen kontinuierlichen Kontakt zu potentiellen Mitarbeitern sichern. Die nexum AG setzt für ihre unterschiedlichen Projektaktivitäten gezielt Studenten ein, die durch ihre Mitarbeit besser eingeschätzt und ggf. für eine spätere Festanstellung begeistert werden können.

Beim Engagement der Venture Capital-Geber stellt es sich immer mehr als Vorteil heraus, dass zum einen das volle Commitment hinsichtlich der strategischen Ausrichtung der nexum AG besteht und dass das Investment aus einer langfristigen Perspektive betrachtet wird – kurzfristige Renditeerwartungen werden nicht gestellt. Zum anderen erfolgen keine Eingriffe in das operative Geschäft, das Management der nexum AG hat absolute Handlungsvollmacht und das notwendige Vertrauen. Vielmehr werden durch den Venture-Capital-Geber weitere Netzwerke bereitgestellt, die neues Know-how und neue Kundenbeziehungen liefern.

Weiterer Eckpfeiler für den Wachstumskurs der nexum AG sind strategische Partnerschaften. Hervorzuheben ist vor allem die Kooperation mit der IBM Deutschland GmbH. Die überaus positiven Erfahrungen im Rahmen des ersten gemeinsamen Projektes bei der Deutschen Eishockey Liga (www.del.org) führten dazu, die Zusammenarbeit weiter zu intensivieren und, soweit sinnvoll, die Leistungen des Partners in das Leistungsangebot der nexum AG zu integrieren.

9.2.1.4 Die „Pre - IPO – Phase" (Initial Public Offer): Vorbereitungen auf den Börsengang

Bewältigung der externen Anforderungen an einen Börsengang

Strategische Positionierung am Markt

Für den potentiellen Anleger ist ein klares Unternehmensprofil zwingende Voraussetzung. Dies bezieht sich auf die aktuelle strategische Positionierung am Markt, die jeweiligen USP-Merkmale und insbesondere auf die proklamierte Vision. Die Nexum AG strebt eine nachhaltige Etablierung unter den Top 5 der Solution-Partner im Bereich Internet/Neue Medien an. Vor dem Hintergrund der aktuellen Unternehmens- und Marktentwicklung ist dies eine bis zum Börsengang durchaus zu realisierende Vision.

Die kontinuierliche Steigerung des internationalen Bekanntheitsgrades der nexum AG ist eine derzeit im Mittelpunkt stehende Maßnahme. Die Akquisition von „Big accounts" liefert dabei die entscheidende Stoßkraft, um das Unternehmen auch „crossboarder" bekannt zu machen.

Die Partizipation der Mitarbeiter am Unternehmenserfolg erfolgt durch die Einführung eines Stock Option Programms. So stellt die nexum AG für die Mitarbeiter ein Instrument zur Verfügung, das sie am zukünftigen Wertzuwachs des Unternehmens partizipieren und einen unmittelbaren Bezug zu ihrer eigenen Leistung herstellen lässt. Zusätzlich unterstützt das Stock Option Programm die Rekrutierung neuer hochqualifizierter Führungskräfte.

Schaffung der internen Voraussetzungen für den Börsengang

Disziplinierung der zentralen Geschäftsprozesse

Mit der Vorbereitung auf den Börsengang unterzieht sich die nexum AG einem strategischen Fitnessprogramm, das Schwachstellen im Organigramm oder in der Ablauforganisation gnadenlos aufdeckt. Mit Unterstützung einer renommierten Wirtschaftsprüfungsgesellschaft erfolgt gerade die konsequente Ausrichtung und Disziplinierung aller entscheidenden administrativen Geschäftsprozesse (Controlling, Finanzen, Rechnungswesen) an den Erwartungen des Kapitalmarktes. Im Unternehmen wird die komplette Wertschöpfungskette systematisiert. Ein wirksames Projektcontrolling als Herzstück eines auch die Tochtergesellschaften einbeziehenden MIS (Management Information System) schafft die notwendige Transparenz zur Durchführung von Deltaanalysen. Die internen Vorbereitungsmaßnahmen für den Börsengang sind in jedem Fall Chefsache.

(Bisher identifizierte) Erfolgsfaktoren der Pre – IPO – Phase

Verantwortung des Vorstandes

Die nexum AG befindet sich zu Beginn des Jahres 2000 gut 15 – 18 Monate vor dem angestrebten Börsengang. Besondere Herausforderung ist nun eine professionelle Vorbereitung des Börsengangs, ohne dabei das Kerngeschäft zu vernachlässigen. Dies gilt insbesondere für den Vorstand der nexum AG und die verantwortlichen Projektleiter, die zum einen das Unternehmenswachstum ankurbeln, zum anderen sich aber auch mit den „allgemeinen“ Anforderungen an einen Börsengang auseinandersetzen müssen. Die kontinuierliche Beobachtung des Kapitalmarktes, der zunehmend bei IPOs die Spreu vom Weizen trennt, die Analyse der Post-IPO-Phase junger Unternehmen im Neuen Markt und die realistische Antizipation zukünftiger Bewertungsfaktoren des Marktes ergänzen das Aufgabenspektrum des Vorstandes der nexum AG in den kommenden Monaten.

9.2.2 Phasenunabhängige Erfolgsfaktoren bei der Entwicklung der nexum AG

9.2.2.1 Die Innovationsorientierung

Vor dem Hintergrund der dynamischen Entwicklung der im Internetbereich eingesetzten Technologien ist es zentrale Herausforderung für die Technologieexperten der nexum AG, den technologischen Wandel kontinuierlich mit zu vollziehen bzw. durch eigenes Handeln mitzugestalten und somit das Mitte der 90er Jahre erworbene Image als „First mover“ und Technologieführer nicht nur aufrechtzuerhalten, sondern auszubauen.

Verantwortung für Innovation

Die ausgeprägte Sensibilität für das Thema „Innovation" ist in der nexum AG durch alle Unternehmensgründer sowie die in den letzten 6 Monaten gewonnen Spitzenkräfte „institutionalisiert". Alle sind dafür zuständig, "weiterzuforschen", Entwicklungen in den USA im eigenen Incubator sowie extern zu beobachten, neue Softwarelösungen zu testen und letztlich auch eigene neue Lösungen zu generieren. Darüber hinaus wird das Thema „Innovation" in der nexum AG durch den Vorstand klar als zentrale Aufgabenstellung für jeden Mitarbeiter propagiert.

Eine weitere zentrale Maßnahme war das Einrichten einer „Innovationszelle". Ein Team von 4-5 Mitarbeitern ist ausschließlich auf das innovationstreibende Thema „Software Development" konzentriert.

9.2.2.2 Die Mitarbeiter als Garant für die Dienstleistungsqualität

Als Unternehmen im Multimediabereich weist die nexum AG einen typischen Dienstleistungscharakter auf. Das Unternehmen verfügt über eine niedrige Produktionsfaktor- und eine entsprechend hohe Personalintensität. Aus diesem Grund wird der (wirtschaftliche) Erfolg des Unternehmens einzig und allein durch die Qualität und Einsatzbereitschaft der Mitarbeiter bestimmt.

Motivation der Mitarbeiter

Auf der Ebene der Unternehmensleitung der nexum AG war man sich vom Moment der Unternehmensgründung an der hohen Bedeutung motivierter und qualifizierter Mitarbeiter voll bewusst. Mitarbeitermotivation und -qualifikation hatten und haben folglich höchste Priorität, vor allem wenn es darum geht, die Mitarbeiter langfristig an das Unternehmen zu binden und ein hohes Qualitätsniveau sicherzustellen. Einen besonderen materiellen Anreiz stellt dabei in Zukunft das bereits oben angeführte Mitarbeiterbeteiligungsprogramm (Stock Option Programm) dar. Jeder Mitarbeiter der nexum AG soll denken und handeln wie ein selbständiger Unternehmer und die direkte ökonomische Konsequenz seines Handelns miterleben. Motivationsfördernd ist ebenso, dass nexum ein funktionales Unternehmen ohne nennenswerte Hierarchien ist und engagierten Mitarbeitern die Möglichkeit zur schnellen Übernahme von Verantwortung gibt. Ein unkonventionelles kreatives Arbeitsumfeld, die Entlastung von lästigen Pflichten des täglichen Lebens (Bügel- und Einkaufservice) und die Möglichkeit zur gemeinsamen Freizeitgestaltung schaffen ein Klima, das materielle und persönliche Werte in Einklang bringt.

Qualifikation der Mitarbeiter

Maßnahmen zur weiteren Qualifikation der Mitarbeiter finden auf unterschiedlichen Ebenen statt. Wenn ein Mitarbeiter z.B. eine besondere technische Entwicklung als relevant für das Arbeitsfeld auch von anderen Kollegen erachtet, wird auf der informellen Ebene ein interner „Fortbildungszirkel" einberufen. Dieser ist zeitlich fixiert und hat somit einen höheren Verbindlichkeitscharakter. Externe Schulungsmaßnahmen gibt es in erster Linie in Kooperation mit Partnerunternehmen der nexum AG. Dazu zählen die „offiziellen" Qualifikationsmaßnahmen im Rahmen des Solution-Partner–Programmes von IBM ebenso wie die Teilnahme an internen Schulungsmaßnahmen anderer Partnerunternehmen der nexum AG.

9.3 Ausblick auf die zukünftigen Aktionsfelder der nexum AG

Maßnahmen für die Zukunft

Kompromisslose Innovationsorientierung und motivierte, hochqualifizierte Mitarbeiter werden auch in Zukunft eine zentrale Bedeutung für die weitere Entwicklung der nexum AG haben. Im operativen Bereich hat ein weiterer Ausbau des branchenspezifischen Dienstleistungsangebots für bestehende und neue Kunden höchste Priorität. Strategisch wird das Unternehmen seine nationale und internationale Präsenz dem integrativen Anspruch der digitalen Technologie auf eine Optimierung der gesamten Wertschöpfungskette traditioneller Unternehmen Rechnung zu tragen.

Die Gesamtheit all dieser Maßnahmen ist die Basis dafür, dass die nexum AG die formulierte Vision erreicht: den erfolgreichen Börsengang im Jahr 2001 als ein führendes Internet-Full-Service-Unternehmen in Deutschland und Europa!

10 JustBooks – Wachstum mit starkem Partner

Malte Brettel, Florian Heinemann

Die Autoren

Dr. Malte Brettel und **Florian Heinemann**

sind beide geschäftsführende Gründungsgesellschafter der JustBooks.de GmbH aus Düsseldorf

10.1 Einführung

JustBooks Marktplatz für gebrauchte und antiquarische Bücher

JustBooks, der Marktplatz für vergriffene, antiquarische und gebrauchte Bücher im Internet, wurde im September 1999 als Gesellschaft gegründet und ging einen Monat später zur Frankfurter Buchmesse online. Die Gründung sowie der Launch der Seite wurden durch Business Angels finanziert, die selbst aus dem Internet-Bereich stammen. Nach einer ersten Phase des Wachstums fand eine Konsolidierung statt, die nun als Basis für eine Diversifikation in neue Produkte sowie neue regionale Märkte dienen soll.

Die im Rahmen der Konsolidierung geschaffene Struktur muss dementsprechend in der Lage sein, ein weiteres Wachstum auch langfristig sicherzustellen. Zu diesem Zweck hat JustBooks eine zweite, umfangreichere Finanzierungsrunde mit der Burda Medien Holding abgeschlossen. Die finanzielle Komponente der weiteren Unternehmensentwicklung scheint somit weitgehend abgedeckt. Im Zuge dessen verschieben sich die Aufgabenschwerpunkte der fünf Mitglieder des Gründungsteams vermehrt in Richtung neuer (Wachstums-) Projekte.

Der nachfolgende Artikel zeigt die Erfolgsfaktoren in den unterschiedlichen Phasen der Unternehmensentwicklung auf. Dabei wird zunächst das Unternehmen JustBooks beschrieben, bevor im darauf folgenden Abschnitt näher auf die Erfolgsfaktoren eingegangen wird.

10.2 Das Unternehmen JustBooks

Die Vorstellung von JustBooks erfolgt in zwei Abschnitten, die sich an die zwei identifizierten Phasen der Unternehmensentwicklung anlehnen: Im ersten Teil werden die Gründung sowie der Aufbau einer ersten Marktposition beschrieben. Der zweite Abschnitt legt den Fokus im Wesentlichen auf die Konsolidierung dieser Position sowie auf die nun vorhandenen Wachstumsmöglichkeiten angesichts der in der ersten Phase gelegten Basis. Schwerpunkt der Betrachtung soll dabei weniger auf den inhaltlichen als vielmehr auf den strukturellen Aspekten der möglichen Projekte liegen.

10.2.1 Gründung und Aufbau

Launch von JustBooks im Oktober 1999

JustBooks löst das Problem ineffizienter und örtlich gebundener Märkte für gebrauchte und antiquarische Bücher. Im Gegensatz zum lieferbaren Neubuch, das über den bestehenden stationären Handel in der Regel innerhalb weniger Tage erhältlich ist, konnten nicht-lieferbare Bücher bisher nur über Trödelmärkte oder Antiquariate beschafft werden. Für einen potenziellen Käufer war die Suche nach einem solchen Buch insofern mit hohen Transaktionskosten verbunden. JustBooks überwindet diese lokale „Gebundenheit" und nutzt so die Eigenschaften des Buchs als exakt beschreibbares Produkt, die es zu einem der am meisten gehandelten Güter im Internet überhaupt machen.

Mitte Oktober 1999 wurde diese Gründungsidee unter der Adresse www.justbooks.de umgesetzt. Zu diesem Zeitpunkt befanden sich ca. 100.000 Bücher – in der Regel Einzeltitel – in der Datenbank. In den darauf folgenden vier Monaten hat JustBooks den Buchbestand mehr als verfünffacht und wurde somit zum zweitgrößten Anbieter seiner Art in Europa. Dabei versteht sich JustBooks lediglich als Makler zwischen Anbietern und Käufern, die die eigentliche Transaktion untereinander abwickeln. Anbieter können dabei sowohl Antiquare, Händler als auch Privatpersonen sein.

Es ist das Ziel von JustBooks, neben einer effizienten Suche nach Büchern, welche durch eine entsprechende Breite und Tiefe des Angebots sowie durch optimale Suchfunktionen gewährleistet werden kann, den Spaß an der Nutzung des Marktplatzes durch interessante Inhalte auf der Website zu erhöhen. D.h. dass JustBooks zur Erhöhung der Kundenbindung neben reinem „E-Commerce" verstärkt auch „Content" anbieten und über eine Erhöhung der Interaktivität sowie des Austausches zwischen den Nutzern eine „Community" schaffen möchte.

Festpreismodell mit der Möglichkeit zum Handeln

Darüber hinaus verwendet JustBooks als zusätzliches Konzept-Element einen nach Meinung der Autoren sehr produktadäquaten Preismechanismus, der sowohl den Impulskauf als auch die Verhandlung über den Buchpreis mittels der Möglichkeit von Kaufgesuchen zulässt. Die zurzeit im Internet sehr populäre Preisbildung über Auktionen ist nach Ansicht der Autoren für Bücher – mit Ausnahme von hochwertigen oder publikumswirksamen Stücken – nicht geeignet. Das Buch ist im Wesentlichen ein Gebrauchsgut, das nur in den oben geschilderten Ausnahmefällen die Aufmerksamkeit über die gesamte Dauer einer

Auktion binden kann. Daher ist die Möglichkeit des Impulskaufs aus Käufersicht in der Regel adäquater für das Produkt „Buch". Des Weiteren ist der Lagerumschlag bei gebrauchten und antiquarischen Büchern im Durchschnitt sehr niedrig. Daraus folgt, dass der anbieterseitige Aufwand für wiederholtes Einstellen oder Verlängern der Auktionen vergleichsweise hoch ist. Demzufolge erscheint der gewählte Preismechanismus aus Anbieter- und Käufersicht geeignet. Neben der Möglichkeit zum Kauf zu einem vorgegebenen festen Preis wird auf den Seiten von JustBooks gleichwohl auch das bisweilen spielerische Handeln ermöglicht. Das heißt die Preise verstehen sich als Verhandlungsbasis. Das Handeln erfolgt öffentlich und ist somit für jeden Nutzer der Seite sichtbar. Es kann also vorkommen, dass eine dritte, bis dahin völlig unbeteiligte Person in den Verhandlungsprozess eingreift und das Buch kauft. Dadurch nähert sich der Preis stark an einen Marktpreis an, denn er ist – zumindest potenziell – nicht ein Ergebnis zwischen einem Verkäufer und einem Käufer, sondern einer großen Anzahl.

Zwischen der Gründung der Gesellschaft am 13. September und dem Launch der Seite am 13. Oktober lag eine sehr kurze und gleichzeitig arbeitsintensive Zeit. Neben der Gründung selbst standen zwei Bereiche im Vordergrund: Zum einen die Programmierung der Website sowie der dahinterliegenden Datenbankstrukturen, zum anderen der Angebotsaufbau – im Wesentlichen durch telefonische und persönliche Direktansprache von Händlern und Antiquaren.

Fünf Gründer mit unterschiedlichen Fähigkeiten und Charakteren

Das Gründerteam zur Bearbeitung dieser Aufgabenbereiche bestand aus fünf Personen mit sich ergänzenden Fähigkeiten und Charakteren, die sich auch in weitgehend komplementären Kompetenzen widerspiegelten. Auf diese Weise konnten in fachlicher Hinsicht Buchwissen sowie Know-How im IT- und im kaufmännischen Bereich abgedeckt werden; in menschlicher Hinsicht sowohl Tatendrang als auch eine gewisse Besonnenheit.

Die Finanzierungsstrategie von JustBooks sah vor, die Gründungs- und Aufbauphase des Unternehmens durch privates Risikokapital von Business Angels zu decken. Die Höhe dieser ersten Finanzierung war relativ gering, so dass ein letzter, diesmal praktischer Markt- und Konzept-Check durchgeführt werden konnte. Auf Basis erster in dieser Phase erzielter Erfolge sollte der wesentliche Teil des Kapitalbedarfs von JustBooks in einer zweiten, größeren Risikokapitalrunde gedeckt werden. Demzufolge konnte eine erste Positionierung im Markt erreicht werden, ohne einen sehr großen Teil des Eigenkapitals auf Basis der vergleichsweise niedrigen Unternehmensbewertung in der ersten Runde abzugeben.

10.2.2 Wachstum im Basisgeschäft und Konsolidierung

Starkes Wachstum macht zweite Finanzierung notwendig

Nach dem Launch der Internetseite von JustBooks galt es, das Angebot und die Funktionalitäten auszuweiten sowie die internen Prozesse zu konsolidieren. Dazu mussten einerseits die Strukturen geschaffen werden, um das bestehende Geschäft weiterzuführen und zu verbessern; andererseits, um weiteres Wachstum zu ermöglichen und zu fördern.

Um diese Phase finanziell abzusichern wurde eine zweite Finanzierungsrunde abgeschlossen und die Hubert Burda Medien an JustBooks beteiligt. Dieser starke Partner soll es ermöglichen, die Phase erfolgreich zu gestalten.

Die Konsolidierung des bestehenden Geschäfts erfordert Strukturen, die es erlauben, das Wachstum des bestehenden Geschäfts durch geeignetes Delegieren sicherzustellen. Dazu gehören neben den geeigneten Mitarbeitern die Führungsinstrumente, die das Delegieren möglich und erfolgreich machen. Gleichzeitig schaffen sie für die Gründer den Freiraum, neue Projekte bearbeiten zu können.

Neben den Strukturen zum Delegieren werden in dieser Phase auch die Strukturen notwendig, das bestehende Geschäft bei wachsender Komplexität weiterhin zu beherrschen.

Für die Führung des Unternehmens sind diese beiden Aspekte erfolgskritisch zur Sicherstellung weiteren Wachstums. Sie sollen im nächsten Abschnitt näher behandelt werden.

Neben der internen Organisation ist in der Konsolidierungs- und Wachstumsphase entscheidend, die Markenbildung zu forcieren.

10.3 Erfolgsfaktoren im Wandel – das Beispiel JustBooks

Unterschiedliche Erfolgsfaktoren in den beiden Phasen

Die Erfolgsfaktoren von Start-ups sollen im Folgenden weiter untergliedert werden. In den verschiedenen Phasen der Unternehmensentwicklung existieren unterschiedliche Treiber des Geschäfts. Folglich unterscheiden sich auch die Faktoren, die für den Erfolg wesentlich sind. Die Entwicklungsphasen des Geschäfts, der Aufbau und dann die nachfolgende Konsolidierung, bilden die Grundlage für die Gliederung der Darstellung der Erfolgsfaktoren.

Wie bereits erwähnt, sollen hier weniger inhaltlich, sondern vielmehr die strukturellen Aspekte der Unternehmensentwicklung beleuchtet und anhand dessen Erfolgsfaktoren abgeleitet werden. Der Fokus liegt hierbei auf den handelnden Personen im Unternehmen und deren notwendigen Eigenschaften bzw. Verhaltensweisen.

Diese hängen im Wesentlichen von der adäquaten Steuerung bzw. Führung eines Unternehmens ab. Als Betrachtungskriterium halten wir in diesem Fall das Wissen über die Organisation bzw. die anstehenden Projekte für geeignet, um zwischen verschiedenen Formen der Führung zu differenzieren. Dem liegt zugrunde, dass ein Projekt, über dessen Ablauf und Ergebnis hohe Sicherheit und damit auch ex ante hohes Wissen vorliegt, ganz anders zu führen ist als ein Vorhaben, bei dem weder Ergebnis noch der Ablauf besonders gut im Vorhinein zu prognostizieren sind. Verschiedene Wissensdefizite verlangen unterschiedliche Formen der Führung im Sinne einer eigens zu diesem Zweck aufgebauten Struktur bzw. Hierarchie.

Die entscheidenden Faktoren zur Bestimmung des Wissensdefizits sind Komplexität und Dynamik, wobei letzterer sowohl die extern vorgegebene Veränderlichkeit der Umwelt als auch den Wechsel interner Verhaltensweisen mit einschließt. Die Veränderung interner Verhaltensweisen und Ausrichtungen findet in der Regel im Zusammenspiel mit der Umweltdynamik statt.

Maßgeblich für die Phasen ist das Wissensdefizit

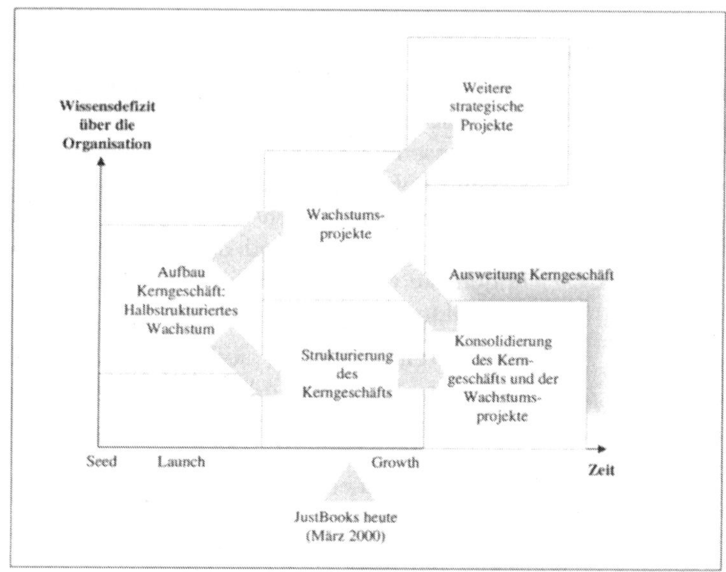

Abbildung 1: Phasen eines Start-ups in Abhängigkeit von seinem Strukturierungsgrad

In den folgenden Abschnitten werden die Phasen der Unternehmensentwicklung beschrieben und die jeweiligen Erfolgsfaktoren abgeleitet.

Die Unternehmensentwicklung gliedert sich grob in eine Phase des Aufbaus, in die sowohl die Gründungsphase als auch der Launch der Seite fallen. Diese Phase ist geprägt vom Aufbau des Kerngeschäfts und bei JustBooks im Wesentlichen durch Business Angels finanziert. Sie stellte den ersten Meilenstein für die Tragfähigkeit des Konzepts dar. Die zweite Phase ist geprägt einerseits von der Strukturierung und späteren Konsolidierung des Kerngeschäfts und andererseits von der Bewältigung des Weiteren Wachstums durch neue Projekte.

10.3.1 Erfolgsfaktoren in der Gründungsphase

Die Gründungsphase ist von hoher Unsicherheit geprägt

In der Gründungsphase liegt in der Regel ein durchdachter und strukturierter Business Plan vor. Er beinhaltet den Markteintritt und die dazugehörige technische wie operative Realisierung des

Kerngeschäfts. Trotz dieser geplanten Herangehensweise ist die von den Gründern empfundene subjektive Unsicherheit vergleichsweise hoch. Das ist auf die Neuigkeit des Geschäfts zurückzuführen, die impliziert, dass keinem der Gründer in letzter Konsequenz klar ist, ob der vorgegebene Weg „richtig" oder „falsch" ist. Zudem zeigen sich die Risiken des neuen Geschäfts schlechter kalkulierbar als bei einem etablierten.

Zu der generellen Unsicherheit eines neuen Geschäfts kommt hinzu, dass die externe Dynamik im Internet-Geschäft, also dort, wo JustBooks tätig ist, relativ hoch ist. Die Veränderungen und Neugründungen, die im Internet fast täglich passieren, lassen sich in der Regel kaum vorhersagen.

Die Folge der hohen Unsicherheit im Markt ist die Notwendigkeit zu extrem flexiblem Handeln in einem Umfeld, das genau dieses ermöglicht. Wogegen die Planung im Business Plan strategisches Denken erfordert, richtet sich in der Folgezeit die Aufmerksamkeit fast ausschließlich auf das operative Handeln. Ein Gründer muss sich also dadurch auszeichnen, unter hoher Unsicherheit extrem operativ arbeiten zu können und dabei auch mitunter erhebliche Kurskorrekturen in kürzester Zeit durchzuführen. Daraus resultiert auch eine extrem hohe Dynamik des internen Handelns, die sich nur schwer mit festen Strukturen abbilden lässt. Das Gegenteil ist der Fall: In der Aufbauphase benötigt man ein kleines, schlagkräftiges Team mit hoher Interaktion und Flexibilität. Das bildet sich aus Personen, die die bestehende Unsicherheit bzw. den bestehenden Freiraum zu nutzen in der Lage sind, um aus dem Operativen heraus das Geschäft zu gestalten, ohne den notwendigen Pragmatismus als Mangel an Richtung zu empfinden.

Um sich als junges Unternehmen unter bestehenden zu etablieren, kann eine Reihe von weiteren Faktoren ausschlaggebend sein. Dazu gehören:

Junguntemehmer müssen lernfähig sein und selber anpacken

- Junguntemehmer dürfen sich für keine Aufgabe zu schade sein. Je unkonventioneller die Aufgabe ist, desto schwieriger fällt es etablierten Unternehmen, diese auszuführen. Diesen Vorteil können Jungunternehmen nutzen, um sich selber zu etablieren.
- Jungunternehmen können Beschlüsse schneller fassen und damit auch schneller agieren als etablierte Unternehmen. Diese Möglichkeit können sie nutzen, um sich dem Markt flexibler anzupassen.

- Die geringe Größe und die Notwendigkeit zur pragmatischen Handlungsweise bedingen eine unstrukturierte und nahezu hierarchiefreie Organisation. Diese ist gleichzeitig auch viel besser lernfähig als eine etablierte Organisation. Alle handelnden Personen lernen und können durch die Verknüpfung mit ihren eigenen Fähigkeiten die Verbesserung ihres Geschäfts erreichen.

Die angeführten Aspekte betonen nochmals die schon genannten Anforderungen an die Gründer und präzisieren sie. Es ist insbesondere die geistige Flexibilität und ihre operative Umsetzung im täglichen Geschäft, die den entscheidenden Vorteil gegenüber etablierten Unternehmen ausmachen kann. Dabei ist es aber trotz aller Flexibilität wichtig, nicht kopflos zu agieren, sondern selbst in Phasen operativer Hektik rational zu bleiben. Dieses Gleichgewicht zwischen dem stürmenden Pragmatismus und dem rationalen Durchdenken ist am besten in unterschiedlichen Mitgliedern bzw. Charakteren des Gründerteams verankert. Dabei darf die rationale Komponente nicht das Übergewicht erhalten, indem

- sie die Entwicklung des Teams bzw. des Unternehmens aufhält oder
- die Fantasie für das Unternehmen zu sehr einschränkt.

Die für die erste Phase aufgezählten Faktoren bzw. Fähigkeiten sind insbesondere die, durch die sich typischerweise Unternehmensgründer auszeichnen sollten. Die folgende Phase ist geprägt von weiterem Wachstum, aber auch von der Strukturierung und Konsolidierung des Erreichten. Die dazu notwendigen Handlungen und Fähigkeiten sind Inhalt des nächsten Abschnitts.

10.3.2 Erfolgsfaktoren zur Strukturierung und Konsolidierung des Basisgeschäfts

Sind der Launch des Produktes und das erste Umsatzwachstum bewältigt, so ist auch der erste entscheidende Test für das Unternehmen erfolgreich verlaufen: Die Frage, wie sich das Produkt im Markt bewähren kann, ist positiv beantwortet. Damit ist aber auch eine erhebliche Unsicherheit für die Gründer genommen: Die Kurskorrekturen werden geringer, der Grad an Improvisation auch. Das Geschäft kann strukturiert und konsolidiert werden.

Andere Erfolgsfaktoren in der Konsolidierungsphase

Strukturierung und Konsolidierung verlangt aber andere Fähigkeiten als die bisher beschriebenen. Es gilt Abläufe zu gestalten, Hierarchien zu prägen – wenigstens ein Mindestmaß – und diese inhaltlich optimal auszufüllen. Die Motivatoren der handelnden Personen verändern sich: Wo die Gründer vor allem von der Aufgabe motiviert waren, sind es nun die externen Faktoren, die Überhand nehmen. Intrinsische Motivation wird zunehmend von extrinsischer überlagert.

Da in der Regel unterschiedliche Motivatoren auch bei verschiedenen Handlungsträgern unterschiedlich wirksam sind, ist bei der Strukturierung und Konsolidierung des Basisgeschäfts der Übergang von Aufgaben wichtig.

Konsolidierung in drei Schritten

Das bedeutet, die Strukturierung und Konsolidierung läuft in den folgenden Schritten ab:

- Im ersten Schritt müssen die Strukturen geplant und ausgeprägt werden, in denen die Aufgabenerfüllung zukünftig möglich sein soll. Das betrifft sowohl die Ablauf- als auch die Aufbauorganisation. Hierbei erfolgt auch schon eine erste Entscheidung über die extrinsischen Faktoren, die zur Motivation beitragen sollen. In der Regel handelt es sich in diesem ersten Schritt um Fragen des Gehalts und der Arbeitsatmosphäre.
- Im nachfolgenden Schritt müssen die entsprechenden Handlungsträger gesucht und gefunden werden, also die ersten Angestellten des neuen Unternehmens. Dabei ist für die auszuführenden Aufgaben Flexibilität und Improvisation nicht mehr typisch, es ist also auch nicht Voraussetzung für die neuen Angestellten, dass sie diese Eigenschaften mitbringen.
- Der dritte Schritt, der fast zeitgleich mit dem zweiten erfolgt, ist das Delegieren der entsprechenden Aufgaben. Dies muss erstens konsequent erfolgen - einen der größten Fehler in dieser Phase stellt die Angst vor dem Delegieren dar - zweitens ist ein entsprechendes Führungsinstrumentarium zu nutzen, um die Aufgabenausführung sicherzustellen. Hierbei handelt es sich um die erste instrumentelle Ausprägung des Controlling.

Werden die drei Schritte konsequent durchlaufen, so sind die Voraussetzungen für eine erfolgreiche Konsolidierung des Basisgeschäfts geschaffen. Gleichzeitig ist aber auch der Grundstein gelegt, um weiteres Wachstum bewältigen zu können.

10.3.3 Erfolgsfaktoren im Wachstum

Erfolgsfaktoren im Wachstum und in der Gründung ähneln sich

Wie an der Abbildung 1 erkennbar zeichnet sich die weitere Wachstumsphase dadurch aus, dass ein ähnlich hohes oder sogar noch höheres Wissensdefizit existiert wie beim Aufbau des Kerngeschäfts. Dabei ist hier nicht das Wachstum des Kerngeschäfts gemeint, das eher von der strukturierten und konsolidierten Basis heraus weitergeführt werden kann, sondern die neuen Projekte, die Wachstumsprojekte.

Bei den Erfolgsfaktoren, durch die sich diese Phase auszeichnet, handelt es sich im Prinzip um die gleichen wie bei der Aufbauphase.

Es sind Flexibilität und Lernfähigkeit, die für die Wachstumsprojekte wiederum eine große Rolle spielen, allerdings auf einer anderen Ebene, auf einem höheren Niveau. Das heißt, Wachstumsprojekte basieren schon auf Erfahrungen im Kerngeschäft, es liegt demnach eine höhere Wissensbasis vor, die in das neue Projekt eingebracht werden kann.

Wachstumsprojekte benötigen wie die Gründungsphase ein gewisses Maß an Pragmatismus, doch auch dieser hat inzwischen eine andere Basis: Der Pragmatismus wird eingeschränkt durch das bisher Geschaffene, das Kerngeschäft. Die Erfolge im Kerngeschäft dürfen durch die Wachstumsprojekte nicht mehr in Frage gestellt werden.

Durch diese Rahmenbedingungen wird der Grad der realen Improvisation kleiner, die Improvisation muss eher geistig bzw. in der Planungsphase eines jeden neuen Projekts erfolgen.

Damit das eigentliche Gründerteam, das sich schon in der Gründungsphase durch Lernfähigkeit und Pragmatismus ausgezeichnet hat, die notwendige Zeit hat, die Wachstumsprojekte zu entwickeln, spielt wiederum das Delegieren eine entscheidende Rolle. Das bedeutet in der Zusammenfassung der Notwendigkeit zur Strukturierung des Kerngeschäfts und der weiteren Bearbeitung von Wachstumsprojekten, dass das Delegieren aus zwei Gründen entscheidend ist:

Delegieren entscheidend für nachhaltiges Wachstum

- Erstens ist Delegieren notwendig, damit die Gründer mehr Zeit für weitere Wachstumsprojekte haben.
- Zweitens ist Delegieren notwendig, weil Gründer neben den Gründungsfähigkeiten nicht auch die Fähigkeit haben, ein Geschäft zu strukturieren und zu konsolidieren.

Zusammenfassend zeigt sich, dass es auch in Start-ups schon sehr früh, das heißt bei Internet-Unternehmen oftmals nur wenige Monate nach dem Launch notwendig sein kann, in eine strukturierte Wachstumsphase einzutreten. Diese sollte sich dadurch auszeichnen, dass es den Gründern gelingt, das Kerngeschäft zu strukturieren und zu konsolidieren, um es darauf hin loslassen zu können und sich neuen Wachstumschancen zuzuwenden.

10.4 Ausblick

Im vorliegenden Beitrag wurde die Start-up Phase eines Unternehmens in zwei Abschnitte zerlegt. Diese Abschnitte wurden mit Hilfe des Grads an Wissen über das neue Geschäft des Unternehmens strukturiert. Demnach kann man eine erste Aufbauphase und eine nachfolgende Strukturierungs- und Konsolidierungsphase, die von weiterem Wachstum begleitet ist, unterscheiden. Anhand dieser Differenzierung wurden die Faktoren geschildert, die für den erfolgreichen Aufbau eines Unternehmens entscheidend sein können.

In der Aufbauphase sind das alle Faktoren, die sich mit dem Begriff des Gründergeists zusammenfassen lassen.

In der Strukturierungs- und Konsolidierungsphase dagegen wandeln sich die Faktoren. Für die Gründer ist es entscheidend, dass sie eine Struktur schaffen können, die funktionsfähig ist, um ausreichendes Delegieren vorzunehmen. Erst das Delegieren schafft ihnen den Freiraum, die neuen Wachstumsprojekte anzugehen. Begleitet ist diese Phase von der Ausprägung erster Führungsinstrumente.

Für langfristiges und dauerhaftes Wachstum, das im Kerngeschäft zwangsläufig an Grenzen stößt, ist es insgesamt notwendig, die Spannung zwischen Wachstum und Konsolidierung zu bewältigen. Durch Konsolidierung wird das Kerngeschäft gesichert, und die Gründer können sich dem zuwenden, was ihnen am meisten liegt: neue Ideen zu neuen Erfolgen zu machen.

11 evenbetter.com: Navigating the Digital Economy

Christoph Janz, Elisabeth Schick

Die Autoren

Christoph Janz (23)

ist einer der beiden Gründer und Chief Operating Officer von evenbetter.com AG.

Elisabeth Schick (33)

ist Chief Executive Officer der evenbetter.com AG.

Die Autoren können unter buchartikel@evenbetter.com kontaktiert werden.

11.1 Einleitung: Was ist *evenbetter.com*?

Entwicklung des elektronischen Handels

Electronic Commerce gewinnt weltweit in rasender Geschwindigkeit an Bedeutung. Immer mehr Händler bieten Waren über das Internet feil. Für die Konsumenten wird es bei dieser großen Fülle des Angebots zunehmend schwieriger, den Überblick zu behalten.

Marktintransparenz für Kunden

Marktintransparenz und das „ungute Gefühl" vieler Kunden, das beste Angebot nicht gefunden zu haben, sind die Folge dieser schier unerschöpflichen Informationsvielfalt. Schließlich unterscheiden sich die Preise und Lieferkonditionen der verschiedenen Händler sehr häufig und ein Preisvergleich vor dem Kauf kann für den Kunden sehr lohnenswert sein. Doch die Websites verschiedener Händler zu besuchen, den gewünschten Artikel herauszusuchen, Preise und Versandkosten zu vergleichen – all dies dauert Stunden.

evenbetter.com als Price Comparison Service

An diesem Problem der Marktintransparenz beim Online-Shopping setzt das Konzept von *evenbetter.com* an. *evenbetter.com* ist ein Preisvergleichs- oder Comparison Shopping Service. Mit Hilfe des Tools *evenbetter Express* oder direkt auf der *evenbetter.com*-Site (www.evenbetter.de oder www.evenbetter.com, siehe Screenshot auf der übernächsten Seite) kann der Kunde in kürzester Zeit die Preise und Lieferkonditionen der gewünschten Artikel bei allen wichtigen Online-Shops vergleichen und das für ihn beste Angebot herausfinden. Eine aktuelle Studie von Jupiter Communications zeigt, dass 53% der Online-Shopper mindestens auf drei verschiedenen Sites Preise vergleichen, bevor sie kaufen.[1] *evenbetter.com* nimmt den Kunden diese Arbeit ab.

evenbetter.com als Intermediär

Als E-Commerce Intermediär steht *evenbetter.com* zwischen Käufern und Verkäufern. *evenbetter.com* agiert auf einer Meta-Ebene des Shopping und aggregiert die verschiedenen Angebote, so dass der Kunde das für ihn beste Angebot aussuchen kann. Für die Kunden wird das Problem der Marktintransparenz damit sehr einfach gelöst.

Vorteile für die Händler

Die Händler profitieren durch die Vermittlung von hochattraktiven, kaufbereiten Kunden, für die sie lediglich eine kleine Provision bezahlen, die nur einen Bruchteil der durchschnittlichen

[1] Vgl. Xceed Intelligence Vertical View Vol. 2 (2000), Issue 6. Gefunden auf www.xceedintelligence.com.

Kundenakquisitionskosten der Händler ausmacht. Die Aufnahme der Händler in das *evenbetter.com*-Angebot erfolgt für die Händler kostenlos.

Geschäftsmodell und Lösungsansatz

Die folgende Abbildung stellt den zweiseitigen Lösungsansatz von *evenbetter.com* als Intermediär zwischen Händlern und Kunden grafisch dar.

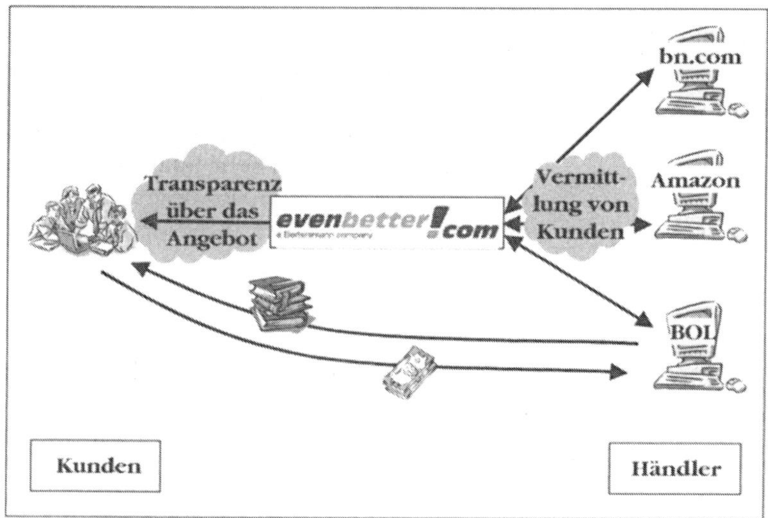

Abbildung 1: Geschäftsmodell von *evenbetter.com*

International führend

Bereits 1997 von zwei deutschen Studenten gestartet, ist *evenbetter.com* heute ein international führender Comparison Shopping Service. Das Wachstum des Unternehmens erfolgte zunächst v.a. durch Mund-zu-Mund-Propaganda und die Erwähnung in Zeitungsartikeln. Für größere Marketingaktionen fehlte das Kapital. 1999 wurden dann mit der Mehrheitsübernahme durch Bertelsmann für *evenbetter.com* neue Möglichkeiten eröffnet. Die Anbindung an den internationalsten Medienkonzern der Welt, eine Professionalisierung des Managementteams und eine entsprechende Kapitalausstattung ermöglichen es *evenbetter.com*, die Expansion des Services zu forcieren und eine führende Weltmarktposition weiter auszubauen.

Die Wesentlichen Erfolgsfaktoren von *evenbetter.com* als Beispiel für ein innovatives E-Commerce-Unternehmen in der Vergangenheit und Zukunft sollen im vorliegenden Artikel dargestellt werden.

Website von evenbetter.com

Abbildung 2: Screenshot der *evenbetter.com*-Website

11.2 Aufbau von evenbetter.com zu einem weltweit führenden Anbieter

Phasen der Unternehmensentwicklung

Die Entwicklung von *evenbetter.com* seit der Gründung 1997 bis in die Gegenwart des Jahres 2000 kann in vier Phasen eingeteilt werden (siehe folgende Abbildung). Im Folgenden sollen vor allem die den jeweiligen Phasen zugrunde liegenden strategischen Erfolgsfaktoren herausgearbeitet werden. Dabei ist zu beachten, dass die Entwicklung jedes Unternehmens durch eine Vielzahl von individuellen internen (z.B. technische Umsetzung von Ideen, Management) und externen (z.B. Wettbewerbssituation) Faktoren geprägt wird. Die Entwicklung von *evenbetter.com* kann daher kein Blueprint für andere Unternehmen sein, aber sie kann hoffentlich wertvolle Anstöße liefern.

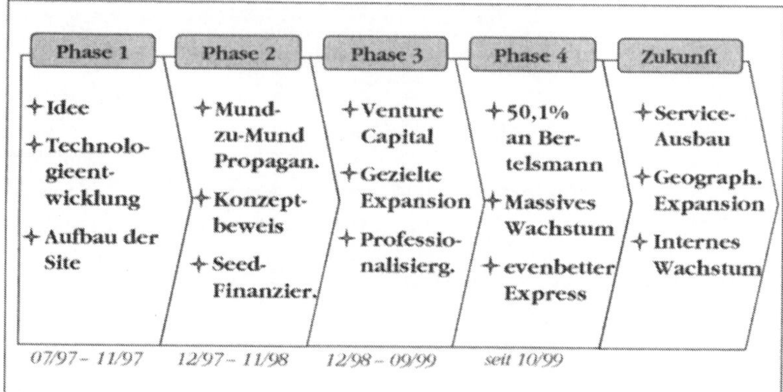

Abbildung 3: Phasen der Unternehmensentwicklung

11.2.1 Unzufriedenheit über Online-Marktintransparenz: Idee, Technologieentwicklung und Aufbau der Site

Zeit der Newcomer

Im Sommer 1997 wurde von Christopher Münchhoff und Christoph Janz (damals 21 bzw. 20 Jahre alt) die Münchhoff & Janz GmbH gegründet, welche die Keimzelle für *evenbetter.com* sein sollte. Zu dieser Zeit stand E-Commerce, angetrieben durch die rasante Entwicklung des World Wide Web, der Lokomotive auf dem Weg ins Informationszeitalter, noch in der Anfangsphase. Damit war auch die Zeit der Newcomer gekommen, die durch die schnelle Entwicklung von Innovationen tradierte Prozesse und Geschäftsmodelle revolutionieren und dadurch zu agilen Wettbewerbern von etablierten Firmen werden.

Vision eines Meta-Shops

Münchhoff und Janz sahen frühzeitig die Chancen dieser Entwicklung und erkannten, dass das zu erwartende Entstehen von immer mehr E-Commerce-Händlern zu einer zunehmenden Intransparenz für die Kunden führen würde. Eigene Erfahrungen beim Online-Bücherkauf in den USA untermauerten die Hypothese. Es dauerte sehr lange, die verschiedenen Online-Shops nach einem gewünschten Buch zu durchsuchen, um es dann beim x-ten Shop zum akzeptablen Preis (mit Versandkosten) zu finden. Als sich Münchhoff dann während eines Seminars im Studium mit Preisagenturen beschäftigte, reifte die Vision eines Meta-Shops, der die Angebote verschiedener Händler aggregiert und händlerübergreifende Preisvergleiche ermöglicht, eben eine echte Hilfe für Online-Shopper. *evenbetter.com* war geboren.[2]

Erfahrungen der Gründer

Die beiden Gründer kannten sich bereits aus ihrer Schulzeit und waren seit jeher von der Idee der Selbständigkeit und dem Aufbau von Unternehmen fasziniert. Schon als Teenager handelte Janz von 1989 bis 1992 mit Gebrauchtcomputern, und auch Münchhoff entwickelte 1992/93 bereits Software, die er erfolgreich an Unternehmen verkaufen konnte. Mit dem aus diesen eher als Hobby betriebenen Unternehmungen erworbenen Kapital gründeten sie 1993 die Münchhoff & Janz GbR, die zu einem der deutschlandweit führenden Shareware-Versender für Amiga-Computer wurde. Nachdem der Amiga-Markt schrittweise verschwand, konzentrierten sie sich auf die Entwicklung eines PC-Computerspiels namens Bier-Manager. Keines der Unternehmen von Münchhoff und Janz vor *evenbetter.com* erwies sich allerdings als langfristig erfolgreich. Doch die Erfahrungen der Gründer, bereits in jungen Jahren verschiedene Geschäftsideen umgesetzt zu haben, waren für die Entwicklung von *evenbetter.com* später noch sehr wertvoll.

Technologieentwicklung und Site-Aufbau

Als 1997 die Entscheidung für den Aufbau eines Internet-Preisvergleichsdienstes getroffen worden war, begann Münchhoff als Informatik-Experte des Gründerduos mit der Entwicklung der dem Service zugrunde liegenden proprietären Agententechnologie Internet Data Compiling (IDC), mit deren Hilfe *evenbetter.com* die Preise der Händler in Echtzeit abgreifen kann. Münchhoff dazu: „Ähnlich einer Raffinerie, die aus Rohöl verschiedene anwendbare Produkte fraktioniert, wandelt IDC die Inhalte von zahllosen Internet-Seiten in überschaubare und schnell verwertbare Reports um." Parallel dazu erstellte Janz die Website des Services und bereitete die Guerilla-Marketing-Aktivitäten vor, die sich später als entscheidende Initialzündung für die Bekanntmachung des Services herausstellen sollten. Um schnell starten zu können, schloß sich *evenbetter.com* zunächst einfach an die regulären sogenannten „Affiliate-Programme" der Händler an. Bei Affiliate-Programmen bezahlen Online-Shops

[2] Der Service wurde damals noch Acses genannt. Da sich dieser Name aber für die Expansion als ungeeignet herausstellte, wurden der Service und das Unternehmen (nach einer kurzen Übergangszeit mit dem Namen DealPilot.com) in evenbetter.com umbenannt. Um Verwirrung beim Leser zu vermeiden, wird im folgenden vereinfachend von *evenbetter.com* gesprochen.

anderen Websites eine Umsatzprovision dafür, dass diese Besucher von ihrer Website zu dem Shop leiten.

evenbetter.com geht live

Nach weniger als sechs Monaten Entwicklungszeit und ohne Kapitaleinsatz ging die Website von *evenbetter.com* im November 1997 live, vorerst nur als Preisvergleichsdienst für Bücher.

Lessons learned: Gründung

Lessons learned

1. Strategischer Weitblick, Technologie-Expertise, Umsetzungspower und Geschwindigkeit sind die entscheidenden Erfolgsfaktoren für die Gründung eines Internet-Unternehmens.
2. Bestehende Business-Erfahrungen sind ausgesprochen hilfreich, auch wenn die Erfahrungen aus kleineren „Business-Versuchen" stammen.

11.2.2 Durch Guerilla-Marketing und Mund-zu-Mund-Propaganda entwickelt sich ein Unternehmen

Nutzer durch Grass-roots-Marketing

In den folgenden Monaten hatte die Website von *evenbetter.com* einen erstaunlichen Erfolg. Ohne auch nur einen Pfennig für Werbung auszugeben, wuchs die Nutzerzahl rasch an. „Grassroots" Marketing durch Einträge in Suchmaschinen, Beiträge in Diskussionsforen und andere Formen des Guerilla-Marketings sowie Pressearbeit und Mund-zu-Mund-Propaganda waren die Träger des Erfolgs. Dabei kamen den Gründern auch der Neuigkeitswert des Internets und das im Vergleich zu heute weit weniger professionalisierte Umfeld zugute.

Konzeptbeweis mit anfänglicher Profitabilität

Es gelang *evenbetter.com*, die Validität seines Konzepts zu beweisen: Online-Preisvergleiche funktionierten, wurden von Usern und Online-Shops positiv aufgenommen, und es wurden von Anfang an Umsätze erzielt. Dabei war *evenbetter.com* zu Anfang sogar profitabel, denn die erbrachten Händler-Kommissionen waren höher als die Kosten.

Gute Positionierung im durchstartenden Markt

Trotz des Erfolgs von *evenbetter.com* und anderen Comparison Shopping Services, die in der Zwischenzeit aufgekommen waren, war das Thema Preisvergleich lange Zeit ein Randthema des E-Commerce. Dies änderte sich Mitte 1998 schlagartig, als Amazon.com den *evenbetter.com*-Konkurrenten Junglee für circa 180

Millionen US-Dollar übernahm und Inktomi wenige Wochen später mit der Übernahme des Konkurrenten C2B Technologies nachzog. Spätestens damit wurden Online-Preisvergleiche zu einem „heißen" Thema im Markt. Und in diesem war *evenbetter.com* ausgezeichnet positioniert: Im Mai 1998 bekam der Service den anerkannten Yahoo! Internet Life Award als eine der 50 weltweit nützlichsten Sites, im August 1998 bezeichnete die New York Times *evenbetter.com* als „Next-Generation Shopbot".

Seed Capital läutet Expansion ein

Bestätigt durch das positive Feedback Außenstehender beschlossen Münchhoff und Janz, das Wachstum zu forcieren. Reinhard Janz, der Vater von Christoph Janz, konnte als „Business Angel" gewonnen werden und stellte *evenbetter.com* Seed Capital und seine Erfahrung als Wirtschaftsprüfer und Steuerberater zur Verfügung. Erste freie Mitarbeiter, akquiriert in Online-Foren, wurden eingestellt, und die technische Plattform wurde weiter ausgebaut. Als besondere Innovation wurde dabei eine Einkaufskorb-Funktion entwickelt, mit der Nutzer von *evenbetter.com* Preisvergleiche für ganze Produktbündel durchführen konnten. Bis heute wird dies von keinem Konkurrenten angeboten.

Business Plan

Parallel dazu wurde ein Business Plan geschrieben, der die Vision des Ausbaus von *evenbetter.com* zu einem weltweit führenden Online-Preisvergleichsdienst sowohl in neuen Kategorien (man beschränkte sich immer noch auf Bücher) als auch in neuen Märkten (damals nur der US-Markt) beschrieb. Doch ohne neues Kapital würde man nach kurzer Zeit aus dem vor einem „Take-off" stehenden Markt gedrängt werden. Mit dem Business Plan gingen die Gründer auf die Suche nach Venture Capital.

Lessons learned: Seed-Phase

Lessons learned

1. „Grass-roots" Marketing und Pressearbeit sind die effizientesten Mittel für Initialwachstum.
2. In Märkten, die kurz vor dem „Take-off" stehen, kann man ohne Venture Capital kaum langfristig bestehen.
3. Im Rückblick hätte *evenbetter.com* deutlich früher das Team verstärken und externes Kapital für die schnelle Expansion holen sollen, um so den Pioniervorteil noch mehr zu nutzen.
4. Ein nachweisbar funktionierendes Konzept erleichtert die VC-Suche, weil das Risiko für die VC-Firma geringer wird, vor allem dann, wenn das Start-up beim Managementteam noch nicht komplett aufgestellt ist. Auch die Bewertung des Unternehmens steigt dadurch.

11.2.3 Gezielte Expansion und Professionalisierung: Erste Finanzierungsrunde mit Bertelsmann Ventures

Venture Capital durch Bertelsmann Ventures

Während der Suche nach Venture Capital entstand nach kurzer Zeit ein Kontakt zur Bertelsmann AG und deren VC-Arm Bertelsmann Ventures. Die „Chemie" zwischen Gründern und den Kapitalgebern stimmte, über Strategie und Bewertung war man sich schnell einig. So konnte *evenbetter.com* im Dezember 1998 die Beteiligung von Bertelsmann Ventures bekanntgeben.

Gründe für Bertelsmann Ventures

Verschiedene Gründe sprachen bei der Auswahl eines VC-Partners für Bertelsmann Ventures. Zum einen hat Bertelsmann Ventures das Potenzial von *evenbetter.com* bereits zu einem Zeitpunkt erkannt, als manch andere VCs den sich anbahnenden Trend zu Comparison Shopping im Internet noch nicht sahen oder sich durch das noch wenig professionelle Erscheinungsbild des virtuellen Start-ups von einem Investment abschrecken ließen. Zum anderen vereint Bertelsmann Ventures als ein Unternehmen mit Sitz im Silicon Valley einerseits und deutschen Wurzeln andererseits in sich die Vorteile eines deutschen mit denen eines amerikanischen VCs. Und nicht zuletzt waren die einschlägigen Internet-Erfahrungen des Bertelsmann-Ventures-Teams und die Verbindung zum internationalen Medienunternehmen Bertelsmann wichtige Argumente.

Relaunch und Kategorieerweiterung

Nach dem erfolgreichen Abschluß der ersten, kleinen VC-Finanzierungsrunde konnten zusätzliche freie Mitarbeiter gewonnen werden. Im März 1999 erfolgte ein Site-Relaunch mit einem erweiterten Produktinformationsangebot (Bestseller-Listen, Cover-Bilder, Empfehlungen, Verfügbarkeitsinformationen etc.). Die wesentlichste Verbreiterung des Angebots stellte aber die Expansion von *evenbetter.com* in die Produktkategorien Musik-CDs und Videos/DVDs dar. *evenbetter.com* ermöglichte damit für seine Kunden One-Stop-Comparison-Shopping für Medienprodukte. Besucherzahlen und Umsätze stiegen in der Folge um ein Mehrfaches an.

Begrenzungen der virtuellen Organisation

Kernmitarbeiter wurden inzwischen durch Optionsvereinbarungen an das Unternehmen gebunden. Chip Austin, Ex-CEO von BOL.com und ein renommierter Internet-Experte aus New York, der bei der Bertelsmann-Ventures-Finanzierungsrunde als Privatinvestor bei *evenbetter.com* eingestiegen war, sollte den Schritt der *evenbetter.com*-Organisation nach Amerika ebnen, indem er übergangsweise die Rolle des Acting CEO übernahm. Intern blieb aber vorerst die virtuelle Struktur ohne Büros und feste Mitarbeiter bestehen. Trotz des Markterfolgs wurden die Begrenzungen, als kleines deutsches Unternehmen auf dem amerikanischen Markt tätig zu sein, immer deutlicher. So fehlte zusätzliche Verstärkung im Management und das für eine große Marketing-Kampagne in den USA notwendige Kapital. Und ohne eine solche Kampagne würde es schwierig sein, *evenbetter.com* zu einer großen Internet-Marke zu entwickeln. Der ganz große Schritt musste noch folgen.

Lessons learned: Erste VC-Runde

Lessons learned

1. Kapitalsuche sollte trotz Zeitdrucks überlegt erfolgen! Der VC sollte neben Kapital auch Expertise und Beratung für das Start-up mitbringen. Wesentlich ist natürlich auch eine Übereinkunft über die Unternehmensstrategie sowie eine zufriedenstellende Bewertung.
2. Vom Zeitpunkt der Kontaktaufnahme mit Kapitalgebern bis zum Eintreffen des Kapitals vergehen fast immer Monate. Darauf muss das Unternehmen vorbereitet sein!
3. Entscheidendster Erfolgsfaktor bei der Skalierung des Geschäftsbetriebs ist, das erworbene Wissen an neue Mitarbeiter zu übergeben und Verantwortungen abzugeben. Gründer müssen es oft erst lernen zu delegieren!
4. Der ganz große Schritt in einem Internet-Markt ist oft nur mit intensivem (und teurem) Marketing möglich; ohne dies stößt man schnell an eine Wachstumsgrenze oder wird von aggressiveren Wettbewerbern aus dem Markt gedrängt.

11.2.4 Der große Schritt musste folgen: Einstieg von Bertelsmann und professionell gesteuertes Wachstum

Mehrheitsübernahme durch Bertelsmann

Für die weitere Finanzierung von *evenbetter.com* kam neben einer weiteren VC-Runde die Hereinnahme eines strategischen Investors in Betracht. Eine Reihe von Gründen sprach aus Sicht von Münchhoff und Janz für letzteres, u.a. das strategische Commitment zur Weiterentwicklung des Dienstes, die Unterstützung beim Aufbau einer Infrastruktur sowie die Verstärkung im Management. Der Kontakt zur Bertelsmann AG, einem Wunschpartner von Münchhoff und Janz, war dank der Partnerschaft mit

Bertelsmann Ventures schnell hergestellt. Nach relativ kurzen Verhandlungen war man sich einig, und *evenbetter.com* konnte im Oktober 1999 bekannt geben, dass die Bertelsmann AG 50,1% der Anteile am Unternehmen übernommen hatte.

Neues Managementteam

Daraufhin begann man unverzüglich mit dem Ausbau des Managementteams. Entsprechend den anspruchsvollen internationalen Zielen von *evenbetter.com* war es notwendig, die Unternehmensführung mit erfahreneren Managern zu verstärken und eine starke US-Präsenz mit Marketing-Fokus aufzubauen. Als Vorstandsvorsitzende trat die im Medienbereich und Consulting erfahrene Elisabeth Schick in das Unternehmen ein, und Matthias Epp, vorher Marketingchef des Musikclubs BMG Direct Canada, konnte als Vice President Marketing und Leiter des neuen New Yorker Büros gewonnen werden.

Ausbau der Pionierstellung

Noch im Oktober 1999 nahm das verstärkte Managementteam seine Arbeit auf, und die Büros von *evenbetter.com* in Heidelberg und New York wurden eröffnet. Der Auftrag war eindeutig: Die im Bereich Comparison Shopping für Medienprodukte weltweit führende Stellung des Pioniers *evenbetter.com* auf dem inzwischen heiß umkämpften Markt für Preisvergleichsangebote sollte ausgebaut werden.

Neues Desktop-Tool *evenbetter Express*

Als Basis dafür diente die Neueinführung des Desktop-Tools *evenbetter Express* – der „strategischen Waffe" des Unternehmens, um Kundenloyalität und Ubiquität zu erreichen –, an dessen Entwicklung man bereits seit Monaten mit Hochdruck arbeitete und das im November 1999 in der Beta-Version gelauncht wurde. *evenbetter Express* ist ein auf dem lokalen Rechner des Nutzers verweilendes Tool, dass One-Click Comparison Shopping ermöglicht. Nachdem ein Nutzer das kostenlose Tool heruntergeladen und installiert hat, residiert *evenbetter Express* im Rechnerhintergrund und wird aktiv, sobald der Nutzer auf einer Shopping-Site ein Produkt auswählt. Automatisch werden ihm Sekunden später die Preise und Konditionen aller angeschlossenen Shops angezeigt (siehe Abbildung auf der nächsten Seite). Er braucht dann nur noch das günstigste Angebot auszuwählen. Per Mausklick wird er zur Bestellseite des jeweiligen Shops geleitet und kann den Kauf abschließen. Die Patentanmeldung der Technologie des *evenbetter Express* läuft zur Zeit.

evenbetter Express: Strategische Rolle

Unternehmensstrategisch ist der *evenbetter Express* in zwei Dimensionen wichtig:

- *„Kundenakquisition und Kundenbindung“:* Der *evenbetter Express* kann durch revolutionären Kundennutzen und First-Mover-Effekt Pionierkunden und damit Multiplikatoren gewinnen. Durch die Distribution als Download-Tool erschließt er alternative Vertriebswege. Weiterhin ist er „sticky“, d.h. der Nutzer wird implizit immer wieder aufgefordert, den Service von *evenbetter.com* zu nutzen (Desktoppräsenz = Kundenbindung).
- *„Marktstellung“:* Die Innovationsführerschaft wird ausgebaut (Differenzierung von der Konkurrenz). Außerdem besitzt der *evenbetter Express* vielerlei Erweiterungsmöglichkeiten. Nicht zuletzt wird durch die permanente Präsenz eine erhöhte Attraktivität für Werbepartner erreicht.

evenbetter Express ist benutzerfreundlich

Technologische Führerschaft und Expansion ohne Fokusverlust sind beim *evenbetter Express* wichtig, entscheidender ist aber noch die Benutzerfreundlichkeit des Tools: Jeder Nutzer kann seinen Lieblings-Shop für die Produktauswahl verwenden – der Preisvergleich findet automatisch über den Toolbar statt, ohne dass die Shop-Site verlassen werden muss.

Konzept des *evenbetter Express*

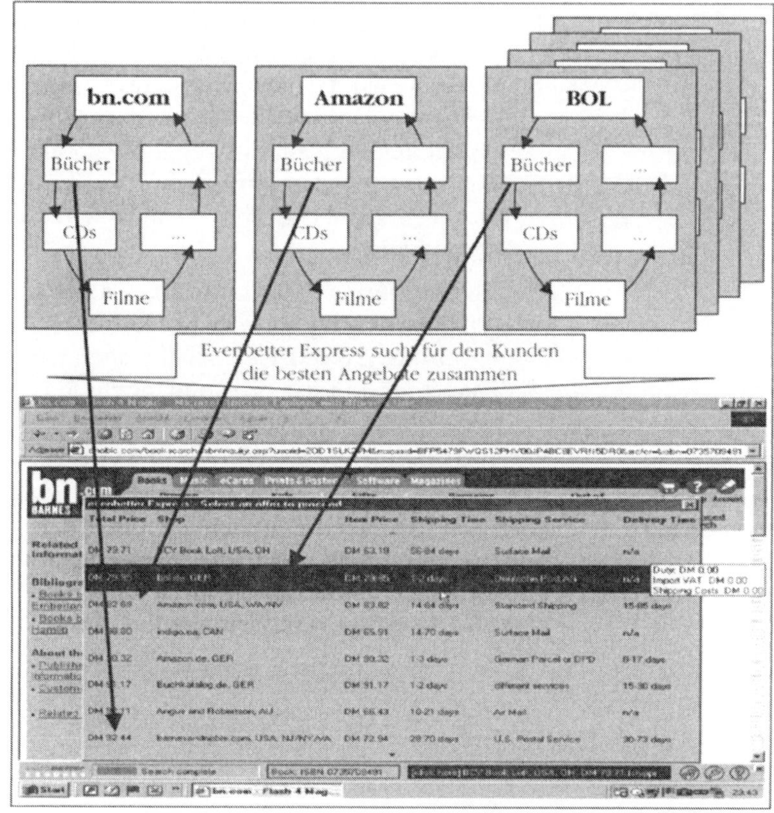

Abbildung 4: Das Konzept des *evenbetter Express*

Große Online-Werbekampagne

Mit dem Launch des *evenbetter Express* im November 1999 startete *evenbetter.com* eine mit mehreren Millionen US-Dollar ausgestattete Online-Kampagne. Weiterhin wurden Kooperationen mit strategischen Partnern gesucht, über die der *evenbetter Express* vertrieben werden kann. Insbesondere das Bundling des *evenbetter Express* mit anderen Download-Tools war aufgrund der zu erwartenden Affinität der Nutzer gegenüber solchen Tools ein erklärtes Ziel dieser Aktivitäten im Business Development.

Quantensprung in den Nutzerzahlen

Die bisherige Entwicklung der Kundenzahlen zeigt, dass *evenbetter.com* mit diesem Ansatz auf dem richtigen Weg ist: Bereits in den ersten Monaten konnten mehrere hunderttausende Nutzer gewonnen werden.

Internes Wachstum: mehr als 20 Mitarbeiter

Auch in der internen Entwicklung ist *evenbetter.com* einen großen Schritt vorangekommen: Die Büros in Heidelberg und New York sind bezogen, die Zahl der festen und freien Mitarbeiter ist auf über 25 angestiegen. Weitere Einstellungen sind geplant. Während das New Yorker Team sich um den Ausbau der Präsenz und Gewinnung von neuen Kunden in Nordamerika kümmert, liegt in Heidelberg die Verantwortung für die Technologie- und Site-Entwicklung sowie für das Geschäft außerhalb von Nordamerika. Die Vorstandsvorsitzende arbeitet alternierend in Heidelberg und New York.

Lessons learned: Phase rapiden Wachstums

Lessons learned

1. Die Anbindung an einen großen strategischen Investor kann ein entscheidender langfristiger Vorteil für ein Start-up sein.
2. Man sollte dort präsent sein, wo der Markt ist! Wenn die USA ein entscheidender Markt sind, dann muss dort auch ein Büro sein – mit Mitarbeitern, die direkten Marktkontakt haben.
3. Ab einer bestimmten Größe sollte erfahrenes Management zur Professionalisierung des Unternehmens hereingeholt werden! Virtuelle Organisationsformen haben ihre Grenzen.

11.3 Die strategischen Erfolgsfaktoren in der Einzelanalyse

Zwei Haupt-Erfolgsfaktoren

Für die bisher zweieinhalbjährige Entwicklung von *evenbetter.com* sind v.a. zwei Faktoren – in zeitlicher Reihenfolge – erfolgsentscheidend gewesen, auf die nun eingegangen wird.

11.3.1 „Aus der Studentenbude heraus den US-Markt erobern"

Entscheidung für den US-Markt

Obwohl Münchhoff und Janz in den letzten Jahren nicht ein einziges Mal in den USA waren, haben sie sich bereits beim Launch ihres Services auf den US-Markt konzentriert. Diese Entscheidung war einer der Grundpfeiler für den Erfolg von *evenbetter.com.*

Deutschland war noch nicht reif

In den USA war 1997 der Markt durch eine Fülle von gerade aufkommenden Online-Shops weit genug, um *evenbetter.com* zu einem für den User nützlichen Service zu machen. In Deutschland hingegen waren die Gründer mit ihrer Idee der Marktentwicklung weit voraus; der deutsche Markt war für *evenbetter.com* noch längst nicht reif.

Internet ermöglicht virtuelles Unternehmen

Durch den raumübergreifenden Charakter des Internets stellte dies kein Problem dar: Münchhoff und Janz mieteten sich per Kreditkarte einfach einen Server in Oklahoma und arbeiteten als quasi-amerikanisches Unternehmen. Durch den durchgängig englischsprachigen Auftritt meinten die meisten User, dass sie es mit einer US-Site zu tun hätten. Erfuhr etwa ein User, ein Shop oder ein Journalist durch Zufall, dass hinter *evenbetter.com* ein deutsches Unternehmen steckte, so löste dies meist großes Erstaunen aus. Als virtuelles Unternehmen konzipiert, konnten die Gründer von ihren Wohnungen in Ludwigsburg und Heidelberg aus arbeiten. Kleinere Veränderungen in den Tagesgewohnheiten (noch heute arbeiten die Gründer vorwiegend nach Eastern Standard Time, d.h. oft bis weit nach Mitternacht) und der Verzicht auf persönliche Treffen mit Geschäftspartnern waren die einzigen bemerkbaren Einschränkungen.

Vorteile der virtuellen Organisation

Dafür sparte man eine teure Büro-Infrastruktur und einhergehenden Overhead ein und konnte eine extrem effiziente, zielorientierte Arbeitsweise erreichen. Münchhoff konnte sein Studium fortsetzen; der Abschluss ist noch für dieses Jahr geplant. Janz, der aufgrund einer chronischen Krankheit nur von Zuhause aus arbeiten kann, konnte so trotz dieser Einschränkung federführend den Erfolg von *evenbetter.com* mitgestalten. Alle Mitarbeiter wurden „remote" per E-mail und Telefon koordiniert. Das war v.a. deshalb von Nutzen, weil junge motivierte Mitarbeiter mit Spezial-Know-How aus ganz Deutschland verpflichtet werden konnten. Jeder Mitarbeiter konnte entsprechend seinen Kompetenzen und Vorlieben flexibel eingesetzt werden; Projekte wurden bedarfsbezogen besetzt.

Unternehmenskultur

In traditionellen Brick-and-Mortar-Unternehmen wären all dies unüberwindbare Hindernisse gewesen; bei *evenbetter.com* waren und sind sie wesentlicher Bestandteil des Erfolgs. Schnelligkeit, Flexibilität und Innovationsorientierung sind Kernwerte der Unternehmenskultur. Nur so ist es gelungen, internationale Marktführerschaft mit einer rein virtuellen, in Deutschland beheimateten Organisation zu erreichen.

Grenzen der Virtualität

Mit zunehmendem Markterfolg erwies sich die virtuelle Organisation jedoch zunehmend als Hindernis: Es war weder möglich, kurzfristig mit einzelnen Teammitgliedern im persönlichen Gespräch strategische und operative Fragen zu besprechen, noch konnten Investoren oder Geschäftspartner zu Gesprächen ins Büro eingeladen werden.

11.3.2 „Medien-Powerhaus Bertelsmann als strategischer Mehrheitseigner eröffnet neue Möglichkeiten"

Warum Bertelsmann?

Oft sind die Gründer von *evenbetter.com* gefragt worden, warum sie einen strategischen Investor und nicht VC-Geber als Partner gesucht haben. Für viele bedeutet die Aufnahme eines strategischen Partners immer noch, dass darunter die Kernerfolgsfaktoren Schnelligkeit und Innovationskraft leiden. Im Fall von *evenbetter.com* konnte allerdings der strategische Partner Bertelsmann deutlich mehr bieten als VC-Firmen.

Start-up vs. Großunternehmen

evenbetter.com wird weiterhin, also auch nach dem Einstieg von Bertelsmann, als Start-up geführt. Geschwindigkeit von Entscheidungsfindung und Umsetzung sowie Innovationsfähigkeit sind in keinster Weise eingeschränkt; es gibt keine operative Einflussnahme des Bertelsmann-Konzerns in das Tagesgeschäft. Strategieabstimmungen laufen wie in jeder Aktiengesellschaft regulär über den Aufsichtsrat, in dem Bertelsmann den Vorsitz stellt, und kurzfristige Abstimmungen erfolgen per E-mail oder Telefon. Außerdem ist Bertelsmann nach Ansicht vieler Experten und auch der Gründer von *evenbetter.com* das innovativste Medienunternehmen der Welt. Bertelsmann ist mit einer Beteiligung an AOL seit Anfang der 90er Jahre im Internet aktiv und hat mittlerweile ein beeindruckendes Portfolio von Beteiligungen und eigenen Internetfirmen aufgebaut. *evenbetter.com* fühlt sich dort gut aufgehoben.

Konkrete Vorteile durch Bertelsmann

Die Möglichkeiten, die sich durch Bertelsmann für *evenbetter.com* erschließen, sind dank zahlloser nicht-monetärer Mehrwerte gewaltig und einer reinen VC-Beteiligung überlegen. Für das Büro in New York z.B. bezog *evenbetter.com* voll ausgestattete Büroräume im Bertelsmann-Tower am Times Square. Innerhalb von nur einem Tag war man voll einsatzfähig. Die globale Infrastruktur des Konzerns sorgt dafür, dass das *evenbetter.com*-Management bei Personalverwaltung, Rechts- und Steuerberatung die vorhandenen Experten beanspruchen kann, ohne eigenen Overhead aufzubauen. Es ist ihnen dadurch möglich, sich voll auf wichtigere Aufgaben der Unternehmensführung zu konzentrieren. Zudem profitiert *evenbetter.com* von einem weltweiten Netzwerk an Industriekontakten und dem Namen Bertelsmann - für ein Start-up-Unternehmen ein enorm hilfreicher Türöffner in verschiedensten Situationen. Und nicht zuletzt hat Bertelsmann mit Schick und Epp zwei im Medienbereich erfahrene Manager in das Unternehmen eingebracht, die *evenbetter.com* für die weitere Expansion braucht – angesichts der Personalknappheit im Management-Bereich ein unschätzbarer Mehrwert und Zeitvorteil, um *evenbetter.com* schnellstmöglich „up to speed" zu bringen.

Motive von Bertelsmann für den Einstieg

Doch es gab nicht nur Argumente auf der Seite von *evenbetter.com*; auch Bertelsmann hatte natürlich Gründe für den Einstieg. Darauf geht Bertelsmann Multimedia-Vorstand Klaus Eierhoff im Folgenden ausführlich ein.

Warum investiert Bertelsmann in evenbetter.com?

Dr. Klaus Eierhoff, Multimedia-Vorstand der Bertelsmann AG

Bertelsmann drittgrößte Internet-Firma

Bertelsmann hat sehr frühzeitig die Bedeutung des Internets erkannt und ist – summiert man die Umsätze aller Internet-Geschäfte – die drittgrößte Internet-Firma weltweit. Die Strategie des Unternehmens ist, sowohl durch Eigenentwicklung als auch durch Akquisitionen und Partnerschaften den Markt zu besetzen. An *evenbetter.com* (vormals DealPilot.com) hat sich Bertelsmann vor allem aus zwei Gründen beteiligt, um einen wichtigen Schritt im Internet mitzugehen und um Stammgeschäfte zu fördern.

Intermediäre als strategischer Trend

Zum einen repräsentiert *evenbetter.com* in unseren Augen einen neuen, strategisch wichtigen Trend im Internet, das Entstehen von Intermediären. Intermediäre setzen sich zwischen die Webanbieter und den Endkunden und suchen aus der Vielzahl der Angebote das für den Kunden am besten geeignete heraus. Der Bereich E-Commerce ist ein mögliches Betätigungsfeld für Intermediäre. Andere Bereiche, in denen Intermediäre aktiv sind, sind Nachrichten („Paperball.de") oder Werbung („Doubleclick").

Intermediäre bekommen Endkundenkontakt

Wenn man diese Entwicklung konsequent weiterdenkt, kommt man zu einem Szenario, in dem nur noch die Intermediäre mit den Kunden in Kontakt kommen, nicht mehr die einzelnen Anbieter. Im Falle von E-Commerce heißt das, dass ein Internet-Anbieter wie BOL nur noch die Bestellungen abwickelt, aber nicht mehr weiß, welche Produkte ein Kunde nur gesucht, aber nicht gekauft hat. Für den Anbieter ist das ein ungeheuerlicher Wissensverlust, da er die einzelnen Kunden nicht so gut kennenlernt und damit keine maßgeschneiderten Angebote machen kann. Dieses Szenario ist in seiner Extremform zwar nicht wahrscheinlich, jedoch ist anzunehmen, dass Intermediäre wie *evenbetter.com* zumindest einen bedeutenden Anteil des Marktes einnehmen werden. Daher ist es für Bertelsmann sehr wichtig, auch

Marketing-Tool

diesen Teil des E-Commerce-Marktes frühzeitig und mit einem weltweit führenden Produkt zu besetzen.

Zusätzlich ist *evenbetter.com* in seiner Eigenschaft als Preisvergleichsmaschine für Medienprodukte ein wichtiges Marketing-Tool für Bertelsmann. Sucht man mit einer solchen Preisvergleichsmaschine in Deutschland beispielsweise nach Büchern, stellt man fest, dass aufgrund der Buchpreisbindung die Preise überall gleich sind – außer in den Buchclubs. Tools wie *evenbetter.com* werden mit Hilfe des Internets eine nie gekannte Markttransparenz schaffen. Gerade das junge und preisbewusste Internet-Publikum wird die alten Vorteile des Buchclubs dadurch kennenlernen und zu schätzen wissen.

Fazit: Doppelaufgabe

So erwartet Bertelsmann, dass *evenbetter.com* sowohl den Stammgeschäften hilft, ihren USP zu kommunizieren, als auch Bertelsmann an einem neuen und wichtigen Trend im Internet teilhaben lässt.

11.4 evenbetter.com's Herausforderungen und Pläne für die Zukunft

Zukunftspläne

Die letzten Jahre von *evenbetter.com* waren turbulent, aber die Zukunft verspricht noch eine erhebliche Beschleunigung der Entwicklung. Um sich weiter als globale Marke zu etablieren, sollen der Service ausgebaut und neue geographische Märkte erschlossen werden. Die Organisation muss dabei auch international wachsen und weitere Finanzierungsschritte, evtl. ein Börsengang, werden folgen.

11.4.1 Ausbau des Serviceangebots, geographisches und internes Wachstum

Erweiterungen des evenbetter.com Services

Die große Akzeptanz der beiden Produkte von *evenbetter.com*, des *evenbetter Express* und der Website, ist Ansporn für das Team, sich permanent zu verbessern und die Produkte weiterzuentwickeln, kurzum um „even better" zu sein. Derzeit sind zahlreiche Erweiterungen geplant, u.a.:

- *Neue Kategorien:* Die Erweiterung über den Bereich der Medienprodukte hinaus in Software, Hardware, Elektronikprodukte und langfristig alle wichtigen im Internet verfügbaren Produkte.
- *Erweitertes Informationsangebot:* Damit Kunden eine umfassende Beratung durch den *evenbetter Express* erhalten, sollen professionelle Reviews und Meinungen zu den Produkten angeboten werden. Außerdem sollen Produktvergleiche und Händlerrankings das Angebot ergänzen. Kooperationen mit Meinungsportalen und ähnlichen Anbietern sind in Vorbereitung.
- *Shopping-Cart-Transport:* Die Einkaufskorb-Funktion soll auf den *evenbetter Express* transferiert werden, damit Produktbündel des Kunden vollautomatisch zu allen gewünschten Online-Shops transportiert werden können.
- *Wireless Shopping:* Am erwarteten explosiven Wachstum von Internet-Applikationen für drahtlose Kommunikation (Mobiltelefone, PDAs u.ä.) will *evenbetter.com* durch das Anbieten seiner Services aktiv teilhaben. Die Vorbereitungen für Mobile-Commerce laufen bereits.
- *Horizontal Surfing:* Den Nutzern soll kontextsensitiver Wettbewerbs-Content angeboten werden, z.B. wenn ein Kunde auf einer Site mit Jobangeboten ist, wird ihm *evenbetter Express* in naher Zukunft auf Wunsch anzeigen, welche weiteren Jobsites es gibt.

evenbetter.com als Trusted Shopping Agent

All diese Funktionen sollen den Status von *evenbetter.com* als komfortabler „Trusted Shopping Agent" des Kunden untermauern und die Basis für das Unternehmenswachstum bilden. Als E-Commerce-Portal und Meta-Shop mit direktem Kundenkontakt wird *evenbetter.com* ideal positioniert sein, um vom Wachstum des Internet-Marktes in besonderem Maße zu profitieren.

Internationale Expansion

Weiterhin ist die internationale Expansion geplant. Die entsprechenden Märkte haben inzwischen weitgehend einen Reifegrad erreicht, so dass Shopping Agents von den Kunden nachgefragt werden. *evenbetter.com* konzentriert sich dabei zuerst auf die europäischen Kernmärkte; die asiatischen und lateinamerikanischen Märkte sind später geplant.

Internes Wachstum

Zur Erreichung dieser Marktziele ist eine starke Vergrößerung des Teams notwendig. Die Büros in Heidelberg und New York sind weiter zu verstärken. Schwerpunkte liegen dabei sowohl im

Ausbau der Bereiche Marketing/Public Relations und Business Development als auch in der Erweiterung der Technologieteams (Agententechnologie, Webdesign, Usability, Server und Netzwerk).

11.4.2 Dritte Finanzierungsrunde

Erneuter Kapitalbedarf

Die Markt- und internen Ziele von *evenbetter.com* erfordern erhebliche finanzielle Mittel. Das Kapital aus dem Einstieg von Bertelsmann wird nicht ewig reichen, und *evenbetter.com* ist weder profitabel noch wird die Profitabilitätsschwelle kurzfristig erreicht werden. Dies ist auch nicht beabsichtigt. Denn nicht kurzfristige Profite stehen im Vordergrund, sondern die Gewinnung größtmöglicher Marktanteile, um so langfristige Marktführerschaft zu erlangen und damit die Basis für ein langfristig hochprofitables Unternehmen zu schaffen. Ausschließlich aus dem Cash-Flow kann *evenbetter.com* daher nicht wachsen, weshalb weitere Finanzierungsrunden geplant sind.

Einzigartiges, profitables Geschäftsmodell

Dabei befindet sich *evenbetter.com* in der glücklichen Lage, bereits von Anfang an mit einem funktionierenden Geschäftsmodell zu arbeiten. Es muss nicht noch ein Ansatz gefunden werden, mit dem die Nutzerzahlen in Umsatz umgewandelt werden können, wie es bei vielen anderen Online-Unternehmen der Fall ist. Bei *evenbetter.com* ist der Weg zur Profitabilität bereits deutlich vorgezeichnet: Mehrere Umsatzkanäle (Händlerkommissionen sowie Werbeeinnahmen und Lizenzeinnahmen) sowie ein extrem skalierbares Geschäftsmodell garantieren dies.

Geschäftsmodell mit mehreren Umsatzkanälen

Beachtlicherweise war *evenbetter.com* bereits ganz zu Anfang seines Geschäftsbetriebs profitabel. Diese Eigenschaft teilt das Unternehmen z.B. mit eBay, die auch profitabel anfingen, dann Wachstumsverluste in Kauf nahmen, um inzwischen eines der wenigen profitablen E-Commerce-Unternehmen zu sein. Ein weiterer Vorteil des Multi-Umsatzkanal-Geschäftssystems von *evenbetter.com* besteht darin, dass das Unternehmen auf eventuelle Veränderungen der Marktsituation besser vorbereitet ist als Wettbewerber mit nur einem Umsatzstandbein.

11.5 „Our mission is to go forward, and it has just begun"[3]

In 2½ Jahren zum Weltmarkterfolg

Im Jahr 1997, das Internet steckte in Deutschland noch in den Kinderschuhen, hatten zwei deutsche Studenten die Vision von einem Preisvergleichsdienst im Internet. Inzwischen hat sich *evenbetter.com* zu einem im Weltmarkt führenden Service entwickelt, und innerhalb von zweieinhalb Jahren ist ein rapide wachsendes, international tätiges Unternehmen entstanden.

evenbetter.com ideal positioniert

Die Wachstumschancen sind jedoch noch längst nicht ausgereizt. Durch die auf den vorangehenden Seiten dargestellten Service- und Markterweiterungen, die optimale Skalierbarkeit des Geschäftsmodells und mehrere aussichtsreiche Umsatzkanäle hat *evenbetter.com* noch erhebliche Wachstumspotenziale vor sich. Der Zielmarkt ist prinzipiell der gesamte Markt elektronischen Handels. Und *evenbetter.com* als Trusted Agent der Kunden ist ideal positioniert, einen erheblichen Teil dieses Marktes einzunehmen.

[3] Zitat von Captain Jean-Luc Picard aus der TV-Serie „Star Trek – The Next Generation".

12 Eine Auto-Börse für Europa: Von MasterCar zu AutoScout24

Nicolas Carbonari

Der Autor

Dr. Nicolas Carbonari

ist 37 Jahre alt, studierte an der Universität Padua, Italien das Fach Elektrotechnik, promovierte 1986 und leitet nach 6-jähriger Tätigkeit bei McKinsey seit 1998 den Internet-Dienst AutoScout24.

12.1 Einleitung

Eine Idee wird geboren

Im Juli 1997 hörte meine Frau auf, mit mir zu sprechen. Einen ganzen Monat lang. Ohne sich zu beschweren hatte sie dabei zugesehen, wie ich mich jeden Abend zwischen Januar und März, nach den Arbeitstagen als Berater bei McKinsey, in Unterlagen vergrub, Marktstudien analysierte und manchmal bis tief in die Nacht über dem Unternehmenskonzept brütete. Sie wurde nicht ein einziges Mal wütend, als überall zu Hause kleine Papierberge aus dem Boden wuchsen, im Wohnzimmer, unter dem Bett, selbst im Bad. Und sie lächelte sogar ein wenig, als ich mich im April für drei Monate von McKinsey beurlauben ließ und 40 Quadratmeter unserer Wohnung in Beschlag nahm, um ein Notbüro für die ersten Schritte des eigenen Unternehmens einzurichten. Im Juli aber, als ich ihr von meinem Entschluss erzählte, McKinsey zu verlassen, um das große Abenteuer zu wagen, war es aus mit dem Lächeln. „Du bist verrückt", sagte sie, „so eine tolle Karriere aufzugeben. Wofür denn?" Ich dachte kurz nach und wollte antworten: „Für eine Revolution." Doch sie war schon aus dem Zimmer gegangen, um nach unserem weinenden Sohn zu schauen, den wir gerade erst bekommen hatten.

Die Antwort hätte ihr auch kaum gefallen. Heute zählt AutoScout24 zu den erfolgreichsten Internet-Marktplätzen für Gebrauchtwagen in Deutschland und Europa. Allein im März 2000 verzeichnete die Auto-Community 22 Millionen Pageviews und 2,5 Millionen Besucher, die unter 140.000 angebotenen Fahrzeugen von Privatinserenten und 1.150 angeschlossenen Händlern nach einem neuen Gebrauchten oder nach interessanten Informationen rund ums Auto suchten. Heute ist es nicht übertrieben, zu behaupten, dass virtuelle Marktplätze wie AutoScout24 die traditionellen Vertriebswege der Automobilbranche innerhalb einer kurzen Zeitspanne tatsächlich revolutioniert haben. Und die Entwicklung verläuft weiterhin geradezu explosiv. Auch bei den Scouts, die schon im Jahr 2001 weit über 200.000 Gebrauchtwagen anbieten werden und mit 1,4 Millionen Fahrzeuggesuchen per Internet und Call-Center etwa 20 Prozent der gesamten Nachfrage in Deutschland abdecken. Damals jedoch, im Juli 1997, als es den Namen „AutoScout24" noch nicht einmal gab, fiel es vielen schwer, an solch eine Revolution zu glauben. Was existierte schon? Kaum mehr als eine neuartige Idee, grenzenloser Optimismus, ein Entwurf zu einem Unternehmenskonzept und eine erste Testseite unter dem Namen „MasterCar" mit 350

Vom der Idee zur Website

eingestellten Fahrzeugen und fünfzig Besuchern am Tag. Nicht viel also, auch wenn eines im Überfluss vorhanden war: Sorgen.

Welche Richtung diese Sorgen gehen würden, zeigte sich bereits im Dezember 1996, als alles begann. Aus intensiven Gesprächen mit meinem McKinsey-Kollegen Nikolas Deskovic, heute Geschäftsführer der AutoScout24 GmbH, tauchte in dieser Zeit erstmals der Gedanke auf, Marktplätze im Internet mit Angeboten aufzubauen, die bis dahin nur verstreut vorlagen. Das Internet, soviel wussten wir bereits, brachte die technischen Voraussetzungen mit, um lokal und regional versprengte Nachfrager und Anbieter aus verschiedenen Branchen auf neue Art und Weise miteinander in Kontakt zu bringen - unabhängig von den üblichen örtlichen und zeitlichen Begrenzungen. Wir weihten ein paar Kollegen ein, die sich für unsere Idee interessierten, solange alles im Stadium der Theorie blieb. Vor der praktischen Umsetzung mit allen Konsequenzen und Risiken jedoch schreckten sie zurück. Investitionen ins Internet, wandten sie ein, seien einfach nicht strategisch und viel zu ungewiss. Auch andere dachten so, wie wir noch erfahren sollten.

12.2 Ein Automarkt im Internet

Wie kauft man eigentlich Autos?

An unseren Plänen änderten diese Einwände nicht das Geringste. Wir konzentrierten uns auf intransparente Märkte mit einem extrem breiten Angebotsspektrum, das mit Hilfe der klassischen Medien nicht mehr darstellbar ist. Brainstorm: welche Märkte? Immobilien, Jobs, Travel, Kunst. Und Autos. Als passionierter Fahrer eines Oldtimers fragte ich Nikolas Deskovic: „In welchem Umkreis würdest Du Dich umschauen, wenn Du nach einem ganz bestimmten Gebrauchtwagen suchst. Wenn es für Dich heißt: >Der oder keiner<. Wenn Du bereits alles genau vor Dir siehst: Farbe, Ausstattung, Baujahr, Preis und Kilometerstand?" „In ganz Deutschland", sagte er nach kurzem Nachdenken. „Wo genau?" „Keine Ahnung. Dazu müsste ich mir erst ein paar hundert Zeitungen und Anzeigenblätter besorgen – auch in ganz Deutschland."

Der gemeinsame McKinsey-Background als Berater für Automobilunternehmen ließ uns das enorme E-Commerce-Potenzial für den Kraftfahrzeugmarkt schnell erkennen: Jahr für Jahr wechseln in Deutschland mehr als 7 Millionen gebrauchte Autos den Besitzer. Dabei wird regelmäßig ein gigantisches Umsatzvolumen von rund 118 Milliarden Mark erzielt, das sich etwa zu gleichen Teilen auf gewerbliche Händler und Privatanbieter verteilt. Auffällig dabei ist, dass die Kunden immer stärker zu jungen Gebrauchtwagen tendieren, wobei die Marken VW, Opel und Ford bevorzugt werden. Das Angebot an diesen Fahrzeugen ist groß. Für manche Händler zu groß, und die Standzeiten verlängern sich dramatisch. Nahezu jeder vierte Gebrauchtwagen steht länger als ein halbes Jahr nutzlos auf den Höfen der Händler herum, die dadurch hohe und langwierige Kapitalbindung verkraften müssen.

Einen ganz neuen Marktplatz erschaffen

Marktstudien über den Autohandel in den USA zeigten zudem, dass auch der Endverbraucher ein enormes Interesse daran hat, seinen Wagen online zu kaufen. Car-Broker wie Autobytel, der seit 1995 neue und gebrauchte Fahrzeuge im Internet anbietet, konnten vom Start weg überraschend hohe Marktanteile erobern und mit jährlichen Steigerungsraten von bis zu 500 Prozent beständig ausbauen. 1996 war in den USA der Autokauf per Mausklick bereits Realität. Dabei zeigte sich von Beginn an, dass unabhängige Anbieter das Rennen machten, Unternehmen wie Carpoint oder Autobytel, das als weltweit größter Car Buyer Service heute, im April 2000, ein Umsatzvolumen von über 1,2 Milliarden Dollar pro Monat erzielt. Aus diesen Beobachtungen ließ sich nicht nur der mögliche Erfolg für unsere Geschäftsidee ablesen. Die Entwicklung in den USA zeigte auch, dass die deutlich höhere Markt- und Preistransparenz durch virtuelle Anbieter grundlegend in den Prozess des Autokaufs eingreift. Die Möglichkeit, vor jeder Kaufentscheidung im Internet umfassende und neutrale Informationen vom Preisvergleich bis zum Testbericht einholen zu können, bewirkt eine radikale Veränderung des Nachfrageverhaltens. Sie stärkt die Position des Konsumenten, der nicht mehr hinter den einmal erreichten status quo zurückfällt, sondern im Gegenteil mehr Transparenz verlangt, mehr Serviceleistungen, mehr Informationen - einen neuen Markt.

Wir zogen aus den Studien Schlussfolgerungen, die in Gesprächen mit Vertretern von Verbänden, Autoherstellern und des Fachhandels weitgehend bestätigt wurden: Nicht nur der Gebrauchtwagenhandel ist händeringend auf der Suche nach neuen Absatzmärkten und Zielgruppen weit über das angestammte Einzugsgebiet hinaus. Auch der Autokäufer wartet auf die Möglichkeit, seinen Traumwagen auf einem großen und übersichtlichen Markt bequem und souverän vom Schreibtisch aus zu finden. Für einige Wochen glaubten wir wirklich, die deutsche Autowelt würde auf nichts anderes warten, als auf unsere Idee: auf eine Gebrauchtwagenbörse im Internet.

12.3 Den Ersten beißen die Hunde

Der Entwicklung voraus

Die erste Ernüchterung kam im Mai 1997. Eine Testversion der Webseiten von MasterCar war fertig programmiert, erste Wurfpost-Werbezettel und direct mailings erreichten die Händler. Die Resonanz war niederschmetternd. Nur wenige der Angeschriebenen konnten überhaupt etwas mit dem Begriff „Internet" anfangen. Für Computer, hieß es oft, sei die Sekretärin zuständig. Statt auf Interesse oder gar Begeisterung stießen wir auf Zurückhaltung und Skepsis. Selbst Autohersteller werteten das Internet meist nicht als Chance, sondern als eine diffuse Gefahr, als chaotischen Flohmarkt einer „Alles-umsonst-Mentalität" oder als neue interaktive Schmuddelecke, randvoll mit Sex-Bildern. Nicht nur, dass der Markt, den wir aufbauen wollten, vollkommen neu in Deutschland war, auch das World Wide Web war für die meisten eine unbekannte Größe, ein Spielzeug für Technikexperten und Freaks, aber keine ernste Angelegenheit. Schon gar nichts, um Geschäfte damit zu machen.

Internet ist nicht strategisch

Wie weit diese Meinung tatsächlich verbreitet war, erfuhren wir bald darauf, im Oktober. Innerhalb von drei Monaten hatten wir einen ausführlichen Business-Plan auf die Beine gestellt. Aus langjähriger Erfahrung wussten wir, dass die Banken mit ihrer konservativen Kreditpolitik als Ansprechpartner und Geldgeber für uns nicht in Frage kamen. Wir schickten den Plan an insgesamt 25 Venture Capital-Unternehmen, und es dauerte nicht einmal eine Woche, bis 21 der angeschriebenen Companies antworteten, um abzusagen. Selbst große und bekannte Venture Capital-Firmen, die heute, ohne jedes Wimpernzucken, Millionen in Internet-Start-ups pumpen, bewiesen damals, dass sie noch nicht einmal Ende 1997 mit dem Begriff „Internet" vertraut waren. So liefen die Begründungen für die Absagen unisono auf ein Argument hinaus, das wir bereits gut kannten: Das Internet, mussten wir lesen, sei nicht strategisch. Statt dessen sollten wir es doch lieber mit der Entwicklung von Software oder mit Biotechnologie versuchen. Beides sei aussichtsreicher.

Es ist schwer seinen Optimismus zu behalten, wenn das Desinteresse potenzieller Geldgeber gleich bündelweise im Briefkasten steckt. Mehr aus Gewohnheit heraus und der leisen Hoffnung auf vier Antworten, die immer noch ausstanden, habe ich MasterCar als „one man company“ im Heimbüro weiter entwickelt. Nikolas Deskovic half am Wochenende, neben seiner Arbeit bei McKinsey. Noch im Oktober trafen zwei weitere Absagen ein, während unsere Webseiten von MasterCar einen neuen, immer noch traurigen Rekord verzeichneten: 150 Besucher am Tag und 2.000 Fahrzeuge, die für eine wirklich runde Summe in die Datenbank eingestellt wurden: Für null Mark.

Hoffen bis zuletzt

Im Dezember, als immer noch keine Zusage eingetroffen war, erreichte die Stimmung ihren Tiefpunkt. Zum ersten Mal spielte ich mit dem Gedanken, alles hinzuschmeißen, um reumütig zur Unternehmensberatung zurückzukehren. Doch das Christkind brachte zu Weihnachten 1997 ein besonderes Geschenk mit, einen Brief der IVC AG in Frankfurt, die sich für unser Konzept interessierte. Selbst ein junges Startup, ausgestattet mit erfolgreichen Unternehmern, einem feinen Gespür für Management-Qualitäten und einer vollkommen unbürokratisch funktionierenden Administration, erkannte die junge Venture Capital-Firma die Chancen des E-Commerce im Internet. Trotzdem war es nicht leicht, die IVC von unserem Vorhaben restlos zu überzeugen. Drei Monate dauerten die Verhandlungen. Dann, im März 1998, fiel die Entscheidung: Die IVC erklärte sich bereit, 500.000 Mark Eigenkapital für 50 Prozent von MasterCar zu bezahlen. Die restlichen 50 Prozent, also noch einmal 500.000 Mark für die eigenen Firmenanteile, mussten von mir und Nikolas Deskovic aufgebracht werden, der sich entschlossen hatte, McKinsey ebenfalls zu verlassen. Wenn man sich vorstellt, dass heute jedes Team von ehemaligen High-Level-Beratern für ein Internet-Konzept ohne jede Eigenbeteiligung mit Millionen überschüttet wird, weiß man, dass ein „first mover advantage“ auch seine Nachteile hat. Heute würde ich über das Angebot von damals bittere Tränen weinen. Wir aber freuten uns wie verrückt, komplett verschuldet zu sein, als wir im April 1998 die MasterNets Beteiligungsgesellschaft gründeten.

12.4 Erfolg macht erfolgreich

Der Zündstoff für Unternehmer

Von George Bernard Shaw stammt der Ausspruch: „Geld ist nichts. Aber viel Geld, das ist etwas anderes." Kaum weniger weitsichtig ist die Ansicht, dass nichts so erfolgreich macht wie Erfolg. Beides ist wahr. Denn noch im April 1998 besuchten 1.000 Online-Surfer MasterCar im Internet. 30 Testhändler waren zu dieser Zeit kostenlos mit ihrem Angebot in der Datenbank vertreten, die von unserem ersten Angestellten betreut wurde und mittlerweile 5.000 Gebrauchtwagen umfasste. Mit dem ersten großen Werbebudget in Höhe von 250.000 Mark schossen diese Zahlen nach oben. Bereits der Juni brachte 50.000 Pageviews, 5.000 zusätzliche Fahrzeuge, 2 weitere Mitarbeiter und noch einmal 20 Händler, die sich an die neuen Vertriebskanäle von MasterCar anschlossen. Das Unternehmen wuchs über das Heimbüro hinaus und wurde in die 200 qm großen Räume der Rosenheimerstraße in München verlegt.

Nicht nur eine wachsende Zahl von Kunden und Interessenten fand den Weg zu MasterCar. Auch das Geld machte sich auf den Weg. Im Juli beteiligte sich die tgb, das Förderungsinstitut der Deutschen Ausgleichsbank für Technologieunternehmen, mit einer Investition in Höhe von 1,5 Millionen Mark. Eine Werbeaktion, die von der Zeitung Impulse gesponsort wurde, zog 15 Privatinvestoren an, die eine Million Mark in das Unternehmen einbrachte - man muss erfinderisch sein, um an Geld zu kommen. Und Freizeit haben. Denn während MasterCar den ehemaligen McKinsey-Kollegen Christian Mangstl gewinnen konnte und im September 1998 auf 6 Mitarbeiter, 70 Auto-Händler und 15.000 Gebrauchtwagen anwuchs, brachte ein Segeltörn noch einen privaten Investor dazu, weitere 500.000 Mark in die Company fließen zu lassen.

Etwa zu dieser Zeit entstand erstmals der Gedanke, den Online-Handel mit Gebrauchtwagen international auszudehnen. Schon damals zeichnete sich ab, dass erfolgreiche Wettbewerber auf der ganzen Welt ähnliche Ziele verfolgten und jeder verspätete Markteintritt mit äußerst hohen Kosten verbunden ist, um bereits vorhandene Kundenbindungen aufzubrechen. Zugleich zeigten zahlreiche Erfolgsbeispiele im globalisierten E-Commerce, welche enormen Synergieeffekte aus der Ausweitung einer zunächst national etablierten Handelsplattform resultieren.

Internet kennt keine Grenzen

Wir launchten die internationale Strategie im November 1998. Mit der Eröffnung eines von zwei Managern geleiteten Büros in der norditalienischen Stadt Padua war der erste Schritt getan. Jeder weitere forderte Finanzmittel, die erst am Ende einer Reihe von Verhandlungen mit der Scout Holding von der Metro AG gesichert werden konnten. Scout war bereits erfolgreich im Online-Handel mit Immobilien tätig und wollte seine Internet-Aktivitäten auf die Automobilbranche ausdehnen. In einer Kooperation mit MasterCar sah das Unternehmen eine gute Chance, auf Organisations- und Vertriebsstrukturen zurückgreifen zu können, die sich in einem mittlerweile hart umkämpften Marktsegment erfolgreich bewährt hatten. Für MasterCar dagegen bedeutete das Angebot von AutoScout24, sich mit 20 Millionen Mark zu beteiligen, die willkommene Unterstützung eines Business Angels, der kurz vor Weihnachten 1998 die nötigen finanziellen Mittel brachte, um die Geschäftsaktivitäten weiter zu forcieren. Und nicht zuletzt profitierten beide Seiten davon, gemeinsam automatisch einen zusätzlichen Wettbewerber ausgeschaltet zu haben.

12.5 Die Revolution geht weiter

Autos sind gefragt im Web

Im April 1999 wurde MasterCar offiziell zu AutoScout24. Aus der Gebrauchtwagenbörse, die 18 Monate zuvor erstmals als vage Idee auftauchte, ist ein Unternehmen mit über 50 Mitarbeitern aus acht verschiedenen Ländern geworden, das bis zu 15.000 Gebrauchtwagen im Monat absetzt und im Geschäftsjahr 2000 über ein Werbebudget von 30 Millionen Mark verfügt. Auf dem europäischen Markt für Fahrzeuge aus zweiter Hand - in Spanien, Skandinavien und Italien, in Frankreich, der Schweiz und den Benelux-Ländern - erzielen wir heute Marktanteile von bis zu 75 Prozent. AutoScout24 hat realisiert, was noch vor wenigen Jahren in Deutschland fast undenkbar schien, einen transparenten, virtuellen Automarkt, der die traditionellen Vertriebsstrukturen und Kundenbeziehungen neu definiert. Gemessen am realen Autohandel ist das Absatzvolumen im Internet immer noch klein. Aber es wächst täglich. Eine aktuelle Studie kommt zu dem Ergebnis, dass bereits jetzt mehr als die Hälfte aller Pkw-Fahrer in Europa bereit ist, sich beim nächsten Autokauf zuerst im Internet umzuschauen. Mehr Kunden jedoch sind gleichbedeutend mit einer Verschärfung des Wettbewerbs, der den Markt weiter kon-

Ein Tag nichts tun, heißt im Web zwei Wochen verlieren!

zentrieren und ausdünnen wird. 150 virtuelle Autobörsen gingen innerhalb der letzten drei Jahre an den Start. Zehn ernstzunehmende davon sind heute noch übrig.

Für AutoScout24 waren diese Jahre erfolgreiche Jahre. Manchmal war Glück im Spiel. Erfolgreicher und vor allem sicherer als Glück aber war und ist eine Marketing-Strategie, die sich ohne Kompromisse an den Bedürfnissen der Online-Kunden orientiert. Das klingt trivial, setzt aber die Bereitschaft voraus, das Internet nicht nur als Distributionskanal, sondern vor allem als Informationsmedium zu verstehen. Ein großes Angebot an Fahrzeugen zu fairen Preisen ist eine wichtige Voraussetzung für Erfolg. In einem Markt jedoch, der mit großen Unsicherheiten bei jeder Kaufabsicht belastet ist, entscheidet letztlich die Qualität der angebotenen Informationen über die Zukunft einer Online-Börse. Wer ein gebrauchtes Fahrzeug erwerben will, möchte so viel wie möglich darüber in Erfahrung bringen, durch Testberichte, detaillierte Angaben der Verkäufer, durch Fotografien und natürlich durch Angebote, die sich schnell und genau miteinander vergleichen lassen. Wir wollten von Anfang an nicht nur Gebrauchtwagen verkaufen, sondern eine dedizierte Community mit zahlreichen Services aufzubauen, die genau das ermöglichen. Und es wird viel davon abhängen, wie gut es uns gelingt, diesen Dienst zu einem zugkräftigen Portal auszuweiten.

Eine weitere Herausforderung liegt in der Antwort auf die Frage, welche Bedeutung der Neuwagenverkauf im Internet gewinnt. Bislang wird dieser Markt in Europa durch die so genannte Gruppenfreistellungsverordnung (GVO) geregelt. Dadurch ist es Herstellern oder freien Händlern wie Supermarktketten verboten, Neuwagen direkt an den Endverbraucher zu verkaufen. Zugleich legen die Hersteller in den Verträgen mit ihren Händlern ein bestimmtes Marktverantwortungsgebiet fest. Außerhalb dieses definierten Bereiches darf ein Händler nur eine bestimmte Prozentzahl seiner Gesamtverkäufe tätigen. AutoScout24 wird diese Prozentklausel als Chance für einen Neuwagenverkauf im Internet nutzen, um den Händler den europaweiten Markt näher zu bringen.

Die Reise geht weiter

Erst kürzlich war Nikolas Deskovic bei mir zu Hause. Wir tranken ein Glas Wein und unterhielten uns darüber, welche Möglichkeiten sich für AutoScout24 ergeben könnten, wenn die EU-Kommission am 31. September 2002 dafür stimmen sollte, die europäische Sonderregelung im Rahmen der GVO abzuschaffen und durch Wettbewerbsgesetze zu ersetzen. „Damit würde sich unser Handlungsspielraum von heute auf morgen vollkommen verändern“, sagte Nikolas. Das lag auf der Hand, doch ich wollte es ganz genau wissen und fragte ihn: „Wofür denn?“, als meine Frau, die uns lange aufmerksam zugehört hatte, die Antwort gab: „Vielleicht ja für die nächste Revolution.“

13 Faszination Internet-Startup

Karel Dörner

Der Autor

Karel Dörner

ist Mitglied der Geschäftsleitung der eBay GmbH in Berlin und Managing Director eBay Europe.

1999 war er zusammen mit Oliver Samwer, Marc Samwer, Alexander Samwer, Max Finger und Jörg Rheinboldt Mitbegründer der alando.de AG (heute eBay.de), der größten Online-Auktionsseite im deutschsprachigen Raum.

Von 1998 bis 1999 war Karel Dörner Management Consultant bei der Unternehmensberatung McKinsey & Company. Er studierte Betriebswirtschaftslehre an der Wissenschaftlichen Hochschule für Unternehmensführung (WHU) in Koblenz, an der University of Michigan (AnnArbor) sowie an der Université Paris Dauphine.

13.1 Das Internet - Chance für junge Unternehmer

Es ist "cool" geworden, ein Internet-Unternehmen zu gründen. Die Worte "Existenzgründung" und "Internet" haben sich zu einer vielversprechenden, fast explosiven Formel für junge Hochschulabsolventen genauso wie für erfahrene Praktiker entwickelt. Das Internet ist dabei wie geschaffen für junge Gründer, denn hier gibt es bisher nur wenig Erfahrung, die es aufzuholen gilt. Wie kann auch jemand viel Erfahrung im Internet haben, wenn das Internet zumindest in seiner kommerziellen Form gerade erst einmal seit wenigen Jahren existiert. Gleichzeitig brauchen junge Internet-Unternehmer anders als etablierte Unternehmen keine Angst davor zu haben, bestehende Strukturen zu zerstören, um daraus Neues entstehen zu lassen. Sie können frei und kreativ Neues aufbauen.

Venture-Capital ist ausreichend vorhanden

Die hohe Marktkapitalisierung von Internet-Unternehmen in den USA und nun auch in Europa und Deutschland hat dazu geführt, dass die Kapitalaufnahme für die Unternehmensgründung kein wirkliches Problem mehr darstellt. In Deutschland ist anders als noch vor fünf Jahren ausreichend Kapital für die Finanzierung junger Startups vorhanden. Den Venture-Capitalisten fehlt es nicht an Kapital, sondern an exzellenten Teams mit guten Ideen.

Schnelle Umsetzung ist entscheidend

Die Frage nach den einzelnen Erfolgsfaktoren für ein Internet-Startup lässt sich am Ende mit wenigen Stichworten beantworten, die sicherlich auch für jede andere Existenzgründung gelten: Außergewöhnliches Team, Geschwindigkeit und Begeisterung für eine Idee. Hinter diesen Schlagworten stehen viele einzelne Faktoren, deren jeweilige Erscheinung sicherlich von der konkreten Idee, dem Business Model, den einzelnen beteiligten Personen und noch vielen anderen Dingen abhängen.

Bevor man sich jedoch in diesen Einzelheiten verliert, und sich als motivierter Unternehmensgründer von der Lektüre solcher „Tipps“ verabschiedet, sollte man die wichtigste Lektion mitnehmen: Spaß am Machen haben! Der Wille alles schnell umzusetzen sollte oberste Maxime sein. Das Internet ist eben der falsche Ort für lange Analysen oder Untersuchungen, denn Unsicherheit, Risiko und Dynamik kann man am besten mit aktivem Handeln entgegentreten. Die absolute Transparenz im Internet und die gegen null reichende Reaktionszeit ermöglicht und erfordert gleichzeitig schnelles Handeln.

13.2 alando.de: Beispiel für ein Internet- Startup

Als ein Beispiel für die vielen erfolgreichen deutschen Internet Start-ups der jüngsten Vergangenheit kann alando.de genommen werden. Anfang 1999 haben wir die Idee umgesetzt, das europäische eBay, seines Zeichens das weltweit führende Online Auktionshaus und neben Amazon und Yahoo führendes E-Commerce Unternehmen, zu gründen. Der für die Finanzierung wichtige Business Plan wurde in wenigen Tagen zusammengestellt, und konzentrierte sich dabei auf die Beschreibung des faszinierenden Business Modells von Online Auktionen, statt sich in detaillierten Finanzplanungen zu verlieren. Das wurde von den jeweiligen Kapitalgebern, einem klassischen Venture-Capitalisten, einem strategischen Investor und den ausgewählten Business Angels durch schnelle Zusagen honoriert. Nach nur 2 Wochen stand die Finanzierung des Unternehmens und nach 5 Wochen wurde aus der Idee die alando.de AG. Nach weiteren 2 Wochen war die Webseite fertig.

Die Finanzierung von alando.de

Neben der besonderen Geschwindigkeit, mit der die Finanzierung von alando gesichert wurde, konnten wir auch lernen, wie wichtig die Zusammensetzung der Kapitalgeber für das Startup ist. Prinzipiell kann man sagen, dass Business Angels, also vermögende Privatpersonen, die Finanzierungsalternative darstellen, welche eine schnelle und unkomplizierte Finanzierung ermöglichen. Business Angels, die natürlich auch eine Vervielfachung ihrer Kapitalanlage im Auge haben, bringen persönlichen Rat und das unmittelbare Vertrauen in die Gründer mit. Dies sind auch die beiden Kriterien nach denen man sich die Business Angels aussuchen sollte. Die klassische Finanzierung durch Venture Capital ist natürlich ebenfalls eine sinnvolle Ergänzung, da hiermit überhaupt erst die immer höheren Millionenbeträge zu sammeln sind, die für einen Internet-Startup erforderlich sind. Hinzu kommt der Vorteil, dass Venture Capitalisten oft einen direkten Zugang zu öffentlichen Fördermitteln herstellen können, deren Inanspruchnahme auf jeden Fall zu überlegen ist.

Welche Venture Capitalisten nun gut sind, und welche nicht, kann man am besten an den jeweiligen vergangenen bzw. laufenden Investitionen im Markt erkennen. Wie in den USA, so bilden sich auch in Deutschland einige Namen in der Risikokapitalgeberszene heraus, die dem Startup neben dem reinen Geld auch Kredibilität geben können. Bei den Verhandlungen mit diesen Kapitalgebern darf man aber nie vergessen, dass dieser ersten Finanzierungsrunde weitere folgen werden. Diese Art des

„staged financing" ist deshalb sinnvoll, da die Bewertung eines Unternehmens und die zu verhandelnden Anteile immer direkt von dem Risiko für die Investoren abhängt. Dieses Risiko ist natürlich in der frühen Phase am größten. Folglich ist das Kapital, welches die Gründer am Anfang sammeln am „teuersten", da sie das erhöhte Risiko in Form von mehr Anteilen bezahlen müssen. Nach nur wenigen Wochen oder Monaten kann aber das Risiko schon erheblich reduziert werden, wenn z.B. eine erste Kundenbasis vorhanden und das Funktionieren des Business-Modells bewiesen ist. Zu einem solchen späteren Zeitpunkt wird es dann möglich sein, eine sehr viel höhere Bewertung des Unternehmens zu verlangen. Für weitere Finanzierungsrunden, die Beteiligung von zukünftigen Mitarbeitern und um Akquisitionen anderer Unternehmen zu ermöglichen, dürfen die Unternehmensgründer nicht schon in der ersten Finanzierungsrunde einen grossen Teil der Unternehmensanteile an den Kapitalgeber abgeben. Sie würden damit das weitere Wachstum erschweren oder sogar verhindern.

Die guten Venture Capitalisten können diese Zusammenhänge auch sehr gut beurteilen. Dennoch werden sie versuchen, zur Absicherung ihres Risikos einen möglichst hohen Anteil am Unternehmen zu bekommen. Dessen wiederum müssen sich die Gründer in den Verhandlungen bewußt sein. Eine wichtige Regel hierbei ist natürlich, dass man sich mehrere Kapitalgeber anschauen muss. Es geht zunehmend darum, dass Kapitalgeber sich um das Angebot an guten Teams und Ideen reißen, als dass letztere sich sorgen müssten, wie und woher sie das erforderliche Kapital bekommen.

Fokus auf das Wesentliche

Während wir die Finanzierung von alando.de in wenigen Tagen sichern konnten, wurde parallel an dem Weblaunch gearbeitet. Anstelle einer schönen Launch-Party saßen wir jedoch per Telefon und Internet verbunden in Deutschland verteilt, und haben uns um das Wichtigste für das Unternehmen überhaupt, nämlich seine ersten Kunden gekümmert. Die Akquisition von Kunden, das Verkaufen einer Idee, oder mit anderen Worten das Marketing und der Vertrieb, sollten die Kernfunktion des Unternehmens darstellen.

Insbesondere im harten Kampf um Internet-User und -Mitglieder ist es wichtig, dass die gesamte Energie in diese Aufgabe kanalisiert wird. Entscheidend ist hier nicht die Frage „wer hat den wichtigsten Job im Unternehmen?", sondern vielmehr sollte jeder in seinem Bereich die Priorität für den schnellen Ausbau der

Kundenanzahl und von Marktanteilen beachten. In einer solch frühen Phase des Unternehmens heißt dies konkret, dass sich der Einzelne um seinen funktionellen Bereich kümmert und gleichzeitig jede übrigbleibende Minute für die Gewinnung der ersten Kunden benutzt.

Bedeutung des richtigen Teams

Die parallele Bewältigung von Aufgaben ist ein weiterer wichtiger Faktor, der die extrem hohe Geschwindigkeit überhaupt erst ermöglicht. Dies erklärt auch den Vorzug eines ausreichend großen Teams. Wenn man mit 6 Gründern an den Start geht, dann lassen sich einfach sehr viele Dinge in wenigen Stunden oder Tagen erledigen, für die ein kleineres Team einfach mehr Zeit benötigen wird. Der mit einem größeren Team verbundene Koordinationsaufwand kann wiederum nur minimiert werden, indem sich dieses Team sehr gut kennt und extrem offen und direkt kommuniziert. Folglich kommt es in aller erster Linie vor der Gründung des Unternehmens darauf an, das optimale Team zusammenzustellen. Da hierbei auch der Faktor Glück und Zufall ein Rolle spielt, sollte man auch nicht davor zurückschrecken, „professionelle" Hilfe wahrzunehmen, wie sie so genannte Incubatoren anbieten. Die entscheidende Frage hierbei wird immer sein: Kann ich mit dieser Hilfe Zeit gewinnen und diese in eine schnellere Umsetzung und ein schnelleres Wachstum transformieren, so dass eine überproportionale Steigerung des Unternehmenswertes möglich wird?

13.3 Lektionen aus dem Silicon Valley

Bei der Gründung von alando.de war es für uns sehr wichtig, die Lektionen zu beherzigen und gemeinsam umzusetzen, welche Oliver Samwer und Max Finger in über 100 Interviews mit den erfolgreichsten Silicon Valley-Gründern sammeln und festhalten konnten.[1] Diese lessons learned sind gerade aufgrund Ihrer Einfachheit und Eindeutigkeit sehr nützlich. Sie helfen, die Vision von einem Unternehmen und einer bestimmten Unternehmenskultur durch Aktionen und klare Einstellungen umzusetzen.

[1] Verweis auf das Buch von Oliver Samwer/Max Finger: The most successful American Start-ups (erschienen im Gabler Verlag)

Ziel der „egoless company"

Eine der wichtigsten jener Lektionen ist die der „egoless company". Solch eine Vorgabe ist eine ebenso eindeutige wie auch schwierige Anforderung an jeden Mitarbeiter im Unternehmen, insbesondere natürlich an die Gründer. "Egoless" heißt dabei, dass nicht die Person, sondern der gemeinsame Erfolg des Unternehmens im Vordergrund steht. Jeder hat die Verantwortung dafür zu sorgen, dass nur derjenige eine Aufgabe bekommt, der dafür am besten geeignet ist. Bedeuten kann dies z.B. für die Gründer, dass man Bereiche, die von neuen Mitgliedern des Teams einfach besser bewältigt werden können, bewusst an diese abtritt. Sich selbst und Andere immer wieder auf Effizienz hin zu überprüfen heißt somit auch, ein höchstes Maß an Kritikfähigkeit mitzubringen.

Wie "egoless" eine Firma ist kann man auch daran sehen, welche Bedeutung Titeln und „Statussymbolen" zugeordnet wird. Auch wenn man dies vielleicht lächelnd als Problem der etablierten Großunternehmen abtut, so sollte man gerade in einem Startup sehr sensibel reagieren, wenn reine Äußerlichkeiten die Schlagkraft des gesamten Teams gefährden. Insbesondere die Gründer müssen diese Kultur immer wieder vorleben, damit sie von allen Mitarbeitern übernommen werden kann.

Fokus auf effizienten Einsatz der Mittel

Eine besondere Unternehmenskultur zeichnet sich auch darin aus, dass jeder Mitarbeiter eine herausragende Verantwortung für das gesamte Unternehmen empfindet. Solch ein geschärftes Bewusstsein kann z.B. in dem Umgang mit dem Kapital des Unternehmens gezeigt werden. Teure Büroräume oder Designerschreibtische sind z.B. keine besonders verantwortungsbewusste Verwendung des vorhandenen Kapitals. Großzügigkeit ist hingegen dann angebracht, wenn das Unternehmen als Lebensraum und nicht als Arbeitsplatz gestaltet und verstanden werden soll. Mit einer solchen Maßnahme kann die Motivation dahingehend gesteigert werden, dass letztlich alle Mitarbeiter ihre vielen für das Unternehmen absolvierten Stunden als Spass wahrnehmen. Nichts ist hemmender als frustrierte oder gelangweilte Mitarbeiter, dagegen kann nichts förderlicher sein als motivierte, fröhliche Kollegen. Da kann z.B. eine Tischtennisplatte oder ein Flipper-Automat mitten im Raum entscheidend zur Unternehmenskultur beitragen.

Der Effekt, den ein lockerer und Umgang mit dem "equal level" vor allem auf die Motivation des Einzelnen hat, kann gar nicht groß genug bewertet werden. In großen Unternehmen wird ein Großteil der Zeit dafür verwendet, sich mit formalen Prozessen zu beschäftigen, die den Austausch von Informationen bewältigen sollen. In einem Startup-Unternehmen kann man sprichwörtlich durch den einen, großen Raum rufen und damit offen und direkt kommunizieren. Hierin liegt ein weiterer "hidden competitive advantage" eines Startups.

Think Big - wichtig für den Erfolg

Schließlich kann man aus der Erfahrung mit der Gründung von alando.de auch einige "take aways" weitergeben, die insbesondere für das Internet wichtig sind. Dazu gehört der unbändige Glaube, durch und im Internet Marktführer zu werden. Der Glaube daran, das größte und coolste Unternehmen zu gründen und dafür zu arbeiten, ist eine wichtige Triebfeder. Daraus ableitend gibt es keinen Partner, der „eine Nummer zu groß" sein könnte. Wenn man nicht groß denkt, dann kann man das Unternehmen auch nicht groß machen. Und im Internet ist die Chance durch bereits zahlreich vorhandene Beispiele größer, als in vielen anderen Industrien.

In letzter Zeit wird oft auf den Merger von AOL und Time Warner als ersten Show-Case für die zunehmende Dominanz der new economy verwiesen. Steve Case wäre bestimmt niemals an diesen Punkt gelangt, wenn er bei der Gründung von AOL nicht an das unbegrenzte Potenzial der Idee und des Unternehmens geglaubt hätte. Im Fall von alando.de bedeutete dies z.B., ungeachtet der schon im Markt agierenden Wettbewerber daran zu glauben, die führende Online-Auktionsseite in Deutschland und Europa werden zu können.

Auf dem Weg dorthin spielen vor allem Partnerschaften eine wichtige Rolle, bei denen man zwangsläufig als der vermeintliche David erscheint. An diesem Punkt kommt allerdings wieder der entscheidende Faktor der Kapitalverfügbarkeit ins Spiel. Die Aussicht auf einen späteren Börsengang ermöglicht es auch den, an Mitarbeitern oder Umsatz gemessen, kleinen Startups, nach Finanzierungsrunden mit Venture-Capitalisten große Millionenbeträge in die Hand zu nehmen. Mit diesem Kapital ausgestattet müssen dann die für das Unternehmenswachstum wichtigen strategischen Plätze (vor allem im Netz selbst) besetzt werden. Das haben inzwischen auch die etablierten Unternehmen verstanden. Die Zeiten, in denen ein Verhandlungsgespräch mit einem Vorstand eines DAX-Unternehmens für einen jungen Unternehmensgründer unmöglich zustande kam, gehören der Vergangenheit an.

Für Startups in Europa und Deutschland ist jetzt die Zeit gekommen, Ideen vom Kontinent in die USA und die anderen wichtigen Internetmärkte auf der ganzen Welt zu tragen. So bieten sich in dem gesamten Bereich des mobilen Internets und dem Mobile Commerce ungeahnte Möglichkeiten, wirklich neue Applikationen und Ideen zu entwickeln. Es wird sehr spannend sein zu sehen, welche Ideen in diesem Bereich in naher Zukunft auf unserem Kontinent entwickelt werden. Und sicherlich wird es noch spannender, selbst daran teilzunehmen.

Auf zu neuen Ufern

Wir würden es sehr begrüßen, wenn der Erfolg von alando.de und den vielen anderen Startups in den letzten zwei Jahren noch mehr junge Unternehmer motivieren könnte. Dabei sollte man auch nicht vergessen, dass niemals schon alles erfunden oder vorhanden ist. Je schneller sich die Technologien verändern und weiterentwickeln, desto mehr Möglichkeiten und Chancen wird es für Unternehmensgründer geben. Das Internet selbst ist Gegenstand und Initiator dieser rasanten Veränderungen. Aus diesem Grund wird die Faszination eines Internet Startups immer größer werden. Wir wünschen dabei jedem viel Erfolg!

14 Die Idee ist der Motor, das globale Unternehmen das Ziel

Marita Willemsen

Die Autorin

Marita Willemsen

ist seit Februar 1998 als Pressereferentin bei Intershop beschäftigt. Nach einer Ausbildung zur Fachjournalistin beim Klett-Verlag in Dresden und diversen Praktika (u.a. beim mdr in Leipzig, TV-Baden in Karlsruhe und dem Offenen Kanal in Frankfurt) war sie für verschiedene Tageszeitungen als freie Journalistin tätig (z.B. Sächsische Zeitung in Pirna, Schwäbische Post in Aalen und Offenbach-Post in Frankfurt).

Sie hat ihr Abitur über den zweiten Bildungsweg erlangt und vor ihrer journalistischen Tätigkeit das Studium der Biologie erfolgreich im September 1993 in Freiburg im Breisgau abgeschlossen.

14.1 Die Firmengründung

NetConsult

INTERSHOP wird Anfang 1992 gemeinsam von Stephan Schambach, Karsten Schneider und Wilfried Beeck gegründet, zunächst unter der Firmierung NetConsult. Die Firma spezialisiert sich anfangs auf den Vertrieb von NeXT-Computern. Nebenher entwickelt NetConsult das erste eigene Software-Produkt "Archiv 2000", das ein papierloses Büro ermöglichen soll. Die professionelle Vermarktung der Software verlangt ein Vielfaches des Programmieraufwandes, eine Erfahrung, die die Gründer bei der späteren Umstrukturierung ihrer Firma in die Softwarefirma INTERSHOP gut nutzen können.

Um den Vertrieb und das Bestellprocedere zu vereinfachen und effizienter zu gestalten, entwickelt die Firma ab 1994 ihr zweites Software-Produkt, ein Online-Bestellsystem im Internet.

Internet als Verkaufsmedium

Schon zu diesem frühen Zeitpunkt, als das Internet in der Öffentlichkeit noch kaum registriert wird, hat Stephan Schambach die Idee, das Internet als Verkaufsmedium zu nutzen. Der jetzige Leiter der Entwicklungsabteilung, Frank Gessner, kommt 1995 direkt von der Uni Leipzig und entwickelt - zusammen mit einigen wenigen Programmierern - den ersten INTERSHOP, ein virtuelles Kaufhaus, das bereits Ende August 1995 im Netz ist und 12.000 Artikel per Internet anbietet. Schon bald wird ersichtlich, welch ungeheures Potenzial in dieser Idee von Stephan Schambach steckt. Nach und nach kristallisiert sich eine völlig neue Geschäftsidee heraus und NetConsult wird komplett umstrukturiert.

14.2 Vom Vertrieb zur Softwareentwicklung

Umstrukturierung

Mit der Entwicklung des ersten INTERSHOPs ändert sich der Fokus der Firma vollständig: Der erste INTERSHOP ist gleichzeitig das erste virtuelle Kaufhaus Europas. 1995 steckt das Internet noch in den Kinderschuhen - zumindest was die öffentliche Nutzung angeht. Die Gründer sind davon überzeugt, dass sich das bald ändern wird und im Internet-Handel ein Zukunftsmarkt liegt. Der größte Vorteil liegt darin, dass NetConsult die erste Firma ist, die auf diesem Gebiet Erfahrungen sammelt. Mehr noch - NetConsult ist die erste europäische Firma, die ein Standard-Produkt für den Handel im Internet entwickelt hat. Da Net-

Consult (bzw. INTERSHOP) die erste Firma in Europa ist, die dieses Marktsegment besetzt, hat die Firma den Sonderstatus einer Pionierstellung in diesem Markt-Segment - ein nicht zu unterschätzender Vorsprung an Know-how und Zeit. Der Geschäftsplan, der daraufhin ausgearbeitet wird und potentielle Kapitalgeber überzeugen soll, wird vor allem von Euphorie und Visionen getragen. "Die Idee ist gut, uns erwartet ein großer Markt," ist sich Wilfried Beeck sicher.

Aus den Erfahrungen mit der Vermarktung des Produktes "Archiv 2000" wissen die Gründer, mit welchen Anstrengungen und finanziellen Mitteln die Vorstellung und Markteinführung eines neuen Produktes verbunden ist. Dieser enorme Aufwand ist nur mit Hilfe von Kapitalgebern zu schaffen.

Finanzierungsschwierigkeiten

Das Potenzial, das hinter dem Internethandel steckt, kann INTERSHOP den Banken jedoch nicht klarmachen. "Die Banken wollen Sicherheiten und sind zur Finanzierung für eine bloße Idee nicht bereit," so Karsten Schneider. Also sucht die Softwarefirma Kapitalgeber über eine Anzeige in der überregionalen Tageszeitung "Frankfurter Allgemeine". Unabhängig von dieser Anzeige meldet sich die Venture Capital Technologieholding und bringt sogar noch weitere Kapitalgeber mit. Die Anfangsfinanzierung ist gesichert. Dieses erste Geld wird vor allem in die Weiterentwicklung des Produkts und die Markteinführung in Deutschland investiert.

Einen Monat später, auf der CeBIT '96, wird bereits das erste Standard-Produkt vorgestellt - mit überragendem Erfolg. Das Produkt wird mehrfach ausgezeichnet.

14.3 Headquarter im Silicon Valley

Globale Ausrichtung

Mit der Schwerpunktverlagerung auf das Internet als globales Medium muss auch INTERSHOP seine Aktivitäten globaler ausrichten. Die Devise heisst jetzt: wachsen, wachsen und wachsen - weg vom Image einer ostdeutschen Firma hin zu einem global ausgerichteten Unternehmen.

Jetzt gilt es, die Weichen zu stellen und die richtige Strategie zu wählen - eine Strategie, auf die man auch nach dem erfolgreichen Börsengang weiter aufbauen kann.

Der erste Schritt in diese Richtung ist der Aufbau eines Headquarters im Silicon Valley. "Ich bin mir sicher, wer im Internetgeschäft Erfolg haben will, der muss ins Silicon Valley gehen," so Stephan Schambach. Gleich nach der Vorstellung des ersten INTERSHOPs auf der CeBIT '96 bricht Stephan Schambach, bewaffnet mit einem Koffer und der Kreditkarte, ins Silicon Valley auf, dem Mekka für Computerfirmen. Eine schnelle Expansion in die USA ist auch im Hinblick auf die Vorreiterstellung, die INTERSHOP im Bereich E-Commerce bereits hat, sehr wichtig. Die USA sind der größte Markt für das Internet.

Fast im gleichen Atemzug trennt sich die Firma von dem Vertriebsgeschäft mit NeXT-Computern. Das Systemhausgeschäft geht an die Firma Jematic. INTERSHOP kann damit alle Ressourcen und Energien für das neue Internet-Geschäft einsetzen.

Natürlich beschränkt sich die Expansion INTERSHOPs nicht nur auf das geographische Wachstum. Auch das Produkt wird weiterentwickelt, damit es den neuen globalen Anforderungen des Unternehmens gerecht werden kann. Die deutsche Ursprungsversion wird in die englische, französische und andere Sprachen übertragen. Hinzu kommen landesspezifische Zahlungs- und Abrechnungssysteme, die die jeweiligen Steuer- und Lieferbestimmungen beinhalten.

Personal

Parallel zu diesen Entwicklungen intensiviert die Personalabteilung alle Ressourcen für den Aufbau eines guten und stabilen Mitarbeiter-Stammes. Waren es im Januar 1996 gerade mal 10 Mitarbeiter, so stieg deren Anzahl bis zum Januar 1997 auf 110. Und INTERSHOP kann seit der Einführung auf der CeBIT bereits 300 verkaufte Shops vorweisen.

Die bisherigen Erfolge sind mehr als vielversprechend und sie beweisen, dass INTERSHOP die Umstellung von einer Vertriebsfirma für NeXT-Computer hin zu einem Internet-Unternehmen geschafft hat. Allerdings passt der alte Name "NetConsult" nicht mehr. Der neue Name sollte ein wichtiger Teil der zukünftigen Marketing-Strategie sein, ein Name mit hohem Wiedererkennungswert. Am besten ein Name, bei dem die Leute sofort das Internet und Shopping bzw. Einkaufen assoziieren. Was lag da näher, als aus dem Produktnamen INTERSHOP den Firmennamen INTERSHOP Communications zu gestalten.

14.4 Konzentration auf das Lizenzgeschäft

Börsengang in Aussicht

Die Zahlen stimmen, der neue Firmenname passt. Dem Börsengang steht somit eigentlich nichts mehr im Wege. Aber die Gründer sind sich einig, die Zeit vor dem Börsengang ist genauso wichtig wie die Zeit nach dem Börsengang: Bevor es an die aktive Planung zum IPO (Initial Public Offering) geht, will INTERSHOP erst andere Zielvorgaben erfüllen.

Research und Development sind stets zentrale Themen bei INTERSHOP. Neben der ständigen Weiterentwicklung und Verbesserung der Standard-Produkte beginnt die Softwarefirma bereits ein Jahr vor dem Börsengang mit einer völlig neuen Softwareentwicklung. Eine High end-Lösung, die individuell an die unterschiedlichsten Bedürfnisse von Großunternehmen angepasst werden kann: Das heutige Produkt INTERSHOP enfinity, das seit Oktober 1999 im Handel ist. Nebenher wird das Filialnetz konsequent weiter ausgebaut. Es kommen Niederlassungen in Paris, Hamburg, Stuttgart und London hinzu.

Doch vorerst nutzt INTERSHOP die Vorteile, als erste Firma ein Standard-Produkt für das Internet auf den Markt gebracht zu haben. Seit Anfang 1997 konzentriert sich die Softwarefirma deshalb auf den Verkauf von Lizenzen. INTERSHOP will die Nummer 1 im Lizenzgeschäft werden. Die Kundenakquise konzentriert sich in dieser Zeit deshalb besonders auf den Ausbau des Vertriebs-Partnernetzes. Die Voraussetzungen dafür sind von Anfang an da. Das Konzept des indirekten Vertriebs über ein engmaschiges, weltweites Partnernetz wurde schon im Business-Plan, bei der Gründung der Firma, favorisiert. Bevorzugte Partner sind Telekommunikationsanbieter, Internet-Service-Provider und Implementierungspartner. Für die Akquisition neuer Partner wird die Sales-Abteilung massiv ausgebaut. Den ersten großen Vertrag und die erste firmenpolitisch wichtige Partnerschaft ist ein Vertrag mit der Deutschen Telekom im August 1997. Es folgen Partnerschaften und Lizenzgeschäfte mit anderen relevanten Telekommunikationsanbietern aus Europa und Übersee, wie z.B. blue window, der größte ISP in der Schweiz, Swiss Online, Unisource Italia, die holländische Telecom KPN, Mindspring in den USA und Telecom New Zealand.

14.5 Strategische Allianzen

Schlüsseleigenschaften des Standard-Produkts sind die offene Architektur und Flexibilität der Software. Erreicht hat die Internet-Firma dies vor allem, weil sie schon früh die Notwendigkeit einer guten Kommunikatonsfähigkeit und das Schmieden von Allianzen erkannt hat.

Partnerschaften

Strategische Partnerschaften erweitern und verfeinern INTERSHOPs Software-Architektur mit dem Vorteil, dass INTERSHOP seine Ressourcen und Energie für die Kernkompetenzen, die Software-Entwicklung für E-Commerce noch besser bündeln kann. So erlaubt das Standard-Produkt die Anbindung der verschiedensten Warenwirtschaftssysteme und Internet-Zahlungssysteme. Die Software ist für alle gängigen Betriebssysteme verfügbar. Hauptgrund dafür sind z. B. strategische Allianzen mit Brokat und TeleCash oder Sybase, Navision und Sage KHK.

Im Januar 98 hat INTERSHOP die Anzahl der Mitarbeiter mit 220 verdoppelt, den Umsatz verzehnfacht, und insgesamt 2.500 Shops verkauft.

14.6 Aktive Vorbereitungen für den IPO

Zu diesem Zeitpunkt hat INTERSHOP genügend Vorarbeit geleistet, um den Börsengang aktiv zu planen.

Juristische Fragestellungen

Organisatorische und juristische Überlegungen stehen jetzt im Vordergrund. Fragen, wie "An welche Börse gehen wir und daraus resultierend, welche Gesellschaftsform wählen wir?" werden von den Gründern und beteiligten Rechtsexperten intensiv diskutiert. Als Alternativen bieten sich der Neue Markt in Frankfurt und die NASDAQ in New York an.

Speziell für diesen Zweck beschäftigt INTERSHOP eine eigene Rechtsabteilung, die die Regularien und Vorschriften des jeweiligen Börsenganges prüft. Da der Bekanntheitsgrad von INTERSHOP in Deutschland und anderen Ländern Europas schon sehr hoch ist, entscheidet sich die Geschäftsleitung, zuerst am Neuen Markt zu notieren. Ein weiteres Kriterium sind die bürokratischen und juristischen Hürden. Ein Börsengang am Neuen Markt lässt sich schneller realisieren.

Der endgültige Börsengang wird für Juni oder Juli 1998 geplant. Wichtigste Frage ist jetzt: Wie geht die Firma mit dem Thema Börsengang in der Öffentlichkeit um?

IR und PR

Transparenz und möglichst viele, fundierte Informationen ist die Antwort. Die verbleibende Zeit bis zum IPO (Initial Public Offering) nutzt INTERSHOP für eine aktive, intensive Öffentlichkeitsarbeit und den Aufbau einer neuen Abteilung - Investor Relations (IR) - die sich im besonderen mit Fragen rund um den Börsengang beschäftigt. Die Abteilung kümmert sich um Organisatorisches und um Fragen von potentiellen Investoren und Kleinaktionären. Um mit dem Ansturm von Anfragen vor und kurz nach dem Börsengang fertig zu werden, wird INTERSHOP von einem Call Center unterstützt. Das wichtigste Ziel: die Fragen der Aktionäre schnell und korrekt zu beantworten. Für eine effektive Performance des Börsenganges intensivieren IR- und PR-Abteilung (Public Relation) ihre Zusammenarbeit.

14.7 Der Börsengang

IPO

Am 16. Juli 1998 ist es soweit. Die erste Nennung der INTERSHOP-Aktie am Neuen Markt wird mit 260 DM notiert, bei einem Emmissionspreis von 100 DM.

Mit dem Börsengang stellen sich für das Unternehmen eine ganze Reihe neuer Aufgaben. INTERSHOP steht jetzt noch stärker im Blickpunkt der Öffentlichkeit.

Die Firma muss ihre Aktivitäten jetzt nicht mehr nur vor sich selbst rechtfertigen, sondern auch vor der Öffentlichkeit. Regelmäßige Bilanzpressekonferenzen und die alljährliche Hauptversammlung müssen organisiert werden. Zusätzlich dazu veranstaltet INTERSHOP regelmäßige Roadshows für Journalisten und Analysten-Konferenzen. Die Wahl eines neuen Aufsichtsratvorsitzenden z.B. muss gut überlegt werden. So hat die Aufnahme Eckhard Pfeiffers in den Aufsichtsrat von INTERSHOP ein großes Medienecho entfacht. Die Gründe für die Wahl Pfeiffers erklärt Stephan Schambach: "Mit unserem neuen Produkt INTERSHOP enfinity wollen wir verstärkt die Großunternehmen ansprechen. Pfeiffer weiß, nach welchen Kriterien die IT-Entscheider in Konzernen vorgehen."

INTERSHOP wird nicht mehr nur nach seinen Geschäftsabschlüssen und -aktivitäten beurteilt, sondern auch nach dem Aktienkurs. Waren Transparenz der Unternehmensstruktur und -strategie schon vor dem Börsengang sehr wichtig, so werden sie jetzt noch wichtiger. Zuständig für den stets aktuellen Informationsfluss sind die Abteilungen Public Relation (PR) und Investor Relation (IR). Beide Abteilung werden personell aufgestockt. Börsenrelevante Pressemeldungen müssen vorab als ad hoc-Meldungen verschickt werden, bevor sie über den üblichen Presse-Verteiler gehen. Dies erfordert eine eingehende Prüfung und eine genaue Absprache mit der Abteilung für Investor Relation.

Internet als IR-Medium

Ein wichtiges Instrument zur Information von Interessenten ist das Internet selbst. Als erste reine Internet-Firma am Neuen Markt nutzt INTERSHOP seine Erfahrungen und bietet umfassende Firmen-Informationen im Internet an. Ein eigenes Webteam kümmert sich um die Firmenrepräsentation im Netz. Damit die Seiten stets aktuell sind, arbeitet das Webteam mit den Abteilungen für Öffentlichkeitsarbeit und Investor Relations eng zusammen.

Aktionäre sollen deshalb stets die Möglichkeit haben, sich über die Ursachen genauestens informieren zu können. Einer der Hauptgründe für den guten Informationsfluss ist die Tatsache, dass INTERSHOP nicht sofort mit dem Börsengang "schwarze Zahlen" schreibt.

Das wichtigste Argument ist schlicht und einfach: Intershop setzt auf Expansion statt auf Gewinnmaximierung. Die Gründe dafür liegen auf der Hand. Die Marktanteile im Bereich E-Commerce werden jetzt verteilt. Wer heute noch zögert, der kann morgen schon den Anschluss verpassen. Denn inzwischen hat sich die Situation grundlegend geändert. Genauso wie es die Gründer bereits 1994 vorausgeahnt haben, ist ein Internet-Anschluss im Privat-Haushalt heute nichts Besonderes mehr. Andere Internet-Firmen schießen wie Pilze aus dem Boden. Die Marktprognosen für das Wachstum sind gigantisch und übertreffen einander. Die Entwicklungen im Internet laufen mit Hochgeschwindigkeit. Heute kann man davon ausgehen, dass ein Internet-Jahr gerade mal drei Monate währt. Wer mit dieser Schnelllebigkeit mithalten will, muss expandieren und sein Produkt technisch permanent weiterentwickeln.

Ein deutliches Indiz für diese Entwicklungen im E-Commerce-Geschäft ist auch der zunehmende Fachkräftemangel auf dem EDV-Markt. Die gesamte Branche wächst so schnell, dass der

Arbeitsmarkt nicht mehr mitkommt - ein Problem, das weltweit existiert. INTERSHOP reagiert prompt, vergrößert die Personalabteilung und akquiriert neuen Nachwuchs direkt an den Universitäten. Auch engagierte Noch-Studenten und Praktikanten sind willkommen.

Ziele

Ansonsten gilt: Die Ziele vor und nach dem Börsengang unterscheiden sich nur geringfügig. INTERSHOP setzt weiterhin vorrangig auf Expansion und Ausbau der Markführerschaft.

Wichtigste Argumente sind hier die Eroberung neuer Märkte - durch den Ausbau des Filial- und Partnernetzes, die Intensivierung neuer Marketing-Strategien und eine schnelle Neuproduktentwicklung sowie eine permanente Verbesserung und Erweiterung des Standard-Produkts.

Eine genaue Marktbeobachtung und -analyse und dann eine entsprechend schnelle Handlungsfähigkeit ist z.B. ein Mittel um diese Ziele zu erreichen. INTERSHOP hat das Partnernetz auch nach dem Börsengang konsequent weiter ausgebaut und kann heute auf mehr als 600 strategische Allianzen und Vertriebspartnerschaften verweisen. Auch geographisch hat die Firma kontinuierlich neue Märkte erschlossen. INTERSHOP ist inzwischen mit 25 Filialen auf allen fünf Kontinenten vertreten, darunter zwei Büros in Finnland, Niederlassungen in Hong Kong, Stockholm und Australien. Und in den USA besitzt die Firma mittlerweile insgesamt 11 Niederlassungen.

Marketing post-IPO

Große Änderungen seit dem Börsengang gibt es auch in der Marketing-Abteilung. Seit Oktober 1999 veranstaltet das Unternehmen einen regelmäßigen jährlichen Workshop, die INTERSHOP Open, eine Art INTERSHOP-Community, bei der sich alljährlich Kunden, Partner und Interessenten treffen, um sich zu informieren, Kontakte zu knüpfen, ihre Erfahrungen auszutauschen und auszubauen.

Zum gleichen Zeitpunkt hat INTERSHOP auch sein neues Produkt, INTERSHOP enfinity, vorgestellt. Mit dieser High end E-Commerce-Lösung will INTERSHOP ein neues Marktsegment, das der Großkunden, erobern. Das Konzept von INTERSHOP enfinity geht weit über das hinaus, was man heute mit E-Commerce-Software machen kann. Angestrebt wird damit die Automatisierung von Geschäftsprozessen. Durch das offene Datenformat XML werden das Informationsangebot im Netz und der elektronische Handel noch stärker zusammenwachsen. XML wird außerdem die Wertschöpfungskette zwischen Produzent und Zulieferer schließen. Durch den offenen Standard können Daten soft- und hardwareunabhängig gelesen werden. Aufgrund einiger Tools wurde die Integrationsfähigkeit der Software erhöht und die Implementierungszeit auf drei Monate verringert.

14.8 INTERSHOP im neuen Jahrtausend

NASDAQ

Das erste Ziel im Jahr 2000 ist der Gang an die NASDAQ. Dies wurde bereits im März 2000 durch eine Pressemitteilung bekannt gegeben. Des Weiteren strebt INTERSHOP die Weltmarktführerschaft im E-Commerce-Geschäft innerhalb der nächsten 24 Monate an.

"Mein Ziel heißt, Nummer eins," so das Credo von Stephan Schambach zu Beginn des neuen Jahrtausends. Im Lizenzgeschäft hat INTERSHOP dieses Ziel - mit über 100.000 verkauften Lizenzen - bereits erreicht. Das nächste Ziel ist die Marktführerschaft für individuelle E-Commerce-Lösungen im Großkundensegment. Wichtigstes Instrument auf dem Weg dorthin ist das neue Produkt INTERSHOP enfinity, ein High end E-Commerce-Produkt, das speziell für die anspruchsvollen Bedürfnisse der unterschiedlichsten Großunternehmen entwickelt wurde.

15 Chancen im Internet für junge Unternehmen

Daniel Amor

Der Autor

Daniel Amor

ist Autor des Buches „The E-Business (R)evolution“[1], Prentice Hall, 1999 und arbeitet bei Hewlett-Packard in Böblingen als E-Business Solution Architect.

---

[1] http://www.ebusinessrevolution.com/

15.1 Einleitung

15.1.1 Das Internet boomt weiter

Aufstieg neuer Firmen

Wer glaubt, dass der Internet-Markt nach ein paar Boom-Jahren gesättigt ist, der hat sich getäuscht. Das traditionelle Internet-Geschäft, basierend auf der HTML- und Webtechnologie, hat sich durchgesetzt. Nach einer Phase, in der kleine und unbekannte Unternehmen zu Weltruhm aufgestiegen sind (mit dem Standardbeispiel Amazon.com), haben die großen Unternehmen einen Angriff auf das Internet ausgerufen.

Mit groß angelegten Marketingkampagnen versuchen die etablierten Unternehmen Marktanteile zurückzuerobern, die sie in den letzten Jahren verloren haben. Und in einigen Fällen scheint dies auch zu gelingen. Auf der anderen Seite haben sich viele neue Unternehmen auf dem Markt etablieren können, die es vor fünf Jahren noch nicht gab. Gründer und junge Unternehmen sollten sich allerdings nicht aus dem Konzept bringen oder sich von der Marketingmacht der großen Unternehmen Angst einjagen lassen. Denn es gibt gute Gründe, die für einen erneuten Boom im Internet sprechen.

Neue Chancen im Jahr 2000

Nachdem das Jahr 2000 ohne größere Komplikationen und Computerfehler eingeläutet werden konnte, können sich alle Unternehmen nun dem Thema Internet widmen. Bereits im Jahre 1999 wurden eine Reihe von Technologien eingeführt, die das Internet einen entscheidenden Schritt nach vorne bringen. Diese Technologien ziehen neue Geschäftsmodelle nach sich, die bislang nur von wenigen Firmen implementiert worden sind.

15.1.2 Geschäfte im Internet heute

Die neuen Rahmenbedingungen

Um diese neuen Technologien besser nachvollziehen zu können, sollte man erst einmal verstehen, wie das Internet heutzutage funktioniert und welche Rahmenbedingungen für Geschäfte im Internet gelten.

Die Technologie, die heutzutage im Internet eingesetzt wird, basiert hauptsächlich auf den Webtechnologien HTML[2] und HTTP[3]. Das Unternehmen benötigt hierzu mindestens einen Webserver, auf dem Webseiten im HTML-Format abgespeichert sind und via HTTP-Protokoll an den Kunden übermittelt werden. Die Kunden benötigt einen Computer mit Web Browser.

Das Internet ist mehr als das Web

Für viele Menschen ist das World Wide Web gleichbedeutend mit dem Internet. Dies ist aber nicht der Fall. Das World Wide Web ist ein Dienst, der im Internet zur Verfügung steht. Weitere Dienste wären z.B. E-Mail, Newsserver und IRC Online-Chats. Diese Dienste sind heutzutage auch über ein Web-Interface verfügbar, sind aber eigenständige Dienste, die auch ohne Web Browser funktionieren.

Die meisten Unternehmen sehen das World Wide Web als einzige Plattform im Internet an und vergeben damit viele Chancen mit Kunden in Kontakt zu treten und in Kontakt zu bleiben. Viele Unternehmen haben ein paar hübsche Webseiten im Internet und glauben damit alles getan zu haben, um dem Hype um das Internet genüge zu tun.

Integration von Internet-Diensten

Erfolgreiche Firmen im Internet integrieren alle Dienste des Internets, um die Kunden an sich zu binden. Neben den Webseiten bieten diese Firmen E-Mail Kontaktadressen an, die Anfragen kompetent innerhalb von 24 Stunden beantworten können, einen Newsserver, auf dem Foren zu Themen rund um das Unternehmen angeboten werden. Die Foren dienen zum Meinungsaustausch der Kunden untereinander und geben dem Unternehmen ein Feedback, wie die Webseite und die angebotenen Produkte angenommen werden. Es hilft auch die Anzahl der direkten Anfragen zu reduzieren, da sich die Kunden untereinander helfen. Ein Echzeit-Online-Chat sollte nur eingerichtet werden, wenn man mit mehreren Kunden gleichzeitig im Chat rechnen kann. Ein leeres Online-Chatforum macht das gesamte Webangebot unattraktiv. Es suggeriert nämlich, dass der gesamte Webauftritt nicht genutzt wird und dies bleibt beim Nutzer negativ in Erinnerung.

---

2 HTML (Hyper-Text Markup Language) ist die Seitenbeschreibungssprache für Webseiten

3 HTTP (Hyper-Text Transfer Protocol) ist das Protokoll, mit Hilfe dessen diese Seiten von einem Webserver zu einem Webbrowser transportiert werden.

15.1.3 Automatische Transaktionen im Internet

Interaktion mit den Kunden

Wie man sieht, ist die Interaktion mit dem Kunden einer der Eckpfeiler einer guten Webseite. Nach der Präsentation des Unternehmens und der Interaktion mit dem Kunden ist die Geschäftstransaktion der dritte Eckpfeiler und zugleich der wichtigste.

Viele Unternehmen bieten heutzutage keine Geschäftstransaktionen auf ihrer Webseite an, da dies eine Integration mit der bestehenden Infrastruktur erfordert. Die Integration ist in den meisten Fällen aufwendig, da die bestehenden Rechner und Programme oft über keine Internetfähigkeit verfügen. Neben der Integration der Infrastruktur steht oft noch die Integration in die bestehenden Unternehmensprozesse an. Dies ist in den meisten Fällen noch komplexer als die Integration der Infrastruktur und sollte daher die höchste Priorität besitzen. In den meisten Fällen werden dadurch auch neue Prozesse eingeführt, so dass man sich im Unternehmen auf Widerstände gegen den Wandel gefasst machen muss. Ein sorgfältig vorbereitetes Change-Management ist daher unvermeidlich.

Sicherheit im Internet

Darüber hinaus muss die Sicherheit des gesamten Unternehmens gewährleistet werden. Die Anbindung des Internets an die transaktions-relevanten Rechner kann es Hackern ermöglichen, in das System einzudringen und dort Transaktionen zu verfälschen, zu löschen oder unternehmensinterne Daten abzurufen. Eine Reihe von Technologien steht zur Verfügung, um diesen Zugriff über das Internet zu verhindern.

Komplexität der Transaktionen

Die Komplexität der Transaktionsanbindung ist nicht zu unterschätzen, aber nur Unternehmen, die Transaktionen im Internet anbieten, werden in Zukunft Erfolg haben. Die meisten Transaktionen zwischen Kunde und Unternehmen geschehen über Formulare im Web, die zum Teil bei der Übertragung verschlüsselt werden, um die Vertraulichkeit der Daten zu garantieren. Leider gibt es immer noch Unternehmen im Internet, die zwar eine Bezahlung über eine Webseite erlauben, aber die Kreditkarteninformationen nicht verschlüsseln oder einfach auf dem Webserver ablegen, und somit potentiellen Hackern Möglichkeiten zur Manipulation bieten.

Die Mehrzahl der Transaktionen zwischen den Firmen geschieht nicht über HTML-Seiten, sondern bei größeren Unternehmen über eine Standleitung und den EDI-Standard[4]. Dieser wird sukzessive durch eine Internet-EDI-Infrastruktur abgelöst, die herkömmliche Standleitungen überflüssig macht und zur Kostensenkung beiträgt. Kleinere Firmen, die nicht das Geld für die EDI-Infrastruktur haben, setzten in der Vergangenheit auf das Medium Fax. Automatische Transaktionen zwischen den meisten Unternehmen waren deshalb nicht möglich. In diesem Bereich liegen jedoch gewaltige Einsparungspotenziale für die Zukunft. Die neuen Technologien, die hier beschrieben werden, können dazu beitragen. Ganz nebenbei entstehen dadurch auch neue Geschäftsbeziehungen und -modelle.

15.2 Erfolgreich in die Zukunft der Kundenbeziehungen

15.2.1 Das Mobiltelefon als Entwicklungsmöglichkeit

Arten von e-Business

Basierend auf dem aktuellen Stand des Internet werden sich daher in Zukunft junge Unternehmen auf zwei Arten von eBusiness fokussieren. Firmen, die sich auf die Geschäftsbeziehungen zwischen Unternehmen und Kunden konzentrieren (der so genannte Business-To-Consumer Bereich) und Firmen, die sich auf die Geschäftsbeziehungen zwischen Unternehmen fokussieren (der so genannte Business-To-Business Bereich).

Business-to-Consumer

In beiden Bereichen gibt es Entwicklungsmöglichkeiten. Im Business-to-Consumer (B2C) Bereich ist das größte Hindernis, dass potentielle Kunden über einen Computer, ein Modem, einen Internet-Anschluss und in vielen Fällen über eine Kreditkarte verfügen müssen. Nicht jeder will einen Computer kaufen oder eine Kreditkarte bei der Bank beantragen. Eine der herausragenden Technologien ist daher das WAP-Handy. Diese neue Generation

---

4 EDI (Electronic Data Interchange) ist ein Standard-Format, dass Firmen zum Austausch von Informationen benutzen. Es läuft hauptsächlich noch über private Standleitungen und erfordert bei jeder Firma, die das System nutzen will, ein hohes Maß an Integration.

von Mobiltelefonen ermöglicht den direkten Zugriff auf spezielle Webseiten im WAP-Format[5], das auf dem XML-Standard[6] basiert.

Die Anzahl der Mobiltelefone ist um einen Faktor größer als die der Computer und die Benutzung eines Mobiltelefons ist im Allgemeinen viel einfacher als die eines PC's. Es wird ein geringerer Bildungsstand benötigt, die Investition des Kunden ist niedriger und die Hemmschwelle das Internet zu nutzen sinkt damit ebenfalls.

Mobiltelefonie als Entwicklungsmöglichkeit

In manchen Ländern wie z.B. in Italien, Israel und den Vereinigten Arabischen Emiraten, hat die Anzahl der Mobiltelefone die Anzahl der Festnetzanschlüsse bereits übertroffen. Gerade in Ländern, in denen in der Vergangenheit wenig in die Festnetz-Infrastruktur investiert wurde, bestanden bisher Schwierigkeiten, Anschluss an das Internet zu bekommen. Daneben waren die Kosten für die Telefonverbindungen ebenfalls hoch oder es gab gar keine Anbindung ans Telefonnetz respektive an das Internet.

Das Zusammenwachsen von Internet und Mobiltelefonie konnte man bereits im letzten Jahr beobachten. Die Anzahl der Gespräche stieg stetig an, wurde aber um ein Vielfaches von der rasant wachsenden Menge an SMS-Mitteilungen übertroffen. Das Short-Message-System (SMS) erlaubt das Versenden und Empfangen von kurzen Textmitteilungen, die der E-Mail sehr ähnlich sind. Es wurden in der Zwischenzeit Gateways eingerichtet, die es ermöglichen, E-Mails an Mobiltelefone zu verschicken oder Faxe vom Handy aus zu versenden.

Interaktion der Kommunikationsdienste

Das Handy erlaubt damit bereits die Interaktion mit anderen Kommunikationsdiensten, wie E-Mail und Fax. Verschiedene Anbieter verschicken schon Broadcast-Mitteilungen an Mobiltelefone. Zum Beispiel senden RTL und NTV aktuelle Nachrichten und Börsenkurse an alle Mobiltelefone, die entsprechende Informationen angefordert haben. Eine Repräsentation der Daten hing vom Mobiltelefon ab und beschränkte sich daher auf eine reine Textdarstellung. An Transaktionen war in der Vergangenheit ebenfalls nicht zu denken.

---

5 WAP (Wireless Application Protocol) ist ein neuer Standard zur Übertragung von Daten in einem Mobilfunknetz.

6 XML (eXtended Markup Language) ist ein neuer Standard, der es ermöglicht, Dokumente zu definieren und zu strukturieren.

15.2.2 Die Einführung des WAP-Handys

Transaktionen via Handy

Mit der Einführung der WAP-Handys[7] bekommen die Telefonnutzer den Zugang zu allen drei Eckpfeilern des Internet-Geschäftes. Die WAP-Handys besitzen ein standardisiertes Display, um eine grafische Repräsentation auf allen Geräten zu ermöglichen. Basierend auf dem XML-Standard ermöglicht der WML-Standard (Wireless Markup Language) und das Übertragungsprotokoll WAP (Wireless Application Protocol) die Übertragung von Informationen auf das Mobiltelefon. Dies funktioniert ähnlich den HTML und HTTP-Technologien der Webbrowser.

Der neue Standard XML

Der entscheidende Unterschied zum alten Ansatz mittels HTML ist die Einführung des XML-Standards. Dieser ermöglicht eine strikte Trennung von Inhalt und Repräsentation. In HTML wurde der Inhalt mit der Repräsentation vermischt, was den Vorteil hatte, dass man nur eine einzige Datei benötigte, um einen Inhalt in einem Webbrowser darzustellen. Bei umfangreichen Websites aber zieht eine Veränderung der Struktur, der Repräsentation oder des Inhaltes eine Komplettrenovierung der Webseiten nach sich. Sind Inhalt und Layout getrennt, ist es sehr einfach, ein komplett neues Layout für die Webseiten einzuführen, ohne dass am Inhalt etwas geändert werden muss.

Durch diesen Technologiesprung ist es möglich, Inhalte für Webbrowser, Mobiltelefone, Fernseher, Kiosk-Systeme, Broschüren, Anleitungen oder Bücher einmalig zu erstellen und, basierend auf den Bedürfnissen des Benutzers und der Anzeige-Technologie, eine andere Repräsentation der Daten zu wählen. Ein Mobiltelefondisplay hat zum Beispiel nur begrenzt Platz, um Informationen darzustellen. Auf einem Fernseher wiederum, wird unter Umständen eine andere Benutzerführung benötigt als auf einem Computer, da der Benutzer nur über eine Standard-Fernsehbedienung verfügt und keine Tastatur und Maus besitzt. Eine Broschüre wird mehr Bilder enthalten und die Informationen anders organisiert präsentieren, als ein Buch oder eine Anleitung mit gleichem Inhalt.

Aus diesem Grund ist die neue Webbrowser-Generation (Netscape 5 und Internet Explorer 5) in der Lage, XML-Seiten direkt zu verarbeiten. HTML wurde daher in XML nachgebildet, um die

---

[7] http://www.wapforum.org/

bisherigen Seiten nicht plötzlich überflüssig zu machen. Daneben gibt es nun aber auch WML und eine Reihe weiterer Formate, die dazu dienen, Informationen zu strukturieren.

In der Zukunft wird es möglich sein, aus einer Quelle Informationen für verschiedene Endgeräte zu erzeugen, ohne dafür jedes Mal erneut auf die Informationen zurückzugreifen.

15.2.3 Transaktionen über Mobiltelefone

WAP-Transaktionen

Der dritte Eckpfeiler im Online Geschäft, die geschäftlichen Transaktionen, können nun ebenfalls über WAP-fähige Handys abgedeckt werden. Vor der Einführung des WAP-Handys gab es zum Beispiel in Finnland bereits Ansätze für Transaktionen, die es ermöglichten, an bestimmten Getränkeautomaten mit dem Mobiltelefon bezahlen zu können. Auf den Geräten war eine Nummer vermerkt, die man anrufen musste, um ein Getränk zu erhalten. Nach Eingang des Anrufs wurde eine Getränkedose freigegeben und der Betrag erschien dann auf der normalen Mobilfunk-Telefonrechnung. Diese Art der Transaktion lässt sich solche Geschäftsfelder ausweiten, bei denen es keine Rolle spielt wer der Kunde ist. Man könnte auf diese Weise z.B. eine Zeitung kaufen oder ein Busticket bezahlen. Es erfolgt keine Autorisierung oder Identifizierung des Kunden, da es sich um Kleinbeträge handelt, die nur lokal und zeitnah bezahlt werden können. Es würde wenig Sinn machen, die Nummer des Getränkeautomaten anzurufen, wenn man nicht gerade neben dem Gerät steht.

Virtualisierung der Prozesskette

Mit dem WAP-Mobiltelefon ist man in der Lage, die gesamte Prozesskette zu virtualisieren. Man muss also nicht im Buchladen stehen, um das Buch entgegen zu nehmen, sondern kann es über das WAP-Handy bestellen und zuschicken lassen, da man jetzt in der Lage ist, Formulare im WML-Format auszufüllen und abzuschicken. Diese Formulare könnten u.a. die Kreditkartennummer und die Adresse des Kunden enthalten. Mittels Login und Passwort kann man die Ansicht bzw. Nutzung bestimmter Inhalte oder Dienstleistungen auf autorisierte Kunden beschränken. Sobald die Anbieter den WAP-Standard unterstützen, werden damit alle Transaktionen, die zur Zeit im Web durchführbar sind, den Mobilfunkteilnehmern zugänglich gemacht.

Damit wird es zum Beispiel möglich, Überweisungen mit dem Handy zu tätigen (Transaktion), Webseiten eines Unternehmens anzuschauen (Repräsentation und Information) und E-Mails abzufragen (Kommunikation).

15.2.4 Weitere internetfähige Endgeräte

Pervasive Computing

Neben dem Mobiltelefon werden in naher Zukunft weitere Geräte internetfähig. Unter dem Stichwort „Pervasive Computing" werden zur Zeit alle Geräte, die bereits mit einem Computerchip bestückt sind, mit einer Internetanbindung ausgestattet.

Darunter fallen u.a. Haushaltsgeräte, wie Kühlschrank, Waschmaschine und Heizung, aber auch Fahrzeuge wie Autos, Busse und Bahnen. In einer dritten Gruppe findet man die medizinischen Geräte. In der Kategorie der Haushaltsgeräte geht es hauptsächlich darum, dem Kunden weitere Dienste wie z.B. das Einschalten der Heizung vom Arbeitsplatz aus bei plötzlichem Kälteeinbruch anzubieten.

internetfähige Haushaltsgeräte

Der Kühlschrank führt Buch über die Lebensmittel, die hineingestellt und herausgenommen werden, und kann dann entweder dem Nutzer einen Servier- oder Rezeptvorschlag machen, ihm eine Einkaufsliste ausdrucken oder automatisch beim Supermarkt z.B. Milch und Eier nachbestellen, sofern man in seinem Kühlschrankprofil eine Vorliebe für Milch und Eier eingetragen hat. Der Kühlschrank könnte aber noch mehr leisten. Wenn das Gerät weiß, dass Milch und Eier gebraucht werden, könnte es bei allen nahegelegenen Supermärkten Preise digital nachfragen und dann die billigste Milch und die billigsten Eier in einer bestimmten Qualität anzeigen und evtl. automatisch bestellen.

Diese Geräte werden sich in Zukunft über einen Webbrowser fernsteuern lassen, der sich auf einem normalen Computer oder einem WAP-Handy befinden kann. So könnte sich eine Waschmaschine erkundigen, zu welcher Zeit der Strom und das Wasser am günstigsten sind und sich dann automatisch einschalten. Von Hand würde man das nie machen, da der Aufwand zu groß wäre. Mittels automatischer Agenten in den Geräten oder auf Servern, die einen Zugriff durch die Geräte erlauben, könnte man sehr einfach Kosten sparen und den Energieverbrauch regeln.

Internetfähige Fahrzeuge

Die zweite große Gruppe werden die internetfähigen Fahrzeuge werden. Im eigenen Auto werden wir mit mehr Informationen über Staus, Benzinstand, lokalem Benzinpreis etc. versorgt und zugleich werden Vorschläge gemacht, wie die Fahrt noch angenehmer zu gestalten wäre. Sollte sich ein Stau in Fahrtrichtung befinden, wird automatisch eine Umleitung berechnet. Werden in Zukunft alle Autos über Internetanschluss verfügen, wäre es möglich, die Umleitungen mit den anderen Verkehrsteilnehmern abzustimmen, um Staus auf den Umleitungsstrecken möglichst zu vermeiden. Das KfZ wird dann auch in der Lage sein, die Benzinpreise der umliegenden Tankstellen abzufragen und dementsprechend die Route zu optimieren.

Der Internetanschluss in Bussen und Bahnen wird den Fahrgästen helfen, Verspätungen und Änderungen der Fahrpläne rechtzeitig zu erfahren. Wenn man zu jeder Zeit feststellen kann, wo sich der jeweilige Bus oder Zug aufhält, werden Verspätungen zu einem kleineren Problem, da man die Wartezeit besser nutzen kann. Sollte sich ein z.B. ein Zug verspäten, könnte das System auch automatisch eine andere Route mit anderen Verkehrsmitteln berechnen, um die Wartezeit so kurz wie möglich zu halten.

Internetfähige Medizingeräte

Medizinische Geräte, wie z.B. Herzschrittmacher und Hörgeräte werden durch den Internetzugang helfen, Menschenleben zu retten. Zusätzlich zu der eigentlichen Funktion des Gerätes können diese die wichtigsten Lebensfunktionen eines Menschen überwachen und im Notfall die geographischen Koordinaten und die Art des medizinischen Problems an die nächstgelegene Klinik weitergeben.

Vieles mag utopisch klingen, aber es gibt bereits sehr viele Unternehmen, die an solchen Geräten arbeiten und bereits erste Dienstleistungen dahingehend anbieten. Junge Unternehmen haben hier aber noch ein weites Feld an Möglichkeiten, mit geringen Investitionen einen großen Markt zu bedienen.

15.2.5 Integration von Endgeräten

Anzahl von Endgeräten verringert sich

Die Integration von Endgeräten wird in Zukunft die Anzahl der Fernbedienungen wieder reduzieren. In einem typischen Haushalt findet man heutzutage bis zu fünf Fernbedienungen für Fernseher, Verstärker, Video, DVD, Radio, CD-Player usw. Durch die verbesserte Anbindung an das Internet mittels schnellerer Netze werden Geräte wie Video, DVD und CD-Player auf lange Sicht überflüssig. Es wird nicht mehr nötig sein, ein Medium in einem Laden einzukaufen, sondern man kann die entsprechenden Filme oder Musikstücke direkt aus dem Internet herunterladen.

Musik aus dem Internet

Ein einziges Gerät wird in der Lage sein, die Funktionen der oben beschriebenen Geräte auszuführen. Es wäre vorstellbar, dass man zwar immer noch eine CD in einem Laden kauft, aber in der Hülle statt einer CD nur ein Booklet mit einem Autorisierungscode liegt. Dieser erlaubt es dem Kunden, die Musikstücke aus dem Internet herunterzuladen. Man bekommt die CD-Hülle nur, weil man an Texten und Bildern des Künstlers interessiert ist. Die CD an sich bietet keinen Mehrwert gegenüber einer servergesteuerten Musikverteilung.

Neue Mobilfunkgeneration

Fernsehen und Radio werden als Medienformate in das Internet aufgehen. Schon heute kann man viele Fernseh- und Radioprogramme direkt im Internet abrufen. Das gleiche gilt für das Telefon, die Sprachdaten können ebenfalls leicht über das Internet übertragen werden. Somit wird das Internet zu der einzigen Plattform für den Informationsaustausch.

Die neue Generation von Mobiltelefonen wird zwei Megabytes/Sekunde übertragen können, so dass neben den eigentlichen Sprachdaten auch Spiele, Videos und Musik übertragen werden können. Durch die Digitalisierung aller Informationen fällt auch ein lästiges Problem weg, das in der Vergangenheit immer wieder für Ärgernis gesorgt hat: Wer kann sich nicht an die Formatkämpfe zwischen Beta und VHS, Kassette und MiniDisc erinnern. Wenn alle Informationen in digitaler Form vorhanden sind, ist es einfach, die entsprechende Software zum Abspielen der Information mitzuliefern.

15.2.6 Automatisierte Agenten

Automatische Entscheidungen

In der nahen Zukunft werden wir vermehrt automatisierte Agenten vorfinden, die einem helfen werden, die richtige Entscheidung zu treffen. Diese Agenten werden in drei Bereichen eingesetzt werden. Informations-, Produkt- und Dienstleistungsbroker werden als neue Händler auftreten und die bestehenden Strukturen aufbrechen. Die neuen Händler werden nun nicht nur Informationen, Produkte oder Dienstleistungen weiterreichen, sondern müssen mehr und mehr auf die Bedürfnisse des Kunden eingehen.

Kundenprofile

Anhand des Kundenprofils muss der Händler Vorschläge machen, wie der Kunde seine Situation am besten nutzt - und das zur geforderten Qualität mit dem bestmöglichen Preis. Basierend auf den Kundenprofilen kann der Händler bereits Vorschläge unterbreiten, bevor der Kunde überhaupt das Bedürfnis nach einem Kauf verspürt.

15.3 Neue Geschäftsmodelle im Business-To-Business-Umfeld

15.3.1 Geschäfts-Automatisierung

Aufstieg neuer Firmen

Für die Beziehungen zwischen den Unternehmen spielen die Faktoren für eine Digitalisierung der Prozesse eine andere Rolle. Während im B-2-C-Bereich die Einführung von neuen Dienstleistungen im Vordergrund steht, geht es im B-2-B-Bereich im Augenblick vor allem darum, bestehende Geschäftsbeziehungen und -prozesse zu automatisieren und zu vereinfachen.

Wenn man sich Geschäftsprozesse in Unternehmen anschaut, dann sind diese Prozesse vor allem deswegen langsam, weil sie viele Medienbrüche erleiden. Ein Medienbruch bedeutet, dass Informationen von einem Medium in ein anderes transferiert werden. Da dies nicht automatisch geschehen kann, ist dieser Vorgang latent fehlerbehaftet.

Digitalisierung von Geschäftsbeziehungen

Ein Beispiel für einen typischen Prozess ist die Bestellung eines Händlers bei seinem Lieferanten. In der Vergangenheit wurde eine Order über Telefon oder Fax abgewickelt. Beim Telefonieren aber kann es zu Missverständnissen kommen und beim Versenden von einem Fax ist die Qualität der Übertragung abhängig vom Originaldokument. In vielen Fällen müssen daher die Informationen überprüft und korrigiert werden. Dieser Prozess führt zu Bestellverzögerungen, wenn z.B. der Lieferant nach der Bestellung nicht sein Fax-Gerät kontrolliert oder keine Zeit hat, das Telefon zu beantworten.

EDI-Lösungen

Um dieses Problem zu entschärfen, hat man EDI eingeführt. EDI ermöglicht eine automatische Transaktion und senkt die Fehlerrate deutlich, denn jedes EDI-Formular beinhaltet ein standardisiertes Vokabular, welches der Händler und der Lieferant gleichermaßen benutzen. Sollten die eingegebenen Informationen ungültig sein, schlagen die Rechner sofort Alarm. Das Vokabular wird nur zum Austausch benutzt. Das bedeutet, dass der Händler und der Lieferant die Transaktionen in ihren eigenen Systemen nach eigenem Gutdünken beschreiben können, sofern sie einen Vokabelübersetzer bei der Erstellung und des Ablesens der EDI-Formulare benutzen.

Durch EDI konnten also zwei völlig verschiedene Back-Office Systeme über eine standardisierte Schnittstelle kommunizieren, und so die Anzahl der Transaktionen erhöhen und die der Fehlbestellungen reduzieren. Der entscheidende Nachteil von EDI war bisher, dass für jeden Händler pro Zulieferer ein eigener Vokabelübersetzer für die Kommunikation hergestellt werden musste. Zudem basierte die gesamte Infrastruktur auf kostspieligen Standleitungen.

Nachteile von EDI

EDI im Internet

Vor einigen Jahren haben die ersten Firmen das Potenzial des Internets erkannt und die EDI- Kommunikation von Standleitungen auf die Internet-Infrastruktur umgestellt. Der Nachteil der Vokabelübersetzer konnte damit aber auch nicht aus der Welt geschafft werden, so dass der Zugang zu EDI-basierten System für kleinere und mittlere Unternehmen nur unwesentlich erleichtert wurde.

15.3.2 XML-Basierte Transaktionen

Informationsaustausch via XML

In der Zwischenzeit hat sich XML zum Standard für den Informationsaustausch entwickelt. Die Informationen werden in einer industrieneutralen Sprache repräsentiert. Im Gegensatz zu EDI bietet XML keine festgesetzten Strukturen, sondern kann für den Bedarf des Einzelnen einfach angepasst werden. Jede Firma kann mittels XML neue Datenstrukturen anlegen und ihren Geschäftspartnern zur Verfügung stellen, ohne dass ein neuer Vokabularübersetzer angefertigt werden muss.

Offene Datenstrukturen

Die Idee bei XML ist natürlich nicht, dass jeder seine eigenen Datenstrukturen anlegt. Vielmehr sollen bestehende Datenstrukturen genutzt und gegebenenfalls erweitert werden. Daher gibt es Bestrebungen pro Industriezweig eine zentrale Datenstruktur anzulegen, die alle relevanten Informationen umfasst. Somit würde es allen Unternehmen ermöglicht, in der eigenen Sparte, insbesondere innerhalb einer Zulieferkette, Informationen auszutauschen. Diese Datenstrukturen müssen offen sein, so dass nicht jedes Unternehmen jedes Feld ausfüllen muss, sondern nur die relevanten Felder mit Informationen bestückt und an seine Partner verschickt. Dadurch wird gewährleistet, dass die Informationen nicht konvertiert werden müssen und somit jedes Unternehmen möglichst flexibel seine Informationen an verschiedene Zulieferer und Händler weitergeben kann.

Die wichtigsten ERP-Systeme (Enterprise Resource Planing) haben bereits Schnittstellen für XML eingebaut oder für die nächste Version vorgesehen. PeopleSoft, Oracle und Baan bieten bereits standardisierte Schnittstellen für XML an und SAP ist dabei, XML in seine BAPIs (Business Application Programming Interfaces) zu integrieren. Sollten sich die Produzenten der ERP-Systeme auf eine einheitliches XML Format einigen können, wäre es möglich, über eine standardisierte, unabhängige Schnittstelle Zugriff auf Produktions- und Finanzdaten zu erhalten.

Vertikale XML Vokabulare

Zur Zeit werden vertikale XML-Vokabulare für alle Industrien entwickelt. Dies hilft der einzelnen Industrie den Informationsaustausch zu beschleunigen und die Qualität der Informationen zu erhöhen. Es darf jedoch nicht außer Acht gelassen werden, dass die einzelnen Sparten nicht völlig autark arbeiten und viele Schnittstellen mit anderen Industriezweigen besitzen. Daher werden neben den vertikalen industrie-spezifischen Vokabularen auch horizontale industrieübergreifende Vokabulare entwickelt, die den Austausch von Informationen über die Grenzen von einzelnen Industriezweige erlauben.

Das World Wide Web Consortium[8], die Organisation for the Advancement of Structured Information Standards (Oasis)[9] und Commerce.Net[10] sind drei Organisationen, die im Begriff sind, entsprechende globale Standards zu entwickeln. Solche Dienstleistungen, die Informationen automatisch weiterverarbeiten, werden in Zukunft eine große Rolle spielen und neuen Unternehmen eine gute Chance für den Einstieg in das Internet-Zeitalter geben.

15.3.3 Mehrwert-Dienstleistungen im B-2-B-Bereich

Neue Mehrwert-Dienstleistungen

Durch die verstärkte Digitalisierung und Automatisierung der Geschäftstransaktionen werden neue Dienstleistungen möglich, die zuvor mit einem großen Aufwand verbunden gewesen wären. So ist es heute schon fast normal, dass man jederzeit den Status seiner Bestellung abfragen kann. Im B-2-B-Bereich, z.B. in der Automobilzulieferindustrie, ist eine solche Statusabfrage lebensnotwendig, da die Autohersteller alle Teile Just-in-Time auf Vorrat halten. Kurz bevor ein Teil eingebaut werden soll, wird es auch angeliefert. Sollte nun ein Lieferant Schwierigkeiten mit der Lieferung bekommen, kann dies unter Umständen zu Produktionsausfällen führen.

Intelligente Agenten in der Industrie

Die meisten Autohersteller haben ihre Zulieferkette unter Kontrolle. Dennoch kommt es immer wieder zu Ausfällen. Wenn die Automobilhersteller über einen automatischen Agenten nach Ersatzlieferanten mit ähnlichen Leistungsbedingungen schauen könnten, wären sie bei Lieferschwierigkeiten des Hauptzulieferers viel individueller und schneller in der Lage, den Engpass zu beseitigen. So müssten im Vorfeld Verträge mit anderen Lieferanten ausgehandelt werden.

---

8 http://www.w3.org/

9 http://www.oasis-open.org/

10 http://www.commerce.net/

Neben den üblichen Statusabfragen können die Unternehmen auch mehr Daten über ihre Kunden und Zulieferer sammeln. Anhand dessen ist es z.B. denkbar, ein detailliertes Profil zu erstellen, dass Ihnen erlaubt, auf die Wünsche besser einzugehen und Probleme rechtzeitig zu erkennen und abzuwenden (Bsp. Paketdienste).

15.4 Fazit

Neue Wachstumschancen

Durch die Einführung der neuen Technologien und Geschäftsprozesse wird es für kleine und junge Unternehmen einfacher zu wachsen. Die großen Firmen sind nämlich immer noch damit beschäftigt, ihre vorhandene Infrastruktur ins Internet einzubinden, um Geschäftstransaktionen zu ermöglichen. Gleichzeitig explodiert der Markt, da sich die Anzahl der Personen, die am Internet teilhaben, schlagartig vervielfacht.

Neue Arten von Technologien

Wenn man heutzutage daran denkt, ein neues Unternehmen im Bereich Internet aufzubauen, sollte man von der Vorstellung wegkommen, dass man einen Computer mit Webbrowser als Kunden vor sich hat. Der Kunde wird Zugang zu Ihren Daten haben, aber sie sollten ihm die Wahl lassen, ob das über einen Web-Browser, den Kühlschrank oder das Mobiltelefon geschieht. Durch den Einsatz von XML können Ihre Transaktionen und Informationen in einem geräteunabhängigen Format erstellt und gepflegt werden. Eine weitere Folge ist, dass sich damit die potentielle Kundschaft vervielfacht und im B-2-B-Bereich die Kosten pro Transaktion entscheidend gesenkt und beschleunigt werden.

Neue Arten von Dienstleistungen

Kleine und mittelständische Firmen sowie Unternehmensgründer sind jetzt in der Lage, sich einen entscheidenden Vorteil zu verschaffen, indem sie verstehen lernen, was genau XML ist und wozu es dient. Kleine Dienstleistungen können damit implementiert werden und durch den Zuspruch der Kunden können diese Firmen schnell wachsen. Große Firmen, die bereits eine bestehende Infrastruktur haben, werden einige Jahre brauchen, um ihre Struktur auf XML umzustellen. Nutzen Sie die Chance jetzt. Viel Glück!

16 Was kommt nach dem Internet-Goldrausch?

Alexander Lewald

Der Autor

Dr. Alexander Lewald

ist Partner und geschäftsführender Gesellschafter der KAPPA IT VENTURES Consulting GmbH. Bevor er 1999 zu KAPPA IT VENTURES Consulting GmbH kam, war er als Senior Engagement Manager für McKinsey&Company tätig. Dort war er Projektleiter der "European New Venture Initiative" und war der Hauptinitiator des McKinsey Business Plan Wettbewerbs.

Herr Lewald hat sein Studium als Maschinenbauingenieur an der Ruhruniversität Bochum abgeschlossen, studierte Elektrotechnik an der Universität in München und erwarb seinen Doktor in dieser Fachrichtung. Nach seiner Doktorarbeit führte er außerdem noch Forschungsarbeiten an der Stanford Engineering School durch.

16.1 Der Internet-Goldrausch

Vom Goldrausch zur Goldgewinnung

Der Reiz des schnellen Geldes veranlasst heute Heerscharen junger Leute, ihre gesicherten Positionen in Top Firmen wie Goldman Sachs oder McKinsey aufzugeben, um in der „New Economy“ ihr Glück zu suchen. Aber sind die schnellen Gewinne der Vergangenheit wiederholbar? Alando ist das oft zitierte Beispiel eines jungen, erfolgreichen Gründerteams. Alando wurde sieben Monate nach der Gründung für einen höheren zweistelligen Millionenbetrag an Ebay verkauft. Das Internet hat eine grundlegende Transformation der Geschäftsprozesse in allen Bereichen unserer Wirtschaft ausgelöst. Daher wird es auch in Zukunft eine Reihe hochattraktiver Möglichkeiten für junge Unternehmen geben. Diese wollen jedoch in den meisten Fällen sehr systematisch erschlossen sein.

Die „Internet-Millionäre“

Wer wird nicht neidisch, wenn er liest, dass das Privatvermögen von Herrn Schambach, dem Gründer von Intershop, über eine Milliarde DM beträgt und Herr Schambach sein dreißigstes Lebensjahr noch nicht beendet hat. Dank des Erfolges des Neuen Marktes ist dies heute kein Einzelfall mehr. Eine neue Generation an Unternehmern ist entstanden, die ihr Vermögen nicht über Generationen, sondern in wenigen Jahren aufgebaut haben. Der kommerzielle Durchbruch des Internets und der Neue Markt haben in den letzten Jahren die schnelle Akkumulation von beträchtlichen Vermögen ermöglicht. Wurden in Deutschland im Jahr 1995 nur 11 Firmen neu an die Börse gebracht, so waren es 1999 bereits über 100. Diese Explosion hat uns alle überrascht. Unzählige versuchen nun die Erfolgsgeschichten von Broadvision oder Intershop zu wiederholen. Täglich erhalten wir dutzende Finanzierungsanfragen von jungen, hochmotivierten Teams. Die Lebensläufe lesen sich zumeist wie der Beginn einer Bilderbuch-Karriere. Neben einem Einser Abitur und der Ausbildung an einer der international renommiertesten Universitäten findet sich häufig ein Zweitabschluss als MBA oder eine Promotion. Unter der Rubrik Berufserfahrung finden sich Arbeitgeber wie Goldman Sachs, McKinsey oder Procter&Gamble wieder. Diese Entwicklung ist hocherfreulich. Noch vor 1 bis 2 Jahren haben sich die meisten „high potenzials“ für scheinbar sichere Karriereoptionen in der Industrie oder bei professionellen Dienstleistern entschieden. Daneben erkennen wir jüngst auch eine zunehmende Bereitschaft von erfahrenen Industrie-Experten die persönlichen und beruflichen Risiken eines Internet Start-ups auf sich zu nehmen. So ist es uns gelungen, Herrn Klaus-Dieter

Lässker, den ehemaligen Vorstandsvorsitzenden eines großen deutschen Versicherungsunternehmen zu motivieren, operativ in dem Internet start-up Onsecure mitzuwirken und den Vorstandsvorsitz zu übernehmen.

Die frühe Professionalisierung des Managementteams mit etablierten Industrieexperten ist für uns in Deutschland noch neu, in den USA bereits an der Tagesordnung. Dies ist nur ein Indikator für einen reifenden Markt. Die zunehmend stärkere Kapitalisierung der start-ups und die Tendenz zu „click and mortar" Geschäftsmodellen sind weitere Indikatoren. Gleichzeitig sind die etablierten Unternehmen durch die Erfolge der Internet start-ups der letzten Jahre aufgewacht und versuchen nun selbst an dem Goldrausch zu partizipieren. Die Online Erfolge von Barnes&Nobles, ToysRus oder Wal-Mart sind nur erste Anzeichen für die Schlagkraft etablierter Unternehmen. Als Venture Capitalist darf ich mich nicht von den heutigen Erfolgen verleiten lassen. Vielmehr müssen die Bedingungen der Kapitalmärkte in ein bis drei Jahren der Maßstab für meine heutigen Investitionsentscheidungen sein. Ich gehe davon aus, dass sich der bisherige Internet-Goldrausch in eine systematische Goldgewinnung wandeln wird.

16.2 Zukünftige Erfolgsfaktoren für Internet Start-ups

Neue Erfolgsfaktoren

In etwa 10 Jahren werden praktisch alle Geschäftsprozesse in und zwischen Unternehmen grundlegend neu gestaltet sein. Die Firma Cisco, Marktführer im Bereich der Internet Infrastruktur, ist ein guter Maßstab. Erst die Digitalisierung der Geschäftsprozesse hat es der Firma Cisco ermöglicht, zweistellige Umsatzrenditen bei anhaltend starkem Wachstum zu erzielen. Der Gründer von Netscape, Marc Andreessen, spricht auch von der „totalen Vernetzung der Wirtschaft". Die Digitalisierung wird vor keinem Bereich der Wirtschaft Halt machen. Daraus eröffnen sich auch weiterhin neue, attraktive Möglichkeiten für junge Internet Firmen. Aus meiner Sicht werden sich jedoch die Erfolgsfaktoren ändern:

Klotzen, nicht kleckern

1. **Zunehmende Kapitalisierung**: Erfolgreiche Firmen wie Intershop haben bis kurz vor dem Börsengang weniger als 10 Millionen DM Eigenkapital aufgenommen. Derzeit sind weit über 50 Millionen DM keine Seltenheit

mehr. Und die Tendenz ist weiter steigend. Insbesondere in den frühen Finanzierungsrunden hat die Kapitalisierung der Internet Firmen stark zugenommen. So hat die Firma Surplex.com wenige Monate nach der Gründung Eigenkapitalmittel in Höhe von 36 Millionen DM eingeworben. Eine hohe Kapitalisierung der Unternehmen bereits in der frühen Entwicklungsphase wird immer wichtiger. Wer konsequent nach dem Prinzip „The winner takes it all" handelt, setzt alles auf eine Karte, um die Marktführerschaft zu erlangen. Voraussetzung ist jedoch, dass das Team die Fähigkeit hat, das Geld effektiv einzusetzen. Einige BtC Internet-Firmen verfügen mittlerweile über Marketingbudgets, die mit den Budgets etablierter Unternehmen vergleichbar sind. Die Investoren stellen entsprechende Professionalitätsansprüche an das Managementteam. Wilder Aktionismus hilft wenig.

Das Internet bietet vollkommen neue Möglichkeiten

2. **Neue Geschäftsmodelle**: Bisher werden bestehende Industriestrukturen nahezu eins-zu-eins auf das Internet übertragen, ohne sie zu verändern. So verkauft Amazon.com heute u.a. erfolgreich Bücher über das Internet und hat hierfür auch die entsprechende Logistik aufgebaut. Die bestehende Industriestruktur wurde jedoch nur an einer Stelle verändert – der Schnittstelle zum Kunden. Die wirkliche Umwälzung der Buchbranche wird mit der Einführung und Akzeptanz von digitalen Büchern kommen. Einige Firmen wie e-books arbeiten bereits an Konzepten, Printmedien in digitaler Form via Internet zu verbreiten. Da der Leser in vielen Fällen jedoch von seinen gewohnten Verhaltensweisen – dem Lesen der Zeitung beim Frühstück oder im Zug – nicht abrücken wird, entwickeln eine Reihe von Firmen digitale Buchkonsolen mit Internetzugang. Die abonnierte Tageszeitung würde beispielsweise nicht mehr morgens per Zusteller ins Haus gebracht, sondern könnte zeitnah von einem Server heruntergeladen werden, um sie wie gewohnt beim Frühstück oder im Zug zu lesen. Hieraus ergeben sich einige unmittelbare Vorteile für den Nutzer: zeitnahe Informationen, Vermeidung von Bestellzeiten und günstigere Preise durch signifikante Kosteneinsparungen im Druck und der Zustellung, da der Druckprozess und die gesamte Logistikkette vollständig entfallen könnte. Zusätzlich werden differenziertere Preis- und Marke-

tingmodelle möglich, z.B. Preisstellung auf Nutzungsbasis.

Schneller lernen als die Wettbewerber

3. **Hervorragende Umsetzungsfähigkeiten**: Die Informationstransparenz im Internet führt zu einem gnadenlosen Wettbewerb zwischen den e-commerce Anbietern. Nicht nur Preisunterschiede werden augenfällig. Erfolgsversprechende, neue Marketing- und Geschäftsideen werden innerhalb weniger Tage von den Wettbewerbern einfach kopiert. Eine Umfrage der Boston Consulting Group bestätigt diese Erfahrung. Eine Gegenüberstellung von kumulierter Erfahrung und relativem Marktanteil deutscher e-commerce Unternehmen zeigt in den meisten e-commerce Branchen nur eine schwache Korrelation. Manche Frühstarter sind klare Marktführer, andere kommen spät und wälzen im Handumdrehen eine Branche um. Die Fähigkeit, schnell zu lernen und diese gesammelten Erfahrungen unmittelbar in messbare Geschäftserfolge umzusetzen, ist wichtiger, als der Erste zu sein. Es ist das neue Schlagwort des „Continuous Mover Advantage“ entstanden.

Das Beste aus beiden Welten

4. **Clicks and mortar**: Die etablierten Unternehmen aus der alten Welt hatten eigentlich eine hervorragende Ausgangsbasis für das Rennen im e-commerce, da sie über bestehende Einkaufs- und Logistikstrukturen, eine eingeführte Marke sowie eine reale Präsenz vor Ort verfügen. Die letzten Jahre haben uns jedoch eines Besseren belehrt. Die etablierten Unternehmen haben es nicht geschafft, ihre langjährige Erfahrungsbasis in der Kundengewinnung und -bindung, in der Auftragsbearbeitung und der Logistik auf das Online-Geschäft zu übertragen. Junge Unternehmen wie Amazon.com, die es vor 10 Jahren noch gar nicht gab, sind heute im Online-Markt voll etabliert. Mit der stark zunehmenden Vielfalt im Internet und der Rückbesinnung der etablierten Unternehmen auf ihre eigenen Stärken wird die Spezialisierung entlang der Wertschöpfungskette zunehmen. Online-Händler werden sich immer stärker auf das Managen der Kundenbeziehung fokussieren und die anderen Schritte der Wertschöpfungskette anerkannten Spezialisten überlassen. Diese Spezialisten werden zu einem beträchtlichen Teil etablierte Unternehmen sein, die ihre Strukturen und Geschäftsprozesse derzeit auf diesen Wandel vorbereiten. Ebenso wird die Bedeutung von Branchenexper-

tise stark zunehmen. Auch hier haben die etablierten Unternehmen eine Menge zu bieten. Es wird darauf ankommen, die Vorzüge beider Welten geschickt zu kombinieren. Hierfür wurde der Begriff „clicks and motar" geprägt. Im Einzelfall wird das Gelingen solcher Partnerschaften stark davon abhängen, ob es klar definierte, gemeinsame Ziele gibt und ob die Partner bereit sind, eigene Beweggründe den gemeinsamen Zielen unterzuordnen.

International ab dem ersten Tag

5. **Schnelle Internationalisierung**: Es wird viel darüber gesprochen, dass das Internet die Globalisierung vom Tage eins an ermöglicht. Realität ist, dass deutsche Internet-Unternehmen sehr deutsch sind. Im Schnitt haben die am Neuen Markt in Frankfurt gelisteten Internet Unternehmen in 1999 weit über 80% ihres Umsatzes in Deutschland generiert. Der Erfolg von Internet Unternehmen in der Zukunft wird maßgeblich darüber bestimmt sein, ob von Anfang an die Strukturen für eine zügige Internationalisierung gelegt wurden. Das fängt bei der Teamzusammensetzung an und setzt sich fort bis zur IT-Architektur.

Die systema tische Goldgewinnung wird sich durchsetzen

Abschließend lässt sich sagen, dass der Goldrausch einer systematischen Goldgewinnung weichen wird. Der Markt befindet sich noch in den Kinderschuhen. Alleine die Bereiche Commerce Enabling, interaktive Dienstleistungen, der Mobile Commerce und das Breitband-Internet verbergen noch viele interessante Möglichkeiten, an die heute noch keiner denkt.

17 Goldene Zeiten!? Zukünftige Rahmenbedingungen für eBusiness-Startups

Dirk Buschmann, Nicolai Herbrand

Die Autoren

Dirk Buschmann

absolvierte das Studium zum Diplom-Betriebswirt, Fachrichtung Wirtschaftsinformatik, und erlangte den Titel des MBA durch seine Studien in USA (UF) und Barcelona/Spanien (ESADE). Als Mitglied der Internationalen Nachwuchsgruppe der DaimlerChrysler AG begleitete er u.a. Projekte in Singapur und Buenos Aires. 1999 gründete er die Knowledge Intelligence AG, der er als Vorstand angehört. Dirk Buschmann ist Dozent für E-Business an der Fachhochschule Bonn/Rhein-Sieg und der VWA Köln.

Nicolai Herbrand

studierte an der Universität Hannover Wirtschaftswissenschaften mit den Schwerpunkten Unternehmensführung und Marketing. Bereits während seines Studiums gründete er ein Dienstleistungsunternehmen und beteiligte sich als strategie- und marketingverantwortlicher Gesellschafter an einem Internet-Startup. Nach einjähriger Tätigkeit als Junior-Consultant in einer Strategieberatung arbeitet er seit 1999 im Konzerncontrolling der DaimlerChrysler AG und promoviert an der Universität Hannover.

17.1 Ohne „e“ kein Business!?

Viele Experten der New Economy gehen davon aus, dass spätestens bis zum Jahre 2005 alle Unternehmen „e-Business-Unternehmen“ sein werden oder nicht mehr existieren. „To B or not to B" titelten die Investmentbanker von Goldman Sachs und die Gartner Group verkündete erst vor kurzem, dass es ihrer Ansicht nach keine Koexistenz von alter und neuer Wirtschaft geben werde.

Starkes Wachstum prognostiziert

Die Prognosen übertreffen sich gegenseitig: Nach Meinung der Analysten der Deutschen Bank wird das Volumen des elektronischen Handels in Deutschland jährlich um 100% steigen. Der Gesamtumsatz mit eCommerce wächst nach Ansicht von Forrester Research um mehr als 4000 Prozent auf 850 Milliarden Euro, wobei der Handel mit dem Konsumenten (B2C) im Vergleich zum Geschäft zwischen den Unternehmen (B2B) nur eine Nische darstellt. Die Gartner Group erwartet in diesem Sektor für die kommenden Jahre einen Umsatz von 2340 Milliarden Euro, was einem Anteil von ca. 10% des gesamten, in Westeuropa getätigten Handels entspricht. Laut Bain & Company wird der deutsche Umsatz im Internet (B2B und B2C) im Jahr 2004 mit 425 Milliarden Euro 45 mal so hoch sein wie 1999. Wie soll es anders sein, auch bezüglich der User gibt es nichts als steile Wachstumsprognosen. So wird laut Schätzungen von Nua Internet Surveys im Jahr 2002 das Internet von 27,4 Millionen Deutschen genutzt.

Was ist die New Economy?

Einer näheren und zugegebenermaßen kritischen Betrachtung unterzogen, ergeben sich jedoch diverse Fragen: Was genau ist eigentlich diese so oft benannte New Economy? Gilt als Abgrenzungskriterium zur „alten Welt“ das Produkt, der Innovationsgrad der Prozesse oder schlicht das Alter des Unternehmens? Von den meisten Fachleuten, welche die Prognosen für diese „neue Wirtschaft“ in immer kürzeren Abständen verkünden, sind keine konkreten Antworten zu erhalten. Auch nicht auf die Frage, was eigentlich ein „eBusiness-Unternehmen“ ist. Es scheinen ähnliche Gesetze zu gelten wie derzeit am Aktienmarkt: Hauptsache vor allen Prozentzeichen, die sich auf das Wachstum der finanziellen Kennziffern beziehen, steht mindestens eine dreistellige Zahl – fundamentale Daten werden nicht benötigt. Was das Unternehmen herstellt? Keine Ahnung!

Realistische Einschätzungen angemessen

Fragt man sich jedoch nach den Rahmenbedingungen die zukünftige Gründer (welche unsere Volkswirtschaft so dringend benötigt) im Bereich des eBusiness erwarten, so gilt doch eher ein realistischer Blick in die Glaskugel als angemessen. Der hier vorliegende Beitrag wagt einen solchen Blick – wohlwissend, dass am Ende die Wirklichkeit die Voraussagen wieder einmal überholt haben wird und folglich die Gefahr besteht, dass der Leser des Jahres 2004 lachend vor seinem eBook sitzt und sich über die Kurzsichtigkeit der Autoren amüsiert. Vermutlich galt auch 90 Prozent dessen, was heute Realität ist, vor nicht allzu langer Zeit als pure Spinnerei. Auch wenn die Menschheit es immer wieder versucht: Die Zukunft kann man nicht vorhersagen, und das gilt insbesondere für das Internet, das quasi als Synonym für Komplexität, Dynamik und Geschwindigkeit steht: Das Telefon gab es 55 Jahre bis 50 Millionen Menschen es nutzten, das Fernsehen benötigte 13 Jahre um diese Schwelle zu überspringen, das Internet schaffte es in gerade einmal drei Jahren.

Prognostische Qualität durch industrielle Logik

Seriöse Zukunftsforschung liefert keine Blaupause für die nächsten Jahrzehnte. Man vermag lediglich zu konstatieren, dass bestimmte Entwicklungen unter entsprechenden Bedingungen eintreten können und dann versuchen, die Eintrittswahrscheinlichkeiten zu quantifizieren. So haben wir auf Expertendelphis oder eine breit angelegte Szenarioanalyse verzichtet und versucht, die prognostische Qualität durch industrielle Logik zu erreichen. Die Ermittlung von Bandbreiten und Alternativen stand dabei im Vordergrund.

So werden im nächsten Kapitel zentrale Kontextfelder für eine zukünftige Gründersituation in Deutschland identifiziert und Prognosen für die Wesentlichen Entwicklungen innerhalb dieser Felder generiert. Aufbauend auf einer Zusammenstellung von Erfolgsfaktoren von Startups im Bereich des eBusiness der jetzigen Generation werden anschließend Erfolgsfaktoren für die nächste Gründergeneration aus den identifizierten Umfeldbedingungen abgeleitet.

17.2 Der Blick in die Glaskugel

Die Recherchen zu diesem Beitrag brachten einige zentrale Erkenntnisse mit sich: Zum einen kristallisierte sich schnell heraus, dass die Suche nach Antworten bezüglich einzelner Entwicklungsstränge lediglich zu besseren Fragen führt. Wie man damit umgeht, wenn man einen Artikel über die Zukunft des eBusiness schreiben will? Für uns lag die Antwort auf der Hand: Wir geben die Fragen an Sie, den Leser weiter. Vielleicht haben Sie ja Antworten. Wenn nicht, dann müssen Sie sich auf jeden Fall mit den Fragen auseinandersetzen – und das ist ein wesentliches Ziel seriöser Zukunftsforschung.

Die Zukunft hat bereits begonnen

Zum anderen wurde uns klar, dass die Zeit der visionären Zukunftsbilder, die sich auf die „unendlichen Weiten" des Internet und die R-e-volution beziehen, eigentlich vorbei ist. Der Grund ist banal: Die Zukunft hat bereits begonnen. Aus den Visionen einer neuen Gründergeneration sind Businesspläne geworden, deren Erfüllung nun den „ganz normalen" Alltag der New Economy bestimmt und den Rhythmus des alltäglichen Lebens bereits jetzt nachhaltig prägt.

Differenzierte Analyse erforderlich

Die dritte Erkenntnis: Experten, die sich mit der Zukunft des e-Business beschäftigen, gehören meist zu einem von zwei Lagern: Euphorikern oder Apokalyptikern. Mittlere Tonlagen werden selten angestimmt. Die Zahl der durch Ratio geleiteten scheint gering und die Diskussion um die Zukunft des eBusiness zur Glaubensfrage mutiert. Wer die Entwicklungstendenzen des eBusiness jedoch seriös skizzieren will, der muss zum einen Logos und Ratio sprechen lassen, zum anderen aber auch einzelne wesentliche Einflussbereiche einer differenzierten Analyse unterziehen. Im Folgenden Abschnitt werden daher Entwicklungen im Bereich der Telekommunikation und der Informationstechnologie ebenso differenziert betrachtet, wie die Trends im soziokulturellen sowie im politisch-rechtlichen Umfeld. Den Fokus der Betrachtung bildet jedoch das ökonomische Umfeld.

17.3 Die vier wesentlichen Einflusssektoren der zukünftigen Gründersituation

17.3.1. Technologische Umwelt

Drei maßgebliche Trends

In einem Betrachtungszeitraum von fünf Jahren wird sich der technologische Fortschritt im Informations- und Kommunikationssektor mit hoher Wahrscheinlichkeit in drei maßgeblichen

Trends äußern (vgl. hierzu insbesondere auch den Beitrag von Daniel Amor in diesem Band, S. 231).

Mobilfunk ersetzt Festnetz

Der erste Trend vollzieht sich bereits mit wachsender Geschwindigkeit: Drahtlose Kommunikation ersetzt die Festnetzkommunikation. Für das Jahr 2002 werden nach neuesten Studien ca. 13 Millionen Europäer das Internet über das Mobilfon anzapfen. Bis zum Jahr 2004 wird sogar jeder dritte Europäer regelmäßig über sein Mobiltelefon im Internet surfen. Weltweit sagt Forrester Research für das Jahr 2002 knapp 54 Millionen WAP-Handys (Wireless Application Protocol) mit eingebautem Micro Browser voraus. Somit ist das Fundament für die nächste Stufe des eCommerce, dem Mobile Commerce gelegt. In einer ersten Stufe wird der neue Standard WAP das World Wide Web ins Handy bringen, nachdem das Internet mittels Empfang und Versand von SMS (Short Message Service), E-Mails und Fax bereits via Mobiltelefonie nutzbar gemacht wurde. Der Quantensprung wird dann voraussichtlich mit dem neuen Mobilfunkstandard UMTS (Universal Mobile Telephone System) kommen. UMTS ermöglicht dann den Austausch von Daten mit bis zu zwei Megabits und wird echte Multimedialität und bewegte Bilder in ausreichender Geschwindigkeit ins Handy bringen und somit einen Wesentlichen Zusatznutzen stiften. Mit dem XML-Standard (eXtended Markup Language) eröffnen sich Entwicklungschancen für vollkommen neue Geschäftsmodelle. Durch die unabhängige Darstellung von Inhalt und Repräsentation können dann über das WAP-Handy und dessen potentielle Nachfolger Geschäftstransaktionen (mobile banking, ticketing, virtueller Einkauf) durchgeführt werden. Darüber hinaus erlaubt XML den Aufruf von Webseiten und die Nutzung weiterer Kommunikationsformen.

Das KfZ als Kommunikationszentrale

Mit der Schnittstellenoptimierung zu anderen Geräten, der bereits erfolgten Einführung diverser Navigationssysteme sowie der anstehenden Übernahme dieser Technologie in die Fahrzeugerstausstattung wird das Automobil als beliebtestes Fortbewegungsmittel zur Kommunikationszentrale. Personalisierter, auf Fahrzeug und Fahrer abgestimmter eCommerce als auch der problemlose Austausch der mobilen Kommunikationseinheit mit anderen Endgeräten (die Einführung von so genannten Bluetooth-Schnittstellen wird die Kommunikation zwischen Handys, Notebook-Karten und ISDN-Adaptern auf einer international genormten Funkfrequenz möglich machen) wird mit hoher Wahrscheinlichkeit schon bald das Alltagsbild prägen. Die Gründe liegen auf der Hand: Zum einen wird ein echter Zusatznutzen für den Konsumenten geschaffen, zum anderen wollen die Hersteller der verschiedenen Produkte und Dienste alle ein Stück von dem so wohl riechenden Kuchen „mobile eCommerce“ abbekommen. Das beschleunigt bekanntlich Entwicklungszeiten und bildet die Grundlage für die schnelle Implementierung wichtiger Normen und Standards. Durch die Kooperationen von Automobilherstellern, Telekommunikationsunternehmen, Endgeräteherstellern und Diensteanbietern sind die Grundlagen bereits geschaffen.

Vereinfachter Einstieg ins Internet

Den dritten maßgeblichen Trend stellt die Vereinfachung des Einstiegs in das Internet dar. Der Zugang zur virtuellen Welt wurde in den vergangenen Jahren bereits wesentlich simplifiziert, stellt aber bekanntlich immer noch eine der Wesentlichen Barrieren für die flächendeckende Nutzung dar. So wird die Nutzung des Fernsehers als Einstiegsluke in die virtuelle Welt einen Wesentlichen Beitrag zu diesem Trend leisten. Die Settop Box von AOL wird in Kürze eine parallele Nutzung von Internet und TV in verlässlichem Standard möglich machen. „Easy to use“ heißt auch hier die Devise. Sollte der Durchbruch gelingen, werden die Nutzerzahlen neue Dimensionen erreichen und sich die Nutzergewohnheiten stark ändern. Mittelfristig werden Fernsehen und Internet weiter miteinander verschmelzen. AOL/Time Warner Chef Steve Case geht davon aus, dass das Fernsehen in den nächsten zehn Jahren neu erfunden wird und sich dem Erscheinungsbild des Internet anpasst. Weitere Fusionen á la AOL/Time Warner werden die Verschmelzung des Medien- und Internetbereichs weiter vorantreiben. Schließlich ist zu erwarten, dass sich das Internet zu der einzigen Plattform für den Informationsaustausch entwickelt. Die Festnetzzugänge zu dieser Plattform werden dabei zunehmend schneller. ADSL- (Asynchronous Digital Subscriber Line) und SDSL-Netze (Synchronous Digital Subscriber Line) als Nachfolger von ISDN, werden in allernächster Zukunft auf breiter Basis den Zugriff auf das virtuelle Angebot wesentlich beschleunigen.

Viel Freiraum für Gründergeist

Welche Auswirkungen haben die hier beschrieben Trends nun für potentielle Gründer? Zum einen lassen sich bezüglich der einzelnen Technologien selbst neue Gründungsfelder identifizieren. Dies gilt sowohl für Produkte und Dienstleistungen als auch für Hard- und Software. Zum anderen wirken die hier beschriebenen Trends auch auf die Geschäftsmodelle der Gründer selbst. Nur wer die neuen Technologien effizient und effektiv einzusetzen weiß, wird erfolgreich am Markt agieren können. Die Kernbotschaft lautet: Die Nutzerzahlen werden durch die Vereinfachung der bestehenden und der neuen Zugangskanäle weiter steigen, zudem wurde mit XML ein neuer Standard geschaffen, der neue Geschäftsmodelle ermöglicht (vgl. hierzu auch den folgenden Abschnitt) und somit viel Freiraum für innovativen Gründergeist bietet.

17.3.2. Ökonomische Umwelt

Im Bereich der ökonomischen Umwelt lassen sich insbesondere bezogen auf den Kapitalmarkt und zukünftige Geschäftsmodelle relevante Entwicklungslinien für potentielle Gründer identifizieren.

Rasanter Zuwachs börsennotierter Unternehmen

Hinsichtlich des Kapitalmarktes lässt sich festhalten, dass die Kapitalversorgung von Startups (sei es über Business Angels, Venture Capitalists oder die Börse) derzeit kein ernsthaftes Problem mehr darstellt. Mit dem Neuen Markt wurde durch die Deutsche Börse AG ein Marktsegment geschaffen, dass jungen Unternehmen den wichtigen Zugang zu internationalem Kapital ermöglicht und bereits durch eine Vielzahl von Unternehmen genutzt wird. Für die Zukunft erwartet die Deutsche Bank einen rasanten Anstieg junger, innovativer, an der Börse notierter Unternehmen. Bis zum Jahr 2005 soll demnach die Schallmauer von 1000 am Neuen Markt notierten Werten durchbrochen werden. Laut Schätzungen der West LB sollen bis Ende 2000 bereits 400 Unternehmen am Neuen Markt gehandelt werden. Logische Konsequenz ist eine sehr hohe Kapitalisierung in diesem Marktsegment. So wagt Werner Seifert von der Deutschen Börse AG eine kesse Prognose: Im Jahr 2000 könnte die Marktkapitalisierung der am Neuen Markt notierten Unternehmen die des DAX erstmals übersteigen!

Investoren werden anspruchsvoller

Auch wenn man davon ausgeht, das weiterhin reichlich Liquidität (Geldangebot) in den Märkten vorhanden ist bzw. auch in Richtung des Neuen Marktes umgeschichtet wird, gehen wir trotzdem davon aus, dass die Geldnachfrage schneller wachsen wird als das Geldangebot. Zur Wiederholung: Man erwartet bereits für das Jahr 2000 eine Verdoppelung der Unternehmen am Neuen Markt. Darüber hinaus ist mit einer Vielzahl wachstumsdeterminierter Kapitalerhöhungen in diesem Marktsegment zu rechnen. In der Konsequenz würde dies zu tendenziell schwächeren Kursanstiegen als bisher führen. Aufgrund größerer Auswahlmöglichkeiten werden Investoren somit zunehmend ansprnchsvoller bei dem Einsatz ihres Kapitals (vgl. hierzu auch die Ausführungen zu den künftigen Erfolgsfaktoren in Abschnitt 17.4.2).

Steigender Performancedruck

Bezüglich des Marktes für Venture Capital sind die Zahlen für die nächsten Jahre beeindruckend (vgl. in diesem Kontext auch den Beitrag von Dr. Lichtenberg zum Thema Incubatoren in diesem Band, S. 89): Bereits im Jahr 2000 warten laut Venture Economics & National Capital Association rund 16 Milliarden Euro Venture-Capital auf ideenreiche Gründer. Haben die zahllosen Venture-Fonds bisher eine Performance der eingesetzten Mittel von 200 Prozent als angemessen erachtet, sind Renditeerwartungen von 500 bis 600 Prozent schon jetzt keine Ausnahme mehr. Vor dem Hintergrund dieser Tendenzen erklärt sich auch der hohe Investitions- und Wettbewerbsdruck, dem sich die Venture Capital Gesellschaften ausgesetzt sehen und der in logischer Konsequenz in Zukunft auch auf die Startups einwirken dürfte. Neben den existierenden Venture Capitalists sind dabei längst auch die Vertreter der großen Konzerne in das Rennen um hohe Renditen eingestiegen. DaimlerChrysler, Siemens, Bertelsmann oder die Deutsche Telekom fördern ebenfalls junge Startup-Unternehmen mit Millionenbeträgen, legen eigene Venture Fonds auf und forcieren Spin offs mit eigenen Venture Gesellschaften. Allein der US-Chip-Gigant Intel beteiligte sich 1999 an über 250 Unternehmen.

Hohe Cash-Burn-Rate und Hoffnung auf Gewinne

Insbesondere für den Neuen Markt, in abgeschwächter Form aber auch für den VC-Markt, droht jedoch eine wesentliche Gefahr. Die Geldströme die in diese Märkte fließen, sind begleitet von der oben angesprochenen Hoffnung auf (immense) Gewinne in den kommenden Jahren. Mit dieser Aussicht schauen die Investoren momentan zu, wie ihre Gelder zur Schaffung und Sicherung von Wachstum und Wesentlichen Marktanteilen „verbrannt" werden. So gilt die Höhe der Cash-Burn-Rate (CBR= Höhe aller monatlichen Ausgaben für Personal, Investitionen und Marketing) eines Unternehmens momentan eher als Gütesiegel und Qualitätsmerkmal. Allein die Entwicklung des Suchkatalogs *web.de* verschluckte 10 Millionen Euro! Rekordhalter in Sachen Cash Burn Rate ist jedoch der erst fünf Jahre alte Online-Buchhändler Amazon.com. Das US-Unternehmen fuhr im vierten Quartal 1999 bei einem Umsatz von 676 Millionen Dollar einen Verlust von 185 Millionen Dollar ein. Das entspricht einer Verbrennungsquote von rund 60 Millionen US-Dollar im Monat. Noch lassen sich solche Werte mit der anhaltend starken Expansion und zur Sicherung der Marktführerschaft begründen. Sollten die Fundamentaldaten dieser Unternehmen in den folgenden Jahren die in den Businessplänen geschürten Erwartungen jedoch nicht erfüllen, wird es aller Voraussicht nach eine einschneidende Konsolidierung dieser Märkte geben.

Gewinne im B2C-Sektor unsicher

Die Unsicherheit im B2C-Sektor ist im Vergleich zum B2B-Sektor darin begründet, dass man das Konsumentenverhalten bezüglich der Nutzung des Waren- und Dienstleistungsangebotes im Internet noch sehr schlecht einschätzen kann. Zwar berichten unzählige Studien, was in Zukunft von wem an wen ver- und gekauft wird. Fakt ist jedoch, dass bisher lediglich einige wenige Produkte in großem Umfang über das Internet geordert werden. Um sich in diesen Märkten Marktanteile zu sichern, wird jedoch zu stetig fallenden Preisen angeboten. Die Transparenz des Netzes erledigt den Rest: Null-Margen-Situationen (oder sogar Minusgeschäfte) sind somit eher die Regel als die Ausnahme. Ob und wo im B2C wirklich (viel) Geld zu verdienen ist, bleibt abzuwarten.

B2B als Kostenkiller und Prozessoptimierer

Im Gegensatz dazu spricht die industrielle Logik im Bereich B2B eine klare Sprache: eBusiness wirkt in diesem Bereich als Kostenkiller entlang der Wertschöpfungskette und wird zur Optimierung der Geschäftsprozesse genutzt. So spart Cisco Co. laut eigenen Angaben jährlich 250 Millionen Dollar durch den Vertrieb über das Internet. Dem wollen auch andere nacheifern. Die Automobilgiganten Ford, Daimler Chrysler und GM kündigten im November 1999 an, dass sie in Zukunft nur noch online einkaufen werden. Schon im Jahr 2000 könnte GM nach Schätzungen von Analysten durch diese Maßnahme 500 Millionen US-Dollar einsparen.

Entwicklung völlig neuer Geschäftsmodelle

Das Internet birgt das Potenzial zur deutlichen Beschleunigung des Supply-Chain-Management sowie zur Produktivitätssteigerung und bringt somit zentralen Mehrwert für die Unternehmen. Völlig neue Geschäftsmodelle werden entwickelt beziehungsweise entwickeln sich. Kennzeichnend für die Digital Economy sind dabei komplett automatisierte und über das Internet abgebildete Geschäftsmodelle vom Produzenten bis zum Kunden. So kann man davon ausgehen, dass in Zukunft nicht mehr einzelne Unternehmen, sondern ganze Supply-Chains miteinander konkurrieren. Es ist jedoch auch eine Rückwärtsintegration denkbar. Händler verschaffen sich mit Ihrem Wissen über den Kunden und den Erfahrungskompetenzen aus dem Vertrieb einen Vorteil gegenüber Herstellern, und besetzen weite Teile der Wertschöpfungskette bis hin zur eigenen Produktion. Sicher ist, dass zunehmend Silent-Commerce-Modelle Einzug in die Unternehmen haben werden. Im Rahmen der Kommunikation und Transaktion von Maschine zu Maschine werden elektronische Terminkalender automatisch Flüge buchen und der Drucker wird seine Tintenpatrone automatisiert nachbestellen.

Auktionen - die Transaktionsform in der Zukunft

So schnell sich die Beziehungen zwischen den einzelnen Marktpartnern ändern, so schnell ändern sich auch die Formen der ökonomischen Transaktionen. Auktionen heißt die Transaktionsform, die unserer Meinung nach den Handel zwischen Unternehmen in den kommenden Jahren revolutionieren wird. Warum? Erneut die gleiche Antwort. Auktionen machen unter den derzeitigen ökonomischen Rahmenbedingungen einfach Sinn. Sie erfüllen ein Kriterium, das als Grundvoraussetzung für vollkommene Märkte jeder BWL-Student auswendig gelernt hat: Transparenz. In Abhängigkeit von der Auktionsform ermöglichen sie es (insbesondere bei homogenen Gütern) dem Verkäufer an den Marktteilnehmer zu veräußern, der den höchsten Preis zahlt - oder dem Käufer das Produkt von dem Anbieter zu kaufen, der den geringsten Preis verlangt. Handelt es sich um Güter der gleichen Qualität, ist die Auktion die konsequenteste ökonomische Transaktionsform. Darüber hinaus bietet sie dem Lieferanten (auf oftmals stagnierenden oder schrumpfenden Märkten) einen zusätzlichen Absatzkanal und ermöglicht dem Käufer, immense Einsparpotenziale zu realisieren. Um auch hier ein Beispiel zu nennen, sei auf die Veba AG verwiesen, die über den Internetauktionator EBayPro.de derzeit rund 10000 Einzelpositionen in einem geschätzten Volumen von 90-100 Millionen DM verkauft. Selbst die Veräußerung einer kompletten Baufirma hat bereits über diesen Auktionator stattgefunden. Weitere Beispiele, insbesondere aus der Vorreiternation USA, lassen erahnen, welches Potenzial in dieser Transaktionsform liegt. Dabei wird es in Zukunft sicherlich eine Reihe spezialisierter Auktionshäuser geben, die sich mit den jeweiligen Produkten und Branchen auskennen und ein Qualitätsmerkmal gegenüber dem Kunden signalisieren.

Kunde in Produktion involviert

Doch zurück zur Veränderung in der Wertschöpfungskette: Intelligent Merchandising wird die Beziehungen entlang der Value Chain nachhaltig verändern. Der Kunde erhält zunehmend die Möglichkeit, den Handel oder sogar die Produktion aktiv mitzugestalten. Der Begriff von dem in die Produktion involvierten Konsumenten, dem „Prosumenten“, macht die Runde. Die Unternehmen werden zunehmend mit der wachsenden Individualisierung des Konsumenten konfrontiert. Das bedeutet für die Hersteller, dass sie in Zukunft Produkte individuell für den Endkunden fertigen. Die komplette Vernetzung kann dann dafür Sorge tragen, dass z.B. Vertriebsmodelle wie "Bücher on demand" reibungslos umgesetzt werden können.

Steigende Relevanz von Marketing und Vertrieb

Kundeninformationen spielen in diesen Modellen eine immer größer werdende Rolle, um die Produkte und Dienste entsprechend customizen und personifizieren zu können. Am Frontend zum Kunden gibt es darüber hinaus weitere Potenziale: Die für den Erfolg der Unternehmen entscheidenden Faktoren sind neben der gesamten strategischen Ausrichtung am Ende der Wertschöpfungskette das Marketing und der Vertrieb. Bereits 1999 wurden geschätzte drei Milliarden Euro für die Bewerbung der eigenen Domain ausgegeben. Hierzulande meldete erst kürzlich der Handelsriese Metro mit 50 Millionen Euro einen stattlichen Etat für die Marketingausgaben bezüglich der eCommerce-Aktivitäten der Gruppe. Es ist anzunehmen, dass diese Zahlen weiter steigen, denn nur über eine bekannte Domain kann Umsatz generiert werden.

Fullfillment als Schlüssel zum Erfolg

Bezogen auf den Vertrieb trennt momentan das Fullfillment im eCommerce die Spreu vom Weizen. Wenige Unternehmen haben ihre Prozesse bereits soweit integriert, dass das Fullfillment reibungslos funktioniert. Hier liegt sicherlich eine zentrale Nische für zukünftige Gründer, muss man sich doch vor Augen halten, dass alle im Netz georderten Waren auch ausgeliefert werden müssen. Um die Dimensionen dieses Marktes aufzuzeigen, sei eine Zahl aus den Vereinigten Staaten genannt. Amerikas größtes Online-Auktionshaus verursacht mehr als 5% des gesamten Paketaufkommens in den USA. Vertriebsbezogen sei vollständigkeitshalber darauf verwiesen, dass natürlich auch hier die virtuellen Auktionshäuser eine gewichtige Rolle spielen werden. Im abgelaufenen Geschäftsjahr hat der Umsatz per Internetauktionen ein weiteres gigantisches Wachstum von 1600 Prozent auf 155 Millionen Euro erfahren. Neben den Auktionshäusern werden sich zwei weitere Lösungen fest etablieren. Zum einen sind dies Preisagenten, die dem Endkunden die Möglichkeit geben, Preisvergleiche für bestimmte im Netz angebotene Produkte virtuell abzuwickeln. Zum anderen hat sich ein etwas anderes Prinzip des virtuellen Einkaufs trotz der nach wie vor nicht ganz eindeutigen rechtlichen Situation (zur politisch-rechtlichen Umwelt vgl. Abschnitt 3.4.) durchgesetzt: Powershopping, die Bündelung individueller Kaufkraft zu einer preislich relevanten Nachfragemenge, hat auf Grund seiner offensichtlichen Vorteile für den Konsumenten ein enormes Wachstumspotenzial und wird das Kaufverhalten der Konsumenten nachhaltig beeinflussen.

17.3.3. Sozio-kulturelle Umwelt

Drei zentrale Entwicklungen

Im Bereich der sozio-kulturellen Umwelt sollen im Folgenden Abschnitt drei zentrale Entwicklungen näher thematisiert werden. Zum einen ist dies die Veränderung des gesellschaftlichen Umgangs mit dem Internet im Allgemeinen, zum anderen aber insbesondere auch die Veränderung der gesellschaftlichen Stellung der Jungunternehmen selbst. Darüber hinaus geht es um die Zukunft der Arbeit beziehungsweise um die Arbeit der Zukunft, die sowohl die Arbeitssituation der Gründer, aber auch ihren zukünftigen Arbeitsmarkt determinieren wird.

Erhöhte Akzeptanz des Internet

Zum gesellschaftlichen Umgang mit dem Internet lässt sich Folgendes sagen: Auf breiter Basis wird es, allein demographisch bedingt, eine Akzeptanzerhöhung geben. Die Generation, die mit dem Internet aufgewachsen ist, betritt derzeit die Arbeitswelt. So hart es klingen mag: Jede Geburtsanzeige in der Tageszeitung beschreibt die Ankunft eines (potentiellen) Netzbürgers – jede Todesanzeige den Abschied eines Bürgers der „alten Welt“. Grundlegend wird sich die Web-Gemeinde also weiterhin unaufhaltsam der Gesamtbevölkerung annähern. Ein wesentlicher Grund dafür ist die unaufhaltsam fortschreitende Vereinfachung der Zugänge und Anwendungen. Portale, Communities, intelligente Agenten, Web-Call-Center, Videoberatung, Spracherkennung, Web TV, Smart Phones und Touch Screens versprechen einen wesentlich höheren Grad an Bediener- und Anwenderfreundlichkeit. Einhergehend damit wird die Geschwindigkeit der Datenübertragung bei gleichzeitig sinkenden Telekommunikationskosten enorm steigen. Vernachlässigte Zielgruppen (beispielsweise Senioren) fordern verstärkt eigene Services und Inhalte und werden dementsprechend bedient. Grundsätzlich entsteht eine neue Art zu arbeiten, zu leben und zu kommunizieren, die bereits schleichend ihren Eintritt in das gesellschaftliche Leben gefunden hat. In der Multioptionsgesellschaft von morgen wird auf allen Kanälen kommuniziert. Dass die Menschen weniger miteinander reden werden, sei hier nur am Rande erwähnt. Man wird per Mausklick oder Sprachsteuerung alles auswählen können – nur nicht eine grundlegende Orientierung, ein sinnstiftendes Element!

Wachsende gesellschaftliche Akzeptanz gegenüber Gründern

Bezüglich des Umgangs mit den Gründern selbst beziehungsweise bezüglich deren gesellschaftlicher Stellung gehen wir durchweg von positiven Entwicklungen aus. Bezogen auf die erfolgreichen Gründer wird es in der Zukunft mehr Akzeptanz geben.

Lange Jahre galt ein Unternehmer in Deutschland – in krassem Gegensatz zu den USA – automatisch als Selbstbereicherer und Ausbeuter. Erfreulicherweise zeichnet sich hier ein Wandel ab. Es wächst zunehmend Respekt gegenüber den Gründern, wobei die Gründe durchaus unterschiedlicher Natur sind. Dem einen imponiert der schnelle unternehmerische Erfolg vieler junger Gründer im Umfeld des eBusiness, andere schätzen den Beitrag, den die Gründer zur Gesellschaft und speziell zum Arbeitsmarkt leisten. Und dieser Beitrag ist alles andere als unerheblich. So schätzen die Experten von Booz, Allen & Hamilton, dass in Deutschland im Bereich eCommerce in den nächsten drei Jahren noch einmal zusätzlich rund 350.000 Arbeitsplätze entstehen werden – ein großer Teil wird auf Unternehmensgründungen zurückzuführen sein. Bezogen auf die Gescheiterten stellt sich die Situation zwar zunehmend positiv, aber alles andere als zufriedenstellend dar. Als gescheiterter Jungunternehmer wird man von der Mehrheit der Gesellschaft in Deutschland immer noch als Verlierer angesehen. Voraussichtlich wird sich dies erst mittelfristig spürbar ändern. Unternehmen sehen dies indes jetzt schon differenzierter. Ein gescheiterter Ausflug in die Wirtschaft tut sich inzwischen sogar gut in der Vitae, zeugt er doch von Unternehmergeist und großer Eigeninitiative.

Universitäre Ausbildung zum Gründer

Ein generelles Beispiel in Sachen Ausbildung zum Unternehmer kann sich Deutschland an den USA nehmen. Obwohl das Schumpeter'sche Gedankengut aus Österreich stammt, wurde in den USA (an der Stanford University) bereits 1957 die erste Vorlesung zum Thema Entrepreneurship angeboten. Heutzutage wird in über 200 Business Schools der USA das Potenzial der Studenten in diesem Fach gefördert. Der einzige Ausbildungsgang dagegen, der in Deutschland unter dem Leitbild des selbstständigen Unternehmers steht, ist die Ausbildung zum Handwerksmeister. Es ist zu erwarten, dass sich auch die deutschen Universitäten in Zukunft massiv an diesem Leitbild orientieren werden, ohne dabei Ihren wissenschaftlichen Charakter aufzugeben.

Firma auf Zeit als neue Organisationsform

Betrachtet man als dritte zentrale Entwicklungslinie die Zukunft der Arbeit, so sind einige umwälzende Trends zu beobachten. Denkbar und in Ansätzen bereits vorhanden ist eine neue Art zu arbeiten, die ihren Ausdruck in einer neuen Organisationsform findet. Zur vorherrschenden Organisationsform der nächsten Jahre könnte die Firma auf Zeit werden, zu der sich „eLancer" ad hoc und von Projekt zu Projekt elektronisch vernetzen. Makler, Wagnisfinanzierer und Generalunternehmer üben dabei Schlüsselrollen aus - sie initiieren Projekte, beschaffen die Mittel und koordinieren die Arbeit. Bestärkt wird diese Annahme durch beobachtbare Entwicklungstendenzen, wonach immer mehr Menschen Großunternehmen verlassen und entweder zu kleineren Firmen gehen oder sich als Unternehmer, Subunternehmer oder Freelancer selbstständig machen. War in den USA vor 25 Jahren noch jeder fünfte Arbeitnehmer bei einem der 500 größten Unternehmen beschäftigt, ist es heute nicht einmal jeder zehnte. Der größte private Arbeitgeber in den USA heißt nicht General Motors oder IBM - es ist die Zeitarbeitsagentur Manpower Incorporated, die 1999 zwei Millionen Menschen unter Vertrag hatte.

Unternehmen als Staatsersatz?

Auf der anderen Seite ist jedoch auch eine weitere Facette der Neuordnung der Arbeitswelt denkbar. Sie besteht in der Fortführung der Megafusionen, hin zu überdimensionalen Firmenkonglomeraten. Keiretsu-ähnliche Allianzen operieren dann in nahezu jedem Geschäftszweig. Die Staatsverbundenheit der Firmen wie der Individuen würde sich dann gegen null entwickeln. Geographische Nähe verliert durch das Internet entscheidend an Bedeutung. Zunehmend wird das gemeinsame Interesse zur Bildung sozialer Gruppen relevant – eine enorme Bedrohung für alle Institutionen, die sich bisher räumlich abgegrenzt haben - wie beispielsweise der Nationalstaat. Die Firma ersetzt den Staat als Organisationsform. Von "cradle-to-grave" kontrolliert das Unternehmen nicht nur die Arbeitskraft des Individuums, sondern auch assets wie Wissenszugang, Netzwerke, und den Lebensunterhalt im Allgemeinen. Die Firma versorgt die Mitarbeiter mit einem sozialen Netz und einer Identität. Der Mitarbeiter erhält den heutigen demokratischen Grundrechten entsprechende Vollmachten. Als Firmenangehöriger partizipiert er am Firmenleben, monetär neben dem Gehalt durch Pensionspläne und stock options, sozial durch das Recht zur Wahl der Manager auf allen Entscheidungsebenen. Firmen werden so zu repräsentativen Organen.

Soziale Folgen der anstehenden Veränderungen

Wie aber könnten die sozialen Rahmenbedingungen in Abhängigkeit von der Unternehmensform in der Zukunft aussehen? Unabhängig und individuell in der eLance-Ökonomie zu arbeiten wird natürlich auch Folgen im sozialen Bereich mit sich bringen. Angefangen bei der ohne festen Arbeitsvertrag fraglichen sozialen Absicherung über die berufliche Weiterbildung bis zur sozialen Einbindung des Individuums in einen gesellschaftlichen Kontext bedarf es einer umfangreichen Neuregelung bisher bestehender Systeme. Soziale Netze, die bislang jeweils staatenabhängig in unterschiedlicher Ausprägung von Unternehmen, Organisationen und Staat zur Verfügung gestellt wurden, könnten im teilweisen Rückgriff auf die Organisationsformen der industriellen Revolution von Gilden, Gewerkschaften, Kirchen oder politischen Parteien ganzheitlich übernommen werden. Dazu müssten sich diese aber grundlegend wandeln. Solange die Gewerkschaften beispielsweise weiter als „Innovationsverhinderer" auftreten, werden sie eher aktiv zu ihrem weiteren Niedergang beitragen, als dass sie als Organisationsform der Zukunft das soziale Leben mit gestalten. In Zusammenhang mit diesen Entwicklungen besteht die Gefahr, dass sich die Gesellschaft noch stärker in Arm und Reich teilen wird. Hier hätten sicherlich die Vertreter der neuen Berufsgruppen mit ihrer kommunikativen Kompetenz einen klaren Vorteil. Denkbar wäre auch, dass sich völlig neue Verbindungen aus der Situation heraus entwickeln. Als Beispiel dafür könnte man Verbünde von Familien oder Einzelpersonen anführen, die ihre Ressourcen bündeln, um ein rein marktorientiertes Umfeld sozial abzufedern.

Rekrutierung qualifizierten Nachwuchses als Problemfeld

Treffen die hier benannten Entwicklungen auf die Wirtschaft der Zukunft in toto zu, gibt es jedoch auch Entwicklungen, die speziell die Gründer im Bereich des eBusiness betreffen. Es geht um den Nachwuchs auf dem Arbeitsmarkt. An erster Stelle lässt sich prognostizieren, dass man grundlegend von deregulierten Arbeitsmarktverhältnissen ausgehen kann. Ob die Politik mitspielt oder nicht: Die Gründer deregulieren „ihren" Arbeitsmarkt quasi von alleine. Tarifbindungen kommen für sie nicht in Frage. In der Branche werden Kündigungsbedingungen, Gehälter und Arbeitsbedingungen quasi frei verhandelt. Die Hauptproblematik für das eBusiness-Startup der Zukunft besteht jedoch darin, qualifizierten Nachwuchs zu bekommen. Zwar äußert in den USA bereits ein sehr hoher Anteil an Absolventen (Studien schwanken zwischen 60 und 80%) von Eliteuniversitäten den dringlichen Berufswunsch, in einem Startup-Unternehmen zu arbeiten oder selbst eines zu gründen und die Top5-Unternehmensberatungen verzeichnen einen wachsenden Schwund an qualifizierten Beratern zugunsten von Startups. Angesichts des gleichbleibend hohen oder gar wachsenden Bedarfs an Human Ressources in diesem Sektor wird es trotz dieser Entwicklungen jedoch auch zukünftig ein zentrales Problem darstellen, qualifizierten Nachwuchs für das Wachstum junger Unternehmen zu rekrutieren.

17.3.4. Politisch-rechtliche Umwelt

Die politisch-rechtliche Umwelt bildet einen wesentlichen Rahmen, in dem Ökonomie vollzogen werden kann. Rechtssicherheit und politische Stabilität sind maßgebliche Voraussetzungen für eine funktionierende Wirtschaft. Das gilt insbesondere auch für das eBusiness.

Gesetze an die neuen Gegebenheiten anpassen

Den ersten maßgeblichen Trend stellt die Veränderung der bestehenden Gesetzeslandschaft dar. Zum einen müssen die Gesetze Rechtssicherheit für die neu entstehenden Transaktionsformen wie bspw. Auktionen, Powershopping etc. (diesbezüglich sei auf Abschnitt 17.3.2. verwiesen) bieten. Zum anderen muss sich die Gesetzgebung der Internationalisierung des Netzes anpassen. Der bisherigen Ausbreitung des www folgend wäre eine weltumspannende Gesetzgebung die logische Konsequenz. Ein Zusammenschluss von europäischen und amerikanischen Unternehmen und Europapolitikern zur „Foundation for European Network Society" ist ein erster Schritt in die richtige Richtung.

Um aber im Bereich der realistischen Prognosen zu bleiben, ist für die kommenden Jahre lediglich eine Harmonisierung von deutschem und europäischem Recht zu erwarten. Voraussichtlich kurzfristig betroffen von diesen beiden Entwicklungen sind vor allem die Gesetze hinsichtlich des unlauteren Wettbewerbs (UWG), die Rabatt- und Zugabeverordnung und die bisher äußerst inhomogene juristische Situation im Bereich des Datenschutzes und der „Krypto-Technologien". Existieren beispielsweise in Deutschland und Italien derzeit keine rechtlichen Grundlagen zum Thema „Verschlüsselungstechnologien", ist in Frankreich jegliche Form von elektronischer Verschlüsselung ohne vorherige Genehmigung verboten. In den Vereinigten Staaten fallen Verschlüsselungsmethoden sogar unter das Kriegswaffengesetz und dürfen nicht exportiert werden. Auch die aktuelle Rechtsprechung wird den neuen wirtschaftlichen Gegebenheiten angepasst werden. In Bezug auf die zunehmend wichtiger werdende Relevanz der Ressource Wissen betrifft dies beispielsweise den Schutz geistigen Eigentums. Sollten in diesem Kontext keine klaren Aussagen getroffen werden, ist zum Schutz von „Knowledge-Outflows" eine stärkere vertikale Integration in den Unternehmen zu erwarten, deren Produkte zu großen Teilen auf der Nutzung unternehmenseigener Wissensressourcen beruhen.

Neuordnung durch Unternehmenssteuerreform

Eine weitere, bereits geplante Anpassung wird die Industrielandschaft in Deutschland radikal verändern. Die Rede ist von der kürzlich beschlossenen Unternehmenssteuerreform, die den Verkauf von Unternehmensbeteiligungen von der Steuer befreit. In der Folge wird es zu einem weiteren Anstieg von Mergers & Acquisitions kommen und eine Neuordnung in Handel und Industrie geben. Voraussichtlich wird sich diese an der Wertschöpfungskette der jeweiligen Märkte orientieren.

Politik instrumentalisiert Internet

Auch im Bereich der Politik wird das Internet verschiedene, teilweise radikale Veränderungen bewirken. Zum einen entdecken Politiker das Internet zunehmend als Mittel zur politischen Willensbekundung und zur Erschließung ihrer Zielgruppen. Die Politik orientiert sich immer stärker an den Gesetzen der Medienlogik. Der Verkauf des Produktes „Politiker" an den Kunden „Wähler" mit dem Ertragsziel „Wahlerfolg" steht im Mittelpunkt. Hier sind ebenfalls erste Erfolge zu vermelden. Zu einem großen Teil auf den Einsatz des Internets als Wahlkampfmedium zurückgeführt, konnte die saarländische CDU im Landtagswahlkampf 1999 auf einen Anstieg an Jungwählern um 17% verweisen. Im NRW-Wahlkampf 2000 gibt SPD-Regierungschef Wolfgang Clement Einblick in sein privates Photoalbum, CDU-Herausforderer Jürgen Rüttgers lässt sich mit einer Web-Kamera beobachten und FDP-Matador Jürgen Möllemann lässt die virtuellen Besucher gar einen Fortsetzungsroman über Jürgen Rüttgers schreiben.

Immerhin haben vier Millionen der knapp 18 Millionen Einwohner des größten deutschen Bundeslandes einen Internetanschluss! Das Internet wird das Verhältnis von Bürgern und Staat grundlegend ändern. Dabei müssen sich Politiker zukünftig an mehr und direktere Bürgerbeteiligung gewöhnen. Der Takt, in dem der Staat reagieren muss, wird in der Ära von „Demokratie.de" wohl eher in Megahertz als in Legislaturperioden gemessen. Noch sprechen wir in diesem Sektor von einer Tendenz, die sich aber in Kürze zu einem starken Trend ausweiten wird.

In Zukunft wählt man virtuell

Ist es auf der einen Seite also der Einsatz eines neuen Mediums zur besseren Vermarktung der eigenen politischen Programme, so spricht man auf der anderen Seite von einer radikaleren Veränderung. Bereits in naher Zukunft werden Wahlen über das Internet möglich sein. Pilotversuche an verschiedenen Universitäten brachten beachtliche Ergebnisse bezüglich der Umsetzbarkeit, aber auch bezüglich der Wahlbeteiligung, welche durchweg unerwartet hoch ausfiel. Es ist derzeit mehr eine Frage der Sicherheit und der rechtlichen Durchsetzbarkeit als der technischen Machbarkeit. So lassen sich manche globale Fragen bereits ohne nationale Politikvertreter lösen: Ab September 2000 soll die „Internet Corporation for Assigned Names and Numbers (I-CANN)“ die weltweite Vergabe und Verwaltung aller eMail-Adressen regeln. An den Wahlen zum Direktorium kann sich jeder Netzbürger über 16 Jahren beteiligen, der über eine eMail-Adresse verfügt und einen festen Wohnsitz nachweisen kann. Erstmals macht somit eine Organisation Weltpolitik, die wirklich global und nicht multinational ist. Sicher ist, dass die Kommunikation über das World Wide Web der Politik im Allgemeinen und der Präsentation von einzelnen Politikern und Parteien im Speziellen eine immense Chance einräumt, der gewachsenen Politikverdrossenheit nachhaltig entgegenzuwirken.

Politik wird Unternehmensgründungen verstärkt fördern

Bezogen auf zukünftige Gründergenerationen im eBusiness-Sektor bleibt festzuhalten, dass sich die rechtlichen Rahmenbedingungen tendenziell zu mehr internationaler Rechtssicherheit bezüglich eCommerce und neuer Transaktionsformen entwickeln werden. Im Bereich der Politik ist zu erwarten, dass die sich bietenden zusätzlichen Möglichkeiten der interaktiven Kommunikation und Präsentation eine gezielte Anwendung erfahren. Darüber hinaus kann man davon ausgehen, dass die vom eBusiness angekurbelte Gründerstimmung von den politischen Entscheidungsträgern weiter forciert wird. Es handelt sich schließlich um einen Wesentlichen Wachstumszweig der Wirtschaft.

17.4 Der Wandel von Faktoren des Gründungserfolges

17.4.1. Speed, Speed, Speed: Aktuelle Erfolgsfaktoren für eBusiness-Startups im Überblick

Vor dem Hintergrund der im vorstehenden Kapitel identifizierten Entwicklungstendenzen werden in den folgenden Abschnitten zukünftige Erfolgsfaktoren für eBusiness-Startups aufgeführt. Um eine Prognose dieser Faktoren ökonomischen Erfolges durchführen zu können, ist jedoch eine Analyse der aktuellen Erfolgsfaktoren für Unternehmensgründungen in diesem Wirtschaftszweig sinnvoll.

Differenzierung der Erfolgsfaktoren

Obwohl die für den Erfolg eines jeweiligen Startups Wesentlichen Größen von Fall zu Fall durchaus sehr unterschiedlich ausfallen können, ist es trotzdem möglich, einige allgemeingültige Faktoren zu identifizieren, die übergreifende Gültigkeit haben. Dass diese der situativen Relativierung unterliegen, also im Hinblick auf die jeweilige Idee, den beteiligten Personenkreis und sonstige relevante Kontextfaktoren angepasst werden müssen, sei an dieser Stelle ebenso erwähnt wie die Tatsache, dass sich diese Faktoren in phasenspezifische und phasenübergreifende unterscheiden lassen. Von größerer Bedeutung erscheint aber die Differenzierung in „Muss"-Faktoren, deren Existenz zwingende Notwendigkeit ist, um die so genannten „Kann"-Faktoren zum Wirken zu bringen (zu phasenspezifischen Erfolgsfaktoren sei an dieser Stelle insbesondere auf die Beiträge Brettel/Heinemann, S. 163 und Böttcher, S. 142 in diesem Band verwiesen).

Geschwindigkeit als zentrale Größe

Was sind nun die derzeit gültigen „Muss"-Faktoren, die den Erfolg deutscher Startups im eBusiness bewirken? Unumstritten muss an erster Stelle Geschwindigkeit genannt werden. „Speed", wie es in der Branche heißt, ist die zentrale Größe im Kanon der Erfolgsfaktoren und beschreibt die für den Prozess der Umsetzung/Realisierung einer Idee benötigte Zeit. Als wesentliche Teilprozesse lassen sich die Teamzusammensetzung, die Kapitalaufnahme sowie die technische Konzeptumsetzung herausstellen. Der hohe Stellenwert dieses Erfolgsfaktors lässt sich dabei auf die frühe Phase im Lebenszyklus der virtuellen Märkte zurückführen. Zum einen kann man davon ausgehen, dass die Idee in ähnlicher Form zum gleichen Zeitpunkt bei weiteren potenziellen Kapitalgebern vorliegt und lediglich der „first mover" einen entsprechenden Zuschlag bekommt, zum anderen werden in den ersten Stunden wichtige Marktanteile vergeben, die den Erfolgsgrad der zukünftigen Geschäftsentwicklung maßgeblich beeinflussen werden. Schneller sein als die anderen ist die grundlegende Voraussetzung für alle weiteren Erfolgsfaktoren (vgl. in diesem Kontext insbesondere den Beitrag von Sorice/Hoensbroech, S. 23 in diesem Band).

Qualität des Gründerteams

Ein weiteres „Muss-Kriterium" steht in engem Wirkungszusammenhang mit dem erstgenannten Faktor „Speed". Es ist die Konstellation und Qualität des Gründerteams. Ist die Zusammensetzung erst einmal erfolgt, dann bestimmt sie in hohem Maße die Umsetzungsgeschwindigkeit aller zu bewältigenden Aufgaben. Pioniergeist, bedingungsloser Einsatzwille, kommunikative Fähigkeiten, das Potenzial Netzwerke zu bilden sowie die Bereitschaft, selbst existentielles Risiko zu übernehmen, sind neben der Überzeugung von der eigenen Idee wesentliche Voraussetzungen, um die Hürden einer Unternehmensgründung überwinden zu können. Bezüglich kultureller Faktoren ist die Existenz eines gemeinsamen Arbeitsansatzes, eines sinnstiftenden Elementes sowie strategischer und operativer Leistungsziele von hoher Bedeutung. Darüber hinaus sollte im Team eine hohe Bereitschaft vorhanden sein, wechselseitig Verantwortung zu übernehmen. Nur ein Team, welches fähig ist eine eigene Unternehmenskultur zu entwickeln, vorzuleben und zu kommunizieren, hat Aussicht auf Erfolg.

Neben diesen „sozialen Kompetenzen" sollten im Gründerteam aber vor allem auch grundlegende Fachkompetenzen abgedeckt sein. Die Existenz komplementärer Fähigkeiten sichert in hohem Maße die Qualität des Teams. Technisches IT-Know-How sollte je nach Idee als Basiskompetenz vorhanden sein. Um in den frühen Phasen bereits die richtigen Entscheidungen bezüglich der Kapitalaufnahme und der finanziellen Steuerung treffen zu können, gehört fundiertes Finanzwissen ebenso zu den abzudeckenden Kompetenzen wie strategische Denke und exzellentes Vermarktungs-Know-How. Der Begriff der komplementären Fähigkeiten soll jedoch nicht den irrigen Schluss zulassen, dass es sich um reine Spezialisten handeln sollte. Im Gegenteil: Gesucht sind Generalisten mit fachspezifischen Kenntnissen. (vgl. hierzu auch den Beitrag Würtenberger/Boos/v. Ribbentrop, S. 135 in diesem Band).

Fähigkeit zur Kapitalaufnahme

Insbesondere um die Geschwindigkeit in allen Teilprozessen zu garantieren, ist das Vorhandensein finanzieller Ressourcen in entsprechender Höhe von essenzieller Bedeutung. Kapital kauft Geschwindigkeit - als „Muss"-Faktor kann in diesem Zusammenhang die Fähigkeit zur Aufnahme von Kapital gesehen werden. Das beinhaltet zum einen fundierte Kenntnisse zur Erstellung des Businessplanes, zum anderen aber auch die Fähigkeit, die Kapitalgeber von der eigenen Idee zu überzeugen. In diesem Zusammenhang ist zu erwähnen, dass es von hoher Bedeutung ist, mit dem Kapital auch Netzwerke und Kompetenzen einzukaufen („smart money"). Die durch die Kapitalaufnahme eingegangenen Verbindungen dürfen aber keinesfalls als „Verlangsamer" fungieren.

Bekanntheitsgrad als wesentliche Größe

Kapital ist somit auch die Voraussetzung dafür, aggressives Marketing betreiben zu können. Dass es sich bei dem Bekanntheitsgrad der eigenen Domain um einen („Kann")-Erfolgsfaktor handelt, wird deutlich, wenn man sich vor Augen führt, dass Pioniere und Marktführer umso stärker für ihr Engagement belohnt werden, je kleiner die Markteintrittsbarrieren im Zielmarkt sind. Folglich gilt es, die eigene Domain schnellstmöglich in hohem Maße populär zu machen. Die Relevanz der Vermarktung der eigenen Angebote kann durch einige Zahlen belegt werden: Wie erwähnt, wurden 1999 nahezu sechs Milliarden Mark weltweit an Werbeausgaben getätigt, um die eigene Domain bekannt zu machen. Eine Befragung der 130 größten amerikanischen Online-Händler ergab, dass die Ausgaben für das Marketing durchschnittlich bei 65% der gesamten Investitionen lag. Unter den Marketinginstrumenten gewinnen dabei die Public Relations-Maßnahmen immer mehr an Bedeutung.

Aufbauorganisation und strategische Instrumente

Ein weiterer wesentlicher „Kann"-Faktor ist die Fähigkeit, das rasante Wachstum der ersten Tage auch strukturell nachvollziehen zu können. Dies bedeutet einerseits, frühzeitig hochqualifiziertes und motiviertes Personal zu rekrutieren, andererseits aber auch, dieses Personal in eine situationsadäquate gleichzeitig aber wachstumsoffene Aufbaustruktur einzubinden und entsprechende operative und strategische Führungs- und Steuerungsinstrumente einzusetzen. Bezüglich der Personalrekrutierung bleibt festzuhalten, dass neben der rein monetären Komponente die bereits erwähnte Unternehmenskultur eine keineswegs zu vernachlässigende Magnetwirkung ausübt. (vgl. in diesem Kontext die Artikel von Brettel, S. 163 und Welge/Lattwein, S. 192 in diesem Band).

Qualität der Businessidee

Als ein letzter Faktor, der bislang ein möglicher Mosaikstein zum Erfolg eines Startups im Bereich eBusiness war, ist die Qualität (insbesondere der Innovationsgrad) der eigentlichen Businessidee zu nennen. Auch wenn die Idee nicht zu sicheren cash-inflows führt und einige Determinanten wie beispielsweise das Kaufverhalten einem hohen Grad an Unsicherheit unterliegen, ist nach wie vor damit zu rechnen, dass ausreichend Risikokapital zur Realisierung zur Verfügung gestellt wird. Dies liegt wohl in der allgemeinen Euphorie begründet, die in dieser Branche nicht zuletzt durch Erfolgsstorys wie Ebay und Amazon ausgelöst wurde. Teilweise muss nämlich sehr viel Phantasie mitgebracht werden, um an den Erfolg der Idee glauben zu können. Darüber hinaus scheint es sogar immer noch möglich, Ideen aus den Vereinigten Staaten 1:1 nach Deutschland zu übertragen. Wie allerdings im Folgenden Abschnitt ausgeführt, wird der Businessidee bei der Ermittlung von zukünftigen Erfolgsfaktoren eine zentrale Rolle zukommen.

17.4.2. Added Value & Quality: Erfolgsfaktoren der 2. Startup-Generation

Andere Gewichtung

Vor dem Hintergrund der in Kapitel 17.3 identifizierten zukünftigen Rahmenbedingungen wird es zwar nicht zu einer völlig neuen, aber doch sehr wohl zu einer anderen Gewichtung im Rahmen der bestehenden Erfolgsfaktoren kommen.

Qualität löst Speed ab

Prinzipiell kann man davon ausgehen, dass Geschwindigkeit nicht mehr die zentrale Stellung einnimmt wie bis dato. Sie wird als grundlegender ökonomischer Imperativ von wesentlicher Bedeutung bleiben, aber keine Grundvoraussetzung mehr für ein erfolgreiches Startup darstellen. Wie im vorangestellten Abschnitt bereits erläutert, ist die zentrale Stellung des Faktors „Speed" durch die Lebenszyklusphase der virtuellen Märkte geprägt. Es ist zu erwarten, dass es in diesem Bereich kurz- bis mittelfristig zu einer Konsolidierung kommen wird. Haben die Schnellsten die ersten Markanteile ergattert, werden ihnen die Besten diese nun streitig machen. Wir sind der Überzeugung, dass Qualität den Faktor Geschwindigkeit an Relevanz ablösen wird.

Hochkarätiges Team, Erkennen von Trends, herausragende Idee

Qualität bezieht sich dabei auf das Produkt, beziehungsweise die Dienstleistung, auf alle Unternehmensprozesse sowie auf die Unternehmensressourcen. Hierbei sind insbesondere die Human- und Kapitalressourcen zu nennen. Aufgrund des großen Bedarfs auf der einen und des geringen Angebots auf der anderen Seite wird es in Zukunft nicht minder schwierig sein, hochqualifizierte Mitarbeiter in diesem Wirtschaftsbereich zu finden. Mitarbeiterbeteiligungen über stock options werden ebenso zu einer Grundvoraussetzung wie hochpartizipative Führungsmodelle, hohe Handlungsfreiheit für Mitarbeiter und eine entsprechende Unternehmenskultur. Erste Ansätze zu noch stärker zielgerichteter Suche nach geeignetem Personal bieten die bereits zahlreich stattfindenden Startup-Jobmessen. Bezüglich der Ressource Kapital ist davon auszugehen, dass in Zukunft eine große Summe an Venture-Capital einer noch größeren Anzahl an Startups gegenüberstehen wird. Auch werden sich aufgrund von Erfahrungskurveneffekten die Auswahlkriterien der VC's und Business Angels maßgeblich verändern. In der Folge heißt dies, dass es in der nächsten Startup-Generation nicht mehr ganz so einfach sein wird, „smart money" zu bekommen. In erster Linie wird es neben einem hochkarätigem Team und einer weitsichtigen Einschätzung von Trends einer herausragenden Idee bedürfen. In diesem Zusammenhang soll der Begriff des „Added Value" eingeführt werden. So wird es in Zukunft darum gehen, in den verschiedensten Bereichen wirklichen Mehrwert für den Kunden zu schaffen, sei es im B2C oder B2B. Nur Ideen, die nachweisbar Kundennutzen schaffen und zur Problemlösung und Bedürfnisbefriedigung dienen, dürften Aussicht auf qualifizierte Finanzierung haben. Für diese Startups wird es in Zukunft exzellente Gründungsvoraussetzungen geben.

Extreme Ausrichtung auf den Kunden

In den sich konsolidierenden Märkten wird es zudem von geradezu essentieller Bedeutung sein, im Kopf des Kunden zu denken und in seinem Herzen zu fühlen. Die zunehmende Individualisierung des Konsumenten auf der einen und die geringen Eintrittsbarrieren der Wettbewerber auf der anderen Seite verlangen eine extreme Ausrichtung auf den Kunden. Kundenzufriedenheit und Kundenbindung erfahren eine noch stärkere Bedeutung, wenn der unmittelbare Wettbewerber nur einen Klick weit entfernt ist. Geht man von einer zunehmenden Nivellierung der Produktkerneigenschaften und der Services aus, erfährt eine emotionale Differenzierung eine hohe Wertigkeit. Insbesondere im B2C-Bereich wird es essentiell sein, dem User ein Einkaufserlebnis zu bieten, das der Realität so nahe wie möglich kommt. Vor dem Hintergrund der aufgezeigten Rahmendbedingungen muss der Kunde in seiner Rolle als „Prosument" wahrgenommen werden. Alles andere als das Selbstverständnis eines absoluten Dienstleisters nach dem uramerikanischen Prinzip 24/7 würde gravierende Folgen nach sich ziehen.

Netzwerkfähigkeit der Gründer

Um Qualität in allen Bereichen garantieren zu können und vor dem Hintergrund der zunehmenden Schwierigkeit, kurzfristig eigene Kompetenzen aufzubauen, wird ein wesentlicher Erfolgsfaktor die Netzwerkfähigkeit der Gründer sein. Joint Ventures, Kooperationen und strategische Allianzen werden zur zentralen Anforderung, insbesondere vor dem Hintergrund der beschriebenen Trends zur eLance-Ökonomie und der Unternehmenssteuerreform. Dies gilt grundsätzlich für alle betrieblichen Funktionen, in besonderem Maße aber für den F&E-Bereich und die Produktion. Vor dem Hintergrund des Trends zur Internationalisierung (think global, act local) gewinnt dieser Faktor eine noch größere Dimension.

17.5 Fazit: Auch die Zukunft zeigt sich für Schumpeters (Ur-) Enkel chancenreich

In den ersten Abschnitten dieses Beitrages wurden die zentralen Einflusssektoren auf die zukünftige Gründersituation im Bereich des eBusiness in Deutschland identifiziert und daraus abgeleitet relevante Trends innerhalb dieser Bereiche beschrieben. Aufbauend auf einer Analyse jetziger Erfolgsfaktoren sowie der Beachtung der herausgearbeiteten Trends konnten in der Folge zukünftige Erfolgsfaktoren für Gründer im Bereich des eBusiness abgeleitet werden.

Der Unternehmer als "schöpferischer Zerstörer"

In diesem Abschnitt gilt es nun ein Fazit zu ziehen – um genau zu sein, ist es in der Überschrift ja bereits gezogen worden: *„Auch die Zukunft zeigt sich für Schumpeters (Ur)Enkel chancenreich“*. Mal wieder wird im Kontext von Unternehmensgründung also der österreichische Nationalökonom bemüht, der sich in der Jugend drei Ziele setzte: Joseph Alois Schumpeter wollte der beste Liebhaber von Wien, der beste Reiter Österreichs und der bedeutendste Nationalökonom der Welt werden. Dem Mangel an Pferden in Harvard habe er es zu verdanken, dass er nur zwei dieser Ziele erreichen konnte, lehrte der undogmatische Wirtschaftswissenschaftler seinen amerikanischen Studenten. Dieses Selbstbewusstsein spiegelt sich auch in seinem Unternehmerleitbild des „schöpferischen Zerstörers“ wider, der für eine Volkswirtschaft so unentbehrlich ist. Der Gründerunternehmer schumpeter'scher Prägung, den er als treibende Kraft für Innovation und Fortschritt sieht, ist in der Lage, neue Möglichkeiten lebendig zu machen, jenseits der ausgetretenen Pfade neue Produkte entstehen zu lassen, neue Verfahren zu entwickeln und neue Absatzmärkte zu generieren. Dies gelingt ihm nicht zwingend durch Intellekt, sondern durch die besondere Art und Weise so auf Menschen zu wirken, dass die Ressourcen freigesetzt werden, die er zur Umsetzung seiner Ideen benötigt. Dabei hat er die Kraft und den Willen voranzuschreiten und begreift Unsicherheiten und Widerstände nicht als Hinderungsgrund.

Hohes Chancenpotential für echte Gründer

Warum wir dies in dieser Ausführlichkeit erwähnen? Weil wir uns sicher sind, dass Gründer, die diese Tugenden mitbringen, in den nächsten Jahren hervorragende Aussichten haben, im weiten Feld des eBusiness größte unternehmerischen Erfolge feiern zu können! Selten brachte eine Technologie so viele Chancen mit sich wie das Internet. Kurzfristig erscheinen viele Vorhersagen übertrieben und unrealistisch - langfristig gesehen vermag das

Internet allerdings grundlegende wirtschaftliche und gesellschaftliche Umwälzungen hervorzurufen, wie sie in der Vergangenheit die Entwicklung der Glühbirne, des Autos oder der Dampfmaschine nach sich zogen. Es wird daher in Zukunft maßgeblich darum gehen, wirklich neue Lösungen zu schaffen und nicht die bekannten Geschäftsmodelle auf die virtuelle Welt zu übertragen. Wer willens ist, neue Wege zu gehen und darüber hinaus Spaß am Machen hat, dem bietet das Umfeld des Internet kurz nach dem Jahrtausendwechsel beste Möglichkeiten.

Wir hoffen, durch die Sammlung der Beiträge in diesem Band und das Aufzeigen der zu erwartenden zukünftigen Gründungssituation in Deutschlands eBusiness-Sektor, einen kleinen Beitrag dazu geleistet zu haben, dass es in Zukunft mehr von den Helden gibt, wie jene, die ihre Wege in die Selbstständigkeit in diesem Band beschrieben haben – mehr von denen, *die ihre Erfolgsgeschichten selber schreiben.*

Schlagwortverzeichnis

A

B

C

D

E

F

G

H

I

J

K

L

M

N

Ö

P

Q

R

S

T

U

V

W

X

Y

Z